中央广播电视大学教材

医学文献检索

（第 2 版）

主　编　谢志耘
编　委　（以姓氏拼音排序）
高　琴　李春英　刘春艳
沈　霞　张燕蕾

北京大学医学出版社
中央广播电视大学出版社

YIXUE WENXIAN JIANSUO

图书在版编目（CIP）数据

医学文献检索/谢志耘主编．—2版．—北京：北京大学医学出版社，2010.1（2018.6重印）

ISBN 978-7-81116-873-0

Ⅰ.①医…　Ⅱ.①谢…　Ⅲ.①医学—情报检索—高等学校—教材　Ⅳ.①G252.7

中国版本图书馆CIP数据核字（2009）第231293号

医学文献检索（第2版）

主　　编：谢志耘

出版发行：北京大学医学出版社

地　　址：（100191）北京市海淀区学院路38号　北京大学医学部院内

电　　话：发行部 010-82802230；图书邮购 010-82802495

网　　址：http：//www.pumpress.com.cn

E-mail：booksale@bjmu.edu.cn

印　　刷：北京瑞达方舟印务有限公司

经　　销：新华书店

责任编辑：韩忠刚　**责任校对**：杜　悦　**责任印制**：罗德刚

开　　本：787mm×1092mm　1/16　**印张**：14.25　**字数**：373千字

版　　次：2010年1月第2版　2018年6月第19次印刷

书　　号：ISBN 978-7-81116-873-0

定　　价：19.90元

前　言

自20世纪90年代以来，随着计算机和网络通信技术的迅猛发展，特别是因特网技术在社会经济生活中的广泛应用，人类已经不知不觉地迈入了信息化时代。这个时代使人们深切地感受到：知识就是力量、信息就是财富。信息资源已与物质资源、能源资源一起被全世界公认为人类社会的三大支柱之一。全球知识经济的快速发展正是一个很好的例证。在这个发展过程中，信息资源发挥了重要的作用，一方面信息成为知识创新的因素和原动力，另一方面，为了有效获取和利用信息，必须促进信息科技的发展，这又进一步推动了知识经济的加速发展。因此，把握了信息和信息资源，也就是把握了现在和未来。

1995年，国家提出实施“科教兴国”的战略，要进行教育创新和改革，核心目标就是要不断造就大批具有丰富创新能力的高素质人才。一个具有创新能力的跨世纪人才必须具备多种素质，其中信息素养是不可或缺的重要组成部分。所谓信息素养是指使用计算机和信息技术高效获取、正确评价和善于利用信息的能力。在科技高速发展的今天，只有善于获取和利用信息的人，才有可能在前人的基础上进行创新活动。另一方面，终身学习、能力导向学习和开放学习日渐成为新的教育理念的重要内涵。为满足知识创新和终身学习的需要，发达国家纷纷将信息素养教育，作为培养21世纪人才的重要内容。医学文献检索课程是信息素养教育的重要组成部分，是培养学生的信息意识、掌握用手工方式和计算机方式从浩瀚的文献信息海洋中获取知识和情报的一门科学方法课，是提高学生自学能力和独立研究问题能力的工具课。

在高等学校开设文献检索课程已经有20余年的历史，其间课程的讲授内容、授课方式都发生了巨大的变化，这都源于信息技术的发展。首先，作为信息资源集散地的图书馆从传统的以纸本收藏为主逐步过渡到以电子馆藏和网络服务为主；其次，查找文献信息的工具和方法也发生了巨大的变化，从传统手工检索过渡到计算机和网络检索。这就使得文献检索这门课程始终处于动态变化之中。

本教材是在2002年出版的《医学文献检索》第1版的基础上修订而来。由于文献资源、文献检索工具及其使用方法发生了巨大的变化，因而本版教材相比第1版教材在内容上已有95%以上的内容更新。

本教材是专为高等医学院校卫生事业管理专业和护理专业的学生而编写。在第1版的基础上，对教材内容、结构进行了重新规划和设计，强调理论联系实际，具有深入浅出、文字简明等特点。本教材内容仍划分为9个章节，包括医学文献检索基础、图书馆信息资源利用、电子图书、电子期刊以及文摘数据库检索、引文数据库检索、特种文献检索、因特网医学信息资源检索以及医学文献的综合利用。本教材立足于在职人员继续教育的需要，教材编写力求结构合理、内容丰富、实用性强。根据本课程实践性强的特点，书中采用了较多的实例，并以图文并茂的方式表达，便于读者理解与掌握，也便于学生自学。

由于编者学识和水平所限，加之时间仓促，书中可能有不少错讹或不妥之处，祈望各位同行和专家批评指正。

谢志耘

2009年12月

目　录

第一章　医学文献检索基础

学习目标

1. 掌握文献的定义，了解文献、信息、知识、情报之间的关系。
2. 熟悉文献的构成。
3. 了解医学文献的特点。
4. 掌握文献检索的定义，了解文献检索的类型和原理。
5. 熟悉文献检索系统的定义、组成要素、内容结构、类型和评价因素。
6. 掌握文献信息类型和医学电子文献资源类型。
7. 熟悉电子文献资源概念，了解电子文献资源特点。
8. 掌握检索语言的定义和类型。
9. 熟悉主要的医学文献检索语言。
10. 熟悉文献检索的基本方法、途径和步骤。
11. 掌握计算机文献检索方法与步骤。

第一节　文献与文献检索

一、文献基础知识

（一）信息、知识与情报

文献与信息、知识、情报密不可分。在了解文献的概念之前，先了解一下信息、知识和情报的涵义。

究竟什么是信息？众说纷纭，不同学者从不同角度对信息做出各种定义，难以有统一的定论。哲学家认为信息是认识世界的依据；数学家认为信息是一种概率；物理学家说信息是“熵”；而通信家则把信息看做是“不定度”的描述。信息论的创始人香农（C. E. Shannon）认为：信息是组织程度，它能使系统的有序性增强，减少破坏、混乱和噪声。我们认为，信息的概念可以这样来定义：信息是客观世界中各种事物的变化和特征的最新反映以及经过传递后的再现。信息是通过一定的物质载体形式反映出来的，是事物存在的状态、运动形式、运动规律及其相互关系、相互作用的表象。每件事物不同的运动状态和特征会产生不同的信息反映，包括社会信息、生物信息、技术信息等。在医学上，各种体征的出现和变化是机体生理和病理状态的信息反映，各种化验结果的数据也是机体生理和病理状态的信息反映。事物是不断变化发展的，那么它的运动状态和特征也应随着不断变化而发展。因此，信息也是不断变化发展的。但人们发现和认识信息都受着生产力、科技水平及认识手段的限制，社会历史的发展是在不断获取信息、认识信息、传递和利用信息、创造信息的过程中，通过信息认识世界与改造世界。在医学领域中通过各种疾病的不同信息来认识千差万别的疾病。

关于知识的定义，汉语词典中解释为：人们在改造世界的实践中所获得的认识和经验的总和。知识是人类对自然界、人类社会中各种现象、规律的信息反映进行思维分析，加工提炼，经过系统化、理论化的过程，也就是人的大脑通过思维重新组合的系统化的信息集合。因此，系统化、理论化的信息就称为知识。信息是知识的源泉、材料，知识是信息的理论和结果。例如根据某一症状、体征诊断为某一疾病，这种症状和体征是该疾病信息的反映，该疾病是症状和体征的信息升华，这种信息升华就是疾病的诊断知识。因此，信息是知识的源泉和基础，知识是信息的升华。

情报最初产生于军事领域，主要是将探察敌情的报告称之为情报。情报是人们在一定的时间内为一定的目的而传递的有使用价值的知识或信息。这种情报具有保密性、时效性、传递性的特点。因此，情报是知识的一部分，是特定的知识或信息。随着历史、社会以及科学技术的不断发展，情报的作用也不断地变化，由军事转移到科技、经济、社会服务等各领域，现已转化为人们获取知识、信息的一种重要手段。情报的种类有多种，按服务对象不同，可分为军事情报、科技情报、战略情报、战术情报等；按传递媒介分为文字情报、实物情报、声像情报；按传递范围分为大众情报和专门情报。

（二）文献的概念

“文献”一词，在我国有几千年的历史，最早源于春秋，意指典籍（文）和贤者（献）。其后，“文献”之义几经变化。比较有权威的定义主要包括：《文献情报术语国际标准（草案）》（ISO/DIS5127）的定义，即“为了把人类的知识传播开来和继承下去，人们用文字、图形、符号、声频、视频等手段将其记录下来，或写在纸上，或晒在蓝图上，或摄制在感光片上，或存储在磁盘上。这种附着在各种载体上的记录统称为文献”；和《中华人民共和国国家标准·文献著录总则》对文献的定义，即“文献是记录有知识的一切载体”。这两个定义基本上揭示了文献的特征，但“各种载体”和“一切载体”比较笼统，有的载体是固态的，有的载体是动态的（如借助声波传递信息）。因此载体又被分为存储型载体和传播型载体。文献应属于存储型的固态载体，如印刷件、缩微制品、磁盘、光盘、硬盘、优盘等，而不应包括可承载和传递同样信息的电话、语音信箱、图文电报、电子公告板、网络等瞬时信息的附载物。

综上所述，文献可被认为是：“凡人类的知识或信息，以文字、图形、代码、符号、声频、视频等形式记载到不同固态物质载体上面形成的一切记录，都统称为文献”。文献是本课程的主要研究对象。

（三）信息、知识、情报、文献之间的关系

信息是知识的源泉；知识是系统化、理论化的信息；情报是活化的知识和信息，能为人们所利用，其涵义关系是信息＞知识＞情报。信息要成为情报，一般要经过选择、综合、分析和研究加工过程，即经过知识的阶段才能成为情报，因此它必须具有三种基本要素：知识、传递和效益。知识是情报的实体，传递是情报的表现形式，效益是情报的结果。情报就是信息经过综合、筛选、逻辑思维、重新组合的系统化知识。

而文献的定义可以看出，文献则是被物化了的知识记录，是被人们所认知并可进行长期管理的信息。情报是人们为解决特定问题而被活化了的更为高级、更为实用的知识。情报蕴含在文献之中，但不是所有文献都是情报，而所有情报几乎都是知识。文献又是贮存传递知识、情报和信息的介质。知识是文献的实质内容，载体是文献的外在形式，而记录是联系知识与载体的手段。

长期以来，人们习惯于从文献中获取信息、知识和情报，文献已成为人们获取信息、知识和情报的主要方式。因此，文献是一种重要的信息源。但是，文献并不是唯一的信息源。除了文献信息外，还有非文献信息源。非文献信息源又可分为实物信息源和口头信息源两种。前者包括实物、样品、展览等，后者包括交谈、会议、广播等。

文献是人类认识自然和社会过程的知识记录，是人类物质文明不断发展的产物，印下的一串串足迹可以再现历史、鉴往昭来；它凝结着数千年以来人类点滴积聚的智慧和成果，所蕴含的知识、信息、情报，是人们读书治学、开展科学研究活动和从事其他工作的智慧源泉，可以使知识增值；是启迪后人开创未来的丰富宝藏；它可以满足人们的文化需求，使人们从中获取有益的启迪与精神享受，是精神财富的重要组成部分。

（四）文献的构成

现代文献由四要素构成：文献信息、文献载体、符号系统和记录方式。文献信息是文献的内容，符号系统是信息的携带者，载体是符号赖以依附的“寄主”，而记录方式则是代表文献的符号进入载体的方法和过程，四要素缺乏任何一种都不可能形成文献。

1. 文献信息　这一要素是指文献载体上所承载的信息、知识内容。信息与知识是构成文献的主体，没有信息、知识内容的任何形式的载体，只能称是物质，而不能称为文献。任何形式、类型的文献都必须首先以具有一定的信息、知识内容为前提。

文献信息属于信息，除具有信息的一切性质和功能外，文献信息也有自身的特点。表现为：①文献信息是经人的一系列加工（筛选、归纳、整理）后记录下来的信息（Recorded Information），不是指文献符号系统本身的信息，也不是指文献载体本身的信息；②文献所表达的信息内容虽然与符号本身没有必然联系，但文献信息的传递是通过人工符号系统——文字、标识符、声像信号来实现的，因而对文献信息的摄取方式和吸收的程度必然受到这种人工符号的制约；③文献信息是一种相对固化的信息，如纸质印刷品所传递的信息是无法变动的；可擦写光盘和磁盘虽然可以用修改、删除、增入等手段更新数据，但一旦变动后又处于静态之中。文献信息的固态化是文献易老化的原因，它不能随外界的变化而变化。为了克服由此造成的弊端，需要不断更新文献；④文献所传递的信息是人对客观世界的反映，因而不一定完全符合客观世界表现出的信息内容，这种“歪曲”、“畸变”、“失真”的程度因人们的认识水平、立场观点、方法和时代因素的不同而异；⑤文献信息既然是人工记录下来的附载于物质实体上的信息，那么这种物质实体就是文献信息的“外壳”。两者的关系是既具有不可分割性（没有文字的纸不成其为书），又具有相对独立性，即信息内容不会因载体形式的改变而改变，或者说不同的信息载体可以传播同一内容的信息，这一特点告诉我们信息资源的开发涉及载体资源的开发。为了获取或传播同一信息，人们应该选择信息载体和传播方式，以便更方便、更有效、更经济地开发和利用文献信息。

2. 文献载体　信息内容必须依附于载体而存在。与其他信息载体不同的是，文献载体必须适应于文献符号和相应的记录方式，同时又要有利于传播、整理和长期的保存，不符合前一要求的就不称其为文献，不符合后一要求，文献就不能随时代的发展而发挥出应有作用，就会被淘汰、消失。因此文献载体的材质在人类文明的演进过程中一直在“新陈代谢”。从古至今，文献载体经历了从非人工材质的泥版、岩石、石板、兽骨、木板、竹片、兽皮、树叶、桦树皮等到各种人工材质，如无机材质（陶、砖瓦、瓷、玻璃等）、金属材质（青铜、铁、铝、金、银等）、高分子材质（帛、纸、胶片、醋酸纤维等）、复合材质（磁带、光盘等）的转变。其中纸质文献具有价格低廉、质地柔软、易于书写、携带和收藏等其他一些载体所无法比拟的性能而成为文献家族的主干。印刷术的发展，装订技术的进步，以及社会对文献信息需求的增加，使印本文献产量和类型出现惊人的发展。期刊、图书、报告、会议录、政府文献、学位论文、标准、产品样本、专利、档案构成印本文献的主体和精华。而在科学技术高速发展的今天，因为其他介质的文献陆续应运而生，如缩微文献、音像文献、磁盘和光盘文献等，纸质文献又开始变得不便于信息的快速传输、高效查阅和高密度存贮了。可见，从文献产生之日起，它便开始以适于自己生存的载体形态来寻求自己的立足之地。各种形态的文献在接受自然与人类社会长期的实践与应用过程中接受淘汰和选择。

3. 文献的符号系统　文献中的符号系统指图画、文字、公式、图表、编码、声像和电磁信息等。图画是最早的文献信息符号，在文字出现以前，人类就用图画来表达精神信息，图画的独到之处在于较强的直观性，读画人（信宿）无需接受文字训练就可与作画人（信源）沟通。此外，图画让人们保持注意力和记忆力的作用比文字更大，因此以图代文，让人们在最短时间内有效地获取最大容量的信息成为今天一切宣传媒介设计所注重的方式。文字，是有声语言信息的书面表达形式，是由图画演变而来的。图画对于表达抽象思维信息的无能为力可由文字来弥补。文字用一套书写符号来记录、表达语言要素（词、词素、音节、音素等）。但文字的特点——高度概括性、使用的随意性、音义的双重性也往往导致只可意会、无法言传的模糊语言，导致词不达意、一音多义、一语多音的现象，给信息交流造成误解。这说明人工符号永远只能接近表述信息的原意。声像信息指留在唱片、录音带上的声频信息和摄在胶卷、录像带上的视频信号。电磁信息符号是指计算机可读磁盘或光盘上的信息符号，由二进制的 0 和 1 构成，这些信息符号不是我们感官直接提取的，必须通过计算机解读。

4. 文献的记录方式　文献记录方式是指将表达信息的符号系统通过特定的人工记录方式使其附着于一定的文献载体上。记录方式种类很多、职能各异，按记录手段分有写画、雕刻、印刷、摄制、录音；按记录方法分可有手工记录、机械记录、光记录、电记录、声记录和磁记录。其中最常见的是印刷。

随着科技的发展，文字记录可以转变为数据记录，并用电子方法存贮到磁介质上去。光学字符识别（Optical Character Recognition，OCR）技术就代表了这种崭新的技术，它是指通过光学方法对字符、标记表示的书面数据进行自动识别，转换成机器可以处理的信息的过程。通过 OCR 可以实现纸质文献信息向电子信息的转换。

二、医学文献的特点

医学文献是对医学研究成果的有效记录，也是对医学知识的公开展示。了解医学文献的特征，有利于医学工作者及相关人员更好地利用医学文献。

1. 数量庞大　医学文献是整个科技文献中的重要组成部分，从整个世界科技出版物来看，医学文献约占整个科技文献的四分之一。据联合国教科文组织统计，全世界每年出版的图书 80 万种以上，平均每 15 年翻一番，科技期刊在 10 万种以上；每年产生约 600 万篇文献，100 万件专利，其中生物医学文献占 30％～40％。可见医学文献数量非常庞大，占所有学科之首。

2. 载体多样化　目前，医学文献的载体除了传统的印刷型外，还有视听型（如录音带、录像带、电影、幻灯等）、缩微型（如缩微胶片、缩微胶卷、缩微卡等）、机读型（如磁盘、磁鼓、光盘、优盘等）等。而且磁介质文献载体和光盘已广泛用于记录文献。随着科学技术的日新月异，新的文献载体亦还在不断出现。有人认为将来印刷型文献可能会被其他类型的文献所取代。不过，从目前来看，由于印刷型文献与其他类型的文献各有自己的长处和短处，加之其他因素，在相当长的时期内，印刷型文献将与其他类型文献同时并存，互相补充。

3. 多文种化　各种资料表明，全世界出版的文献语种正在不断增加。在过去，绝大多数医学论文仅用少数大语种发表。随着科学的发展，特别是发展中国家的经济文化进步，医学文献的语种急剧增多。据统计，现在只有60％左右的医学文献是用英、德、俄三种文字发表，余下40％的文献则以60余种语言发表。文种的增加丰富了医学文献，拓宽了研究空间。

4. 学科交叉、出版分散　现代科学技术综合交叉、彼此渗透，以至同一篇文献可以用不同形式、不同文字、在不同范围内多次发表。如会议论文、学位论文、科技报告除了以自己独特的形式出版外，经过一段时间后又会转化为其他形式出版。一般专题范围的文章都刊登在本专业期刊上，但也可以刊登在边缘期刊或综合性刊物上。据统计，在直接相关的专业杂志上发表的文献只占50％，另外一些则发表在其他间接相关的专业杂志上。各学科的交叉渗透，致使大量的重要医学文献分散在相关乃至不相关的期刊上，仅凭一、两种医学期刊已无法掌握本专业的全部文献，只有靠编制检索工具将同类文献的线索集中在一起以便查阅。

5. 知识信息更新加快　科学技术的迅速发展，促使知识信息的陈旧速率加快，文献使用寿命缩短。文献的出版更落后于科学技术的发展步伐，有些文献还未出版或刚出版就被更新的知识所更替，新材料、新理论、新工艺、新方法不断推出，科技文献的老化周期已由原来的50年缩短到5～10年。在研究活跃的生命科学和医学领域，医学文献的代谢更是频繁，大学生毕业后10年在学校里学的知识80％以上是陈旧过时的，所以当今的每位医学工作者必须以终生教育取代一次性教育。

6. 交流传播速度加快　现代交通、通讯、光学和印刷技术的发展，特别是现代通讯技术和电子计算机相结合应用技术的飞速发展，以及文献信息载体的电子化等在信息交流传播中的应用，为文献信息的快速传递与交流提供了非常便利的条件。文献信息的用户，可以通过信息交互网在瞬间即可获得所需要的文献情报信息。如对“甲型H1N1”流感疾病的预防控制或相关疫苗研究成果的情报信息在报刊上一公布，就会立刻传播到世界各地。

7. 电子化发展趋势　虽然目前各种载体形式的医学文献同时并存，但可以预见，随着Internet网络技术的普及推广使用，将从根本上改变信息存取与传播的方式，电子型文献也会越来越受到人们的关注。数字化图书馆（digital library）、无纸社会（paperless society）等新概念应运而生，计算机、网络将成为传播文化知识、获取信息资源的重要手段。电子期刊、电子书籍、电子词典、电子图书馆将成为医学知识信息的重要来源。

三、文献检索基础知识

（一）文献检索的概念

文献检索（Literature Retrieval）是将文献按照一定方式集中组织和存储起来，并按照文献用户需求查找出有关文献或文献中包含的信息内容的过程。所以广义上的文献检索实质上是包括文献的存储和文献的检索两个过程。而我们通常所说的文献检索就是找出自己所需的文献，这只是对文献检索狭义上的理解。文献的存储和文献的检索两过程是相辅相成、密不可分的。所以文献检索的全称又叫“文献存储和检索”。

（二）文献检索的类型

1. 按照检出结果的形式划分　按照检出结果的形式不同，文献检索一般可划分为下面几种类型：

（1）书目检索：指检索出来的结果是关于文献的题录信息，即获得的是关于文献的题名、作者、摘要、出处等此类的文献线索信息，检索者可根据这些文献线索进一步获取文献原文。如：美国《医学索引》、荷兰《医学文摘》等都属于书目检索工具。

（2）全文检索：是指检索出的结果直接为文献的全文内容，或者是按照用户需求，检索出有关的句子、章节或段落。全文检索是在计算机检索技术的支持上发展起来的。如：《中国期刊全文数据库》、《ProQuest保健、医学与药学全文数据库》等，都是全文检索数据库。

（3）引文检索：指检出结果为文献被引用的情况，主要用以分析和评价文献质量。如《科学引文索引》（Science Citation Index，SCI），可检索出某著者或文献被其他著者或文献引用的情况；又如《期刊引文分析数据库》（Journal Citation Reports，JCR）是一种关于期刊评估的基本的、全面的资源工具，可查询期刊的影响因子（IF），可以根据期刊引用数据反映期刊的重要程度。

2. 从情报检索角度划分　有观点认为广义的文献检索与情报检索（information search）的意义相同，认为文献检索就是情报检索。根据检索对象的不同，情报检索又分为文献检索、数据检索和事实检索。

（1）文献检索：这里的文献检索是指以文献为检索对象，其检索结果是文献线索或具体的文献。从性质上说，这种文献检索属于一种相关性检索，即它只需检出与用户所需相关的文献供用户参考。例如：检索“有关生态关系社会的发展与人类健康方面”的文献，就是属于文献检索范畴的问题。

（2）数据检索：是指以数据为检索对象，其检索结果是可供直接使用的科学数据的检索。数据检索是一种确定性检索，例如：查找“艾滋病毒在体外血液中的存活时间是多少?”就是一种确定的数据检索。

（3）事实检索：是指以某一客观事实为检索对象，其检索结果主要是客观事实或为说明客观事实而提出的数据的检索。事实检索也是一种确定性检索，例如：查找“在2001年世界上有哪几个国家、哪些实验室在研究炭疽菌?”就是一种确定的事实检索。

但是文献检索、数据检索和事实检索三者并没有严格的界限划分，文献检索这个用语随着社会信息化进程的加快，其内涵也更为丰富和广泛。可以说，根据课题的特定要求，查找出课题所需的特定文献、数据和事实的整个过程都是文献检索的范畴。

3. 按照检索手段划分　按照检索手段一般分为手工检索和计算机检索。手工检索方式是指利用印刷本检索工具进行人工查阅，这类检索一般不能实现全文检索服务。计算机检索是指利用计算机、激光或磁存储器以及现代化通信手段所实现的检索方式，如：光盘检索、联机检索和网络检索，这种检索方式为全文检索服务提供了有利条件。计算机检索以其数据更新快、检索速度快和智能化多途径检索等诸多优点，已成为现阶段文献检索的主要方式。

（三）文献检索的原理

文献检索包括文献的存储和检索这两个过程，它们的实现有赖于检索系统的存在。文献的存储过程就是检索系统的制作过程，这一过程通常由信息工作者去完成；而文献的检索过程则是检索系统的利用过程，可由文献需求者或情报人员去完成。所以任何检索系统都具有存储和检索两方面的职能。存储是检索的基础，而检索是实现存储的目的和手段，两者相辅相成、互为依存。

存储过程，就是按照既定的检索系统建设方针、目的、标准等从信息源中选择所需文献，对这些文献的外表特征和内容特征进行分析和加工，形成文献特征的标识，再把这些标识按事先设计好的规则进行排序形成多种索引编入到检索系统中去的过程。

文献的外表特征，也称为自然标识，包括标题、作者、来源、卷期、页次、年月、类型、号码、文种等项目。文献的内容特征，也称为人为标识，是指文献论述的主题，即文献的中心内容，诸如主题词、分类号、类目名称、文摘等。对文献内容特征的存储过程也就是文献标引的过程。文献标引（indexing）是指对原始文献的内容深入理解，进行主题分析，把握住它所论述的中心内容，形成主题概念，然后选用特定的情报检索语言（即词表或分类法）来表达其主题概念，转换成系统语言，形成文献特征标识的过程。如对文献赋予分类号标识的过程称为分类标引，赋予主题词标识的过程称为主题标引。在计算机检索系统中，也就是检索数据库中，每一种文献特征称为“字段”，文献特征标识就是字段值，所有的文献特征（字段）即构成一篇文献的题录或文摘（记录）。

检索过程，就是利用特征标识，找出相关文献的过程。该过程首先是要对检索课题进行主题分析，找出若干能代表课题需要的概念，即确定主题检索概念；然后用存储过程中所使用的情报检索语言，将这些主题检索概念转换成检索特征标识（即文献特征标识）；最后利用这些特征标识到检索系统中去查找到相关文献线索或具体的文献。

由此可知，检索过程是与存贮过程相对应的逆过程，文献检索的核心就是要使文献的存储与检索两过程所采用的特征标识达到一致。而连接这两个过程的纽带就是情报检索语言。文献检索的基本原理就是检索者将主题检索概念与存储在检索系统中的检索特征标识进行比较，最后达到一致，以此来有效地查得并获取文献。

四、文献检索系统

1. 文献检索系统的定义　文献检索系统是指根据特定的文献信息需求而建立起来的一种有关文献信息的搜集、加工、存储和检索的程序化系统。根据医学文献信息存储与检索所采用的设备和手段，医学文献检索系统可分为手工检索系统和计算机检索系统两种类型。近年来，计算机检索发展十分迅速，基本代替手工检索。因此，当今文献检索系统尤指计算机信息检索系统。

2. 文献检索系统的组成要素　文献检索系统通常由以下 4 个基本要素组成：

（1）检索文档：检索文档是标有检索标识的信息集合，如书目、索引或文摘等手工检索工具中由文献款目组成的正文、工具书中由条目或短文组成的主体，计算机信息检索系统中的数据库、主文档、倒排文档等。

（2）技术设备：技术设备是指能存储信息及其标识以及实现存储和检索操作的各种软硬件设备。如手工检索系统的卡片目录或检索刊物，计算机检索系统的输入输出装置、存贮器、控制器、运算器等，网络检索时还需要网络适配器、通信线路、通信装置、终端设备及其相应的软件等。

（3）语言工具：语言工具指检索语言、标引规则、输入输出标准等。

（4）人员：主要包括信息加工标引人员、录入人员、检索人员、系统管理维护人员等。

这些人员是检索系统中的主导因素。

3. 文献检索系统的内容结构　手工文献检索系统和计算机文献检索系统的内容结构组成有所不同。

（1）手工检索系统的内容结构：手工检索系统一般由五个部分组成：编辑使用说明、目次表、正文、索引和附表。①编辑使用说明：主要是为帮助使用者了解和使用该检索工具而编写的，为使用者提供必要的指导，一般包括编制方法和原则、使用范围、收录年限、著录格式、查找方法及注意事项，以及所使用的代号说明等。②目次表：揭示正文部分或者整本检索刊排列的名称、排列次序及所在页码。③正文：这一部分为检索工具的核心，由按一定规则排列的一篇篇文献条目组成；一般为了方便识别，每篇文献条目按照前后顺序赋予顺序号，一个顺序号代表一条文献条目。④索引：检索工具的检索途径（检索入口）主要体现在其所附的索引部分，一般一种索引就是一种检索途径。常用的索引有主题索引、著者索引、分类索引、专利索引等。⑤附表：一般包括所收录的刊物名称，所使用文字的翻译，各种简、全称对照，术语以及所使用的主题词表，甚至文献入藏单位及代号等。

（2）计算机文献检索系统的内容结构：计算机文献检索系统主要由主文档、倒排文档和使用帮助导航3部分组成。为了能够进行随机检索，每个计算机信息检索系统都存有一个主文档和若干个倒排文档。①主文档：又称为顺排文档，它是将文献检索数据库中全部记录按一定顺序排列而成的文献记录集合。一般情况下，数据库的顺排文档是按记录的流水号（或存取号）的大小从小到大顺序排列的，相当于手工检索工具的正文部分。②倒排文档：又称为索引文档，是将文献检索数据库全部记录中可检索字段及其内容（字段值）提取出来，再按其字段值的某种顺序排列而成的集合。倒排文档存入了数据库全部记录的文献特征标识（即索引单元）。一般情况下，倒排文档是按文献特征标识的字母顺序排列的，每个文献特征标识后面都标有相应记录（文献）的存取号和字段位置标识符，相当于印刷型检索工具的辅助索引部分。数据库的检索中，计算机就根据这些存取号和字段位置标识符去识别每个文献特征标识所处的具体记录和字段位置。③帮助导航：计算机文献检索系统一般在主页或主屏幕上会提供帮助或使用指南等的链接，有的系统还提供针对当前操作页面可能遇到的问题的即时帮助信息。用户在使用系统过程中如果遇到任何问题都可以寻求帮助或指南进行解决。

4. 文献检索系统的类型　按照所摘录的文献的加工程度，文献检索系统可分为目录、题录、文摘和全文检索系统4种类型。

（1）目录型检索系统：是对图书或其他单独出版的资料的系统化记载及内容揭示，通常以图书、期刊作为报道单元的文献检索系统。按照职能划分有出版发行目录、馆藏目录、资料来源目录等；按收录文献种类划分可有图书目录、报刊目录、标准目录、专利目录等；按物质载体形式可分为卡片目录、书本式目录、机读目录等。

1）出版发行目录：包括登记性的国家书目和商业性的出版商书目。国家书目是国家出版物登记制度的产物，是有关一个国家全部出版物的现状和历史的记录。目前我国的国家书目有两种：月刊性的《全国新书目》和年刊性的《全国总书目》，国外较著名的有《英国国家书目》、《法国国家书目》等。

2）馆藏目录和联合目录：馆藏目录是反映单个图书馆文献信息收藏情况的目录型检索系统，例如《北京图书馆馆藏目录》。联合目录则是反映某一地区或系统甚至全国的多个图书馆的文献收藏情况的目录型检索系统，例如《中国图书联合目录》、《全国西文期刊联合目录》。图书馆之间的馆际互借、资源共享是图书馆发展的大势所趋，联合目录是实现图书馆之间馆际互借、资源共享的前提。

3）资料来源目录：是指附属于某一检索系统或工具的“引用出版物目录”，有的也称“资料来源目录”，例如美国《医学索引》的《收编期刊一览表》。

（2）题录型检索系统：是以一篇篇内容上独立的文章作基本著录，并只著录文献的外部特征，包括文献篇名、著者、著者单位、原文出处、语种、专利号、合同号等各项内容的文献检索系统。不同类型文献的题录内容不尽相同，因而不同检索系统的题录著录项目也不尽相同。

题录和目录虽然都是对文献外部特征进行描述，但二者是不同的。目录著录一个完整的出版单元，而题录著录的只是一个完整的出版物的某一部分，例如期刊中的论文、图书中的章节等。题录型检索工具的中文名称有“题录”、“索引”、“目录”等，例如《全国报刊索引》、《中文科技资料目录》、《放射医学题录》等，英文名称可有“Index”、“Title”等，例如美国的《Index Medicus》、《Chemical Titles》。

（3）文摘型检索系统：除了描述文献的外部特征之外，还对文献的内容特征作较深入的报道，即带有文献的摘要内容的文献检索系统。目前国内外科技论文的撰写都要求附带较高质量的文摘，尤其是外文文献，在很多情况下，甚至不用看原文就能理解文章的大致思想内容。因为文摘型检索系统比题录和目录型检索系统揭示文献内容要深，因此它所报道的速度相对要慢些。

（4）全文型检索系统：是不仅能获取文献的题录线索信息，还能得到文献的原文内容的文献检索系统。它一般为计算机检索系统，如《中国期刊全文数据库》、《保健、医学与药学电子期刊全文数据库》等。

此外，文献检索系统还有很多种不同的分类方法。如按照收录文献类型不同可分为期刊检索系统、图书检索系统、专利检索系统等；按照载体形式不同可分为书本式检索系统、磁带式检索系统、缩微式检索系统、光盘检索系统、网络检索系统等；还有前述的按加工文献和处理信息的手段不同可分为手工检索系统和计算机检索系统。

5. 文献检索系统的评价　文献检索系统的种类繁多、数量庞大、质量高低不一，判定检索系统质量的因素主要包括以下几个方面：

（1）报道信息的准确性：亦即质量保证，包括揭示信息外部特征和内容特征的准确程度及检索出来的信息符合实际需求的程度。

（2）报道信息的及时性：可通过时差、新颖率、更新周期等指标来反映。时差是指原始信息发表或出版到它在检索系统中反映出来之间的时间间隔或时间滞留；新颖率是指用户在检索前没有掌握的信息在被检索出来的信息中的比例；更新周期则为检索工具连续出版的频率。

（3）索引体系的完善程度：主要是指检索手段是否完善，检索功能和检索途径是否齐全。

（4）对信息标引的深度：标引深度反映了对信息内容特征进行描述的细致程度，或者说分析信息主题内容所达到的深度。标引深度是决定检索系统质量高低的重要因素。

（5）查全率和查准率：查全率（Recall Ratio）和查准率（Precision Ratio）是检索系统最为流行和重要的两个性能和效果评价指标。查全率（R）和查准率（P）的定义可用如下公式表示：

$$R=检出的相关信息量/检索工具中相关信息总量\times100\%$$

$$P=检出的相关信息量/检出的信息总量\times100\%$$

需要注意的是，检索系统中针对某一提问的全部相关信息数量不能精确获知，因此，R值的计算一般为近似值。另外R和P之间具有密切关系，英国情报学家克莱弗登（C. M. Cleverdon）在其著名的Cranfield Ⅱ试验中发现R和P之间存在互逆关系，即如果检索工具的查全率较高，则其查准率将相对下降；反之查准率高，则查全率低；而且查全率和查准率只能相对提高，二者永远不可能同时达到100%。

总之，影响检索系统质量高低的因素很多。对用户而言，要检索出满意的结果，选择质量高的检索系统是其中一个重要环节，此外用户也要提高自身利用检索工具的水平，如合理选择检索点、适当调整对查全率和查准率的要求等，以便最大限度地发挥检索工具的作用。

五、文献检索的意义

1. 继承和借鉴前人成果，避免重复研究　科学技术的发展具有连续性和继承性的特点。科学的每一进展都是在前人知识的基础上取得的，科学知识的每一次进步都是对某一方面的补充、修改和精练。对于一个科研工作者来说，文献信息检索是其科学研究不可缺少的一部分，在其着手开展一个新的研究课题之前，必须全面了解这个课题的背景资料，如前人在这方面已做了些什么工作？是怎么做的？还存在什么问题？等等。只有准确地搜集了相关资料，摸清了该科学技术发展的水平、动向，吸取已有的科技成果，才能避免科研工作中重复浪费，少走弯路。例如美国20世纪50年代，为了做“继电器接点电路合成研究”，曾经联合几家实验室研究了5年，耗资50万美元终于完成，但当发表成果时才发现该项目早已有其他人完成。又如美国某轧钢厂一位化学家，花了1万美元完成了一系列实验，并解决了问题，而正当他为自己的成果得意时，却得知有一份德国人的报告与其实验完全相同，全部资料只需花5美元就行了。这些例子都说明，如果在课题研究之前，能够先检索有关文献，了解当前其发展水平，就一定能避免重复劳动，并扬长避短，开拓思路，在一个新的起点上作出努力。

2. 节省科研工作时间，提高科研效率　文献的庞大数量和迅速增长，以及文献的分散、交叉重复加重了研究人员搜索信息的负担。许多科学家和信息学家一再表明，不会获取信息将对科学研究造成损失和失败；不会获取有用的信息，将让科研人员在五光十色的信息海洋中感到困惑和无奈。但是如果懂得文献检索的方法和技巧，尤其是以计算机检索为主体的现代化信息检索技巧，就可以比较容易检索到针对性较强的文献，达到事半功倍的效果。

3. 协助决策者做出正确决策　所谓决策，就是指为了实现某一特定目标，从客观实际出发，在占有一定信息和经验基础上借助于一定的方法，从各种可供选择的方案中选出最佳方案的活动。正确的决策虽然与多种因素有关，如决策体制、决策方法、决策者的能力和素质等，但是决定性的因素还是决策者对客观实际的了解，对未来行动和后果的正确判断等，而所有这些主要依赖于全面、即时、准确的信息保障。“知己知彼，百战不殆”，所以说，情报是决策的重要依据。

4. 终身学习、知识更新的必备工具　时代在发展，信息在瞬变，科学技术日新月异，知识更新周期缩短，尤其以计算机技术和卫星通讯技术为主的现代信息技术更是变幻莫测。有人说，20世纪70年代的大学本科毕业生就业后其知识可以用8年，80年代可以用5年，而90年代只能用两年。21世纪，知识的新陈代谢更是加快，学习、吸收和应用新知识、新信息、新技术的能力已构成竞争力的关键因素。与此同时，为了迎接知识不断更新所带来的挑战，人们需要从在校学习转化为终身学习，而终身学习、知识更新都依赖于信息的获取和利用。

5. 开发情报信息资源，提高经济效益　近10年来，世界在发生翻天覆地的变化，在目不暇接的经济万花筒背后，一种新的经济形式——知识经济正向我们席卷而来，它正将人类社会带向21世纪知识经济时代。知识经济是社会发展的必然。早在20世纪70年代，美国未来学者托夫勒在其著作《第三次浪潮》中就指出了人类将面临信息社会的到来。此后，经济学者们开始关注这一提法。回顾半个多世纪以来的世界经济发展状况，20世纪50年代西德重新崛起，60年代日本经济奇迹般增长，70年代出现亚洲四小龙，进入80年代停滞徘徊多年的美国经济也开始复苏并得到发展，这些发展都是以知识为基础的。1990年联合国研究专家正式提出了“知识经济”这一概念，知识成为发展经济的最重要的直接资源，而信息成为一个国家生存和发展的关键所在，成为国际竞争中的重要因素，控制了信息，尤其是高新尖端的科技信息，也就获得了经济发展的主动权和国际竞争的优势。21世纪是生命科技的世纪，21世纪的知识经济时代也将是自身学习的时代，面对这样的社会环境，谁能有效地捕捉信息，分析研究信息并加以利用，谁便能在强手如林、变幻莫测的社会市场中抢占有利的位置。

第二节　文献信息资源及其类型

一、文献信息的类型

文献信息与人类社会的科学、技术、文化和教育等密切相关，涉及的范围非常广泛，难以用统一的标准对文献信息进行分类，用不同的标准对文献信息进行分类，可以把文献信息划分为如下一些类型：

（一）按文献信息表现形式划分

1. 文字型　文字是人类在经历漫长的生产和社会实践中创造的一种约定的形象符号，目的是为了实现通信联系和信息的交流。文字一般分为象形文字和拼音文字两大类。文字信息是最为常见的一类文献信息表现形式。广义的文字还包括各种编码，如计算机中的ASCII码、汉字内码、计算机二进制编码等也是一些符号的约定。这些文字、符号和代码都是文献信息的表述形式，而表述的内容体现在它们的组织结构之中。如笔画或字母的不同排列组合，二进制码“0”和“1”的编排等，分别代表不同的文献信息内容。

2. 视频型　视频包括图形、图像和动态影像等。视频是一种视觉信息，它比文字信息直接，更易于理解。从大自然的客观景象到人类创作的一幅画、一部电影等都是具体或抽象的视频信息。多媒体技术和数字化技术的发展，将会为人类展现一个更加五彩缤纷的视觉世界。

3. 音频型　音频实际包括语音、音乐和波形信息三大类。语音（语言）本质上是人的大脑的某种编码形式的信息转换成的语言信息的输出，是一种最普遍的信息表现形式。音乐也是一种信息形式，是一种特殊的声音信息，它是通过演奏方式表达丰富多彩的信息内容的。其他的声音（波形信息）还包括大自然的声音，如风声、雷雨声、发动机声和脚步声等。

4. 数字型　数字文献信息是随着信息技术中的数字化技术的发展而兴起的全新概念。数字文献信息也可理解为文献信息的数字形式或数字化的文献信息形式等。狭义的数字（数据）是指有一定数值特性的信息，如统计数据、气象数据、医学数据等。广义的数字（数据）是指在计算机网络中存储、处理、传输的二进制数字符编码，文字信息、视频信息、音频信息以及从自然界直接采集的各种自然信息等均可转换为二进制数码，形成数字文献信息。网络中的数据通信、数据处理和数据库等都是广义的数字信息。

（二）按文献信息的出版类型划分

1. 图书　图书是指人类使用文字、图画或类似符号，记录知识或表达思想的著述载体，是以单册出版的正式公开出版物。这是历史最悠久的文献类型。图书根据功能的不同可分为阅读和工具两类。阅读类图书包括科技专著、教科书、科普读物等。工具类图书主要为字典、词典、手册、年鉴、百科全书、各类指南和名录等。图书的优点是内容一般比较成熟，代表了某一时期某一学科的发展水平，缺点是出版周期较长，体积大，更新速度慢，电子图书的出现将弥补这一缺陷。

2. 期刊　期刊是定期或不定期的连续出版物，有固定名称，用卷、期或年、月顺序编号出版，每期版式基本相同，有专业性和综合性之分。同图书相比，它具有出版周期短，反映新成果及时，内容新、信息量大且文献类型多样等特点，是科技成果比较快捷的公开形式，因而成为利用率最高的文献类型。据统计，信息需求的68%为期刊论文。期刊文献利用约占科技文献总量的80%。目前全世界出版的期刊约16万余种，而且正以每年2000种的速度递增。核心期刊（Core Journals）是科技期刊中一类特定的期刊，指刊载某学科文献密度大，载文率、被引用率及利用率较高，深受本学科专家和读者关注的期刊。

3. 政府出版物　指各国政府部门及其所属机构发表或出版的文献资料。它的内容很广，概括起来可以分为行政性和科技性两大类，如政府公报、会议文件和记录、法令汇编等。政府出版物具有正式性和权威性的特点。

4. 科技报告　指报道（记录）研究工作和开发工作的成果或进展情况的一种文献信息类型，一般都编有号码，供识别报告本身及其发行机构。第二次世界大战期间，大量的研究成果以内部报告的形式发表，科技报告逐渐成为一种交流的手段。战后，各国政府进一步加紧军事科研活动，不断增加对科研的投资，致使科技报告的数量不断增加，终于发展成为科技文献信息的一大门类。

目前，美、英、法、德、日等国每年都发表大量的科技报告。例如：美国AD报告、PB报告和NASA报告，英国航空委员会的ARC报告、英国原子能局的UKAEA报告，法国原子能委员会CEA报告，前西德航空研究所的DVR报告等。

5. 专利文献　专利文献是根据专利法公开的有关发明的文献，主要为专利说明书，也包括专利法律文件和专利检索工具。专利文献具有新颖性、创造性和实用性的特点，且范围广泛、出版迅速、格式规范，有助于科技人员借鉴国外先进技术，避免重复劳动。

6. 会议文献　指围绕会议的宗旨，在会前提供的发言预印本或发言摘要，会上发表或散发的论文，以及会后整理出来的会议资料的总称。会议文献一般有四个特征：探讨的专业领域集中，针对性强，内容专深；一些重要研制成果或新的发现首先通过会议文献向社会公布；能反映具有代表性的不同观点；有时能透露出一些内部情况，或正在进行中的研究情况。

7. 学位论文　学位论文是为了取得学位，进行公开答辩并获得学位委员会通过而撰写的科学论文，一般指硕士和博士论文。学位论文是在导师的指导下，花费较长时间写成的研究论文，具有较大的参考价值。大多数学位论文未进入出版发行渠道，不易被人们所利用。

8. 标准文献　指由技术标准及其他在特定活动领域内必须执行的规格、定额、规则、要求的技术文件所组成的一种特定形式的技术文献体系。按照使用范围，标准可分为五大类：国际标准、区域性标准、国家标准、专业标准和企业标准。标准文献具有一定的法律约束力，有严格的审批程序，是各方专家集体制定的，内容可靠，其技术信息可直接使用。标准文献的新陈代谢非常频繁，随着经济条件与技术条件的改进，需经常不断地进行修改和补充。

9. 产品样本说明书 是制造厂家和产品销售者介绍其产品的宣传性出版物。它介绍的是已投产和行销的产品。通过产品样本说明书可以了解厂家的工艺水平、管理水平和产品发展趋势方面的信息。由于产品样本说明书附大量图表、产品特性曲线、方程等，因此具有直观的特点，并且具有易于获取的优点。

10. 技术档案 是在科技生产活动中形成的一系列以工程技术图纸、任务书、协议、合同、设计方案以及与此有关的调查统计数据等材料组成的文件。技术档案具有技术性、适用性、保密性等特征。

除了以上主要文献信息类型之外，还有报纸、新闻稿、统计资料、病案等科技文献信息。在以上十类文献中，一般把图书、期刊作为普通文献，其他八种均列入特种文献。

（三）按文献信息的载体形式划分

根据文献信息载体形式的不同，可将文献信息分为印刷型文献信息、缩微型文献信息、声像型文献信息和电子型文献信息。

1. 印刷型 指以纸张为存储介质，以印刷为记录手段而生产出来的一种传统的文献信息形式。按印刷方式又可细分为油印、石印、铅印、胶印和复印等几种形式。它是迄今为止仍占主导地位的一大文献信息类型。印刷型文献信息的最大优点是便于阅读和流传；其缺点是存储密度低，体积大而笨重，不能长期保存，难于实现自动化。

2. 缩微型 指以感光材料为存储介质，以缩微照相为记录手段而生产出来的一种文献信息形式，也称缩微复制品，包括缩微平片和缩微胶卷两种类型。随着激光和全息照相技术的应用，又出现了超级缩微胶片，其缩小倍率可达 1/22500，一张全息胶片可存储 20 万页文献。其优点是：体积小，存储密度高，传递方便，可以大大节省储藏空间，便于长期保存。其主要缺点是不能直接阅读，必须借助于缩微阅读机。

3. 声像型 指以磁性材料和感光材料为存储介质，借助特殊的机械装置，直接记录声音信息或图像信息而生产出来的一种文献信息形式，它包括唱片、录音带、录像带、电影拷贝、激光声频和视频唱片等。其优点是：生动直观。但成本较高而且不易检索和更新。

4. 电子型 以前又称机读型，是指通过计算机存储和阅读的文献信息类型。它以磁性或塑性材料为存储介质，以穿孔或电磁、光学字符为记录手段，通过编码和程序设计，将文字语言变成计算机可以识别的机器语言，输入计算机，“阅读”时再由计算机将其内容输出。它主要包括磁带、磁盘和光盘等。其优点是：存储密度大、查找文献迅速等。其缺点是设备投资高，价格昂贵。

（四）按文献信息的加工程度划分

根据文献信息的加工处理程度（或深度）的不同，可以将文献信息划分为一次文献信息、二次文献信息、三次文献信息和零次文献信息。

1. 一次文献信息 一次文献信息是人们研究或创造性活动成果的直接记录，一般指公开出版的图书、期刊论文、科技报告、会议文献、学位论文、发明专利等。不管其文献信息存储于何种物质载体及出版的版次，只要是原始资料就是一次文献信息。一次文献信息是人们对自然和社会信息进行首次加工后固化形成的，一次文献信息通常具有新颖性和创造性，但零碎、分散、无序，有的很难获取。

2. 二次文献信息　二次文献信息是对一次文献信息加工、整理而成的，是通过对一次文献信息进行外部特征（如题名、作者、信息物理特征）和内容特征（如主题、分类）的分析、提取、整理并按照某种编排规则进行组织而形成的新的文献形式。如目录、文摘、索引等各种书目检索工具或数据库是二次文献信息的核心。二次文献信息的重要作用不仅在于报道，更重要的是为查找一次文献信息提供线索，是检索一次文献信息的主要工具。二次文献信息的形成是文献信息从分散、无序到集中、有序化的书目控制过程。

3. 三次文献信息　三次文献信息是对一、二次文献信息综合、分析等深加工的产物。对一定范围内的一、二次文献信息进行分析、研究、综合生成的系统化的文献信息即为三次文献信息。三次文献信息可分为综述研究类和参考工具类两种类型。前者如动态综述、学科总结、专题述评、进展报告等；后者如年鉴、手册、大全、词典、百科全书、指南等。三次文献信息具有系统性、综合性、知识性和概括性等特点。

4. 零次文献信息　所谓“零次文献信息”是指非正式出版物或非正式渠道交流的文献信息，未公开于社会，只为个人或某一团体所用，如文章草稿、私人笔记、会议记录、未经发表的名人手迹、口头讨论等。

二、电子文献资源概述

电子文献资源是计算机文献检索系统的主要处理和查询的对象，是当前满足人类文献需求的主要信息源，是人类社会进入信息时代的重要标志。进入 21 世纪以来，随着网络和计算机技术的高速发展，人类社会步入了网络化信息时代，人们 80%以上的信息需求都能从电子文献资源中得到满足，逐步摆脱了对传统纸本文献资源的依赖。目前，电子文献资源的类型繁多，数量庞大，从商用电子资源到网络免费学术资源；从机读数据库到电子图书、电子期刊和电子报纸；从文本信息资源到多媒体信息资源；从光盘数据库到网络数据库等。

（一）电子文献资源的概念

电子文献资源是以电子数据的形式，把文字、声音、图像、视频等多种形式的文献存储在光、磁等非印刷纸质的载体中，以电信号、光信号的形式传输，并通过网络通信、计算机或终端和其他外部设备等方式再现出来的一种新型文献资源。因此，电子文献资源实质上是一类通过计算机存储和阅读的文献资源，即计算机可阅读型（机读型）文献资源。

电子文献资源的概念也可简单理解为一切以数字形式生产和发行的文献资源。所谓数字形式，是以能被计算机识别的、不同序列的“0”和“1”构成的形式。电子文献资源中的信息，包括文字、图片、声音、动态图像等，都是以数字代码方式存储在磁带、磁盘、光盘等介质上，通过计算机输出设备和网络传送出去，最终显示在用户的计算机屏幕上。

随着因特网的发展，利用网络传递的电子文献资源的数量每年都以几何倍速增长，这类电子文献资源也称为网络信息资源（networked information resources），网络信息资源目前在电子文献资源中已经占有绝对比例。除此之外，到目前为止，仍然存在着大量仅在本地计算机上使用、没有通过网络传递的电子文献资源，如只用于单机的光盘或机读磁带数据库等，这类资源也属于电子文献资源。

（二）电子文献资源的特点

电子文献资源伴随 1961 年美国化学文摘社（CAS）开始发行“化学题录”（Chemical

Title）机读磁带而诞生。40多年来，伴随着计算机和网络技术的发展，电子文献资源从无到有，从少到多，从书目型数据库发展到了全文数据库和电子图书、期刊、报纸乃至多媒体，从本地使用到网上发布，到今天最终成为人们生活和学习不可缺少的重要文献来源。

电子文献资源不同于以往的印刷型文献资源和各类视听资料，与之相比，其特点主要有：

1. 存储介质和传播形式的改变　电子文献资源突破了传统纸质资源和声视频资源的局限，可以将传统的书刊中的文字、图片以及各类音像资料中的声音、动态图像融合在一起，利用现代信息技术进行制作，存储在光盘、磁带或硬盘等载体上。同时以网络作为主要的传播媒介，即转变为光信号，利用网络实现同步传输。不仅传播的速度大大提高，传递的信息量也超过了传统的出版物。例如十年的《人民日报》全文可以存储在一张600兆（MB）的普通光盘上，而这种光盘已逐渐被每片容量为4.7千兆（GB）或8.5千兆的DVD光盘所取代，现在对数字信息的计量单位已经从"MB"变为"GB"甚至"TB"，一个数据库的容量通常是以GB或TB为单位计算的。以光纤为核心的通信技术使我们从网络上下载一部数字电影只需要几分钟的时间。

2. 信息的表现形式多样化　电子资源的信息表现形式可以为文本、超文本、多媒体和超媒体。特别是超文本和超媒体，它们集文本、图片、动态图像、声音、超链接等多种形式为一体，具体、生动、全方位地向用户展示主题，用户可以因此更加深入细致地了解所需信息的内容及其特征。同时电子文献资源的信息组织方式也发生了质的变化，即知识信息单元由线性排列转化为可按照自身的逻辑关系组成直接的、相互联系的、非线性的网状结构，便于检索与利用，提高了文献资源的利用价值。

3. 文献资源类型多种多样　电子文献资源的类型复杂多样，既包括各类商用机读数据库、电子期刊、电子图书、电子报纸、专利等正式出版物，以及学位论文、教学课件等灰色文献，也涵盖了新闻组、电子公告板（BBS）等非正式出版的数字信息。信息交流的途径因此不再是单一化的，而是多层次、全方位的。

4. 多层次的信息服务功能　电子文献资源最初产生时主要的服务功能是文献检索，发展到今天，已经产生了一系列的新功能：主动报道，如期刊目次报道服务；文件传递，如FTP服务；信息发现，如网络资源学科导航、分类主题指南等；网上讨论，如BBS、新闻组等；这些服务功能扩展了传统出版物的职能，使电子文献资源得到更大程度、更深入的利用。

5. 更新速度快、时效性强　传统的印刷型出版物一旦出版后，文献的内容就无法更改，必须要修订后出版新版本。而电子文献资源的更新和发布就容易得多，只要有人负责不断跟踪各个领域的最新发展变化，就可以随时修改内容，每月、每周、每日甚至每时更新，及时发布给用户。

6. 具备检索系统或功能　电子文献资源不再像传统文献那样需要逐页翻查，而是存在于一个检索系统中，或者本身具有检索功能，因而使用方便、快捷。特别是经过进一步加工的正式出版物，如电子期刊、数据库等，检索功能均很强大，可以很快找到自己所需的文献。

7. 检索访问不受时空限制　电子文献资源的检索访问不受时间、地域的限制，即没有收藏地点（如图书馆）、收藏时间（开放时间）的局限，可以随时随地存取。

三、医学电子文献资源类型及产品

按照国际上通用的分类方法，电子文献资源或数据库通常分为参考数据库、源数据库和混合数据库三类。其中参考数据库又可分为书目数据库（如文摘索引数据库、图书馆目录数据库等）和指南数据库；源数据库又可分为全文数据库、事实数据库、数值数据库、术语数据库和图像数据库等类型。无论是商品化电子资源还是网络公开学术资源或特色资源都包括上述各类型数据库。当然，除此之外网络电子资源还包括电子图书（eBooks）、电子期刊（eJournals）、电子报纸（eNewspapers）、电子新闻（eNews）、学术网站、搜索引擎/分类指南、网络资源学科导航、FTP、BBS以及讨论组等文献资源。

生物医学对上述各种类型的电子文献资源都有涉及，甚至还包括一些生物医学特有的专题电子资源，如生物信息学数据库、循证医学数据库以及药学数据库等。下面简要介绍生物医学常用的电子文献资源类型以及相应产品。

（一）参考数据库（Reference Databases）

参考数据库是指包含各种数据、信息或知识的原始来源和属性的数据库。数据库中的记录是通过对数据、信息或知识的再加工和过滤，如编目、索引、摘要、分类等，然后形成的。也有人称参考数据库是指引用户到另一信息源以获得原文或其他细节的一类数据库。一般说来，参考数据库主要是针对印刷型出版物而开发的。它包括书目数据库和指南数据库两种。

书目数据库（Bibliographic Databases）是指存储某些或某一个领域的二次文献（如文摘、题录、目录等）书目数据的一类数据库，有时又称为二次文献数据库，或简称文献数据库。其数据主要来源或派生于期刊论文、会议论文、研究报告、学位论文、专利文献、报纸等各种不同的一次文献信息源。该类数据库的检索结果是所需文献的线索而非原始文献。通常所说的文摘索引型数据库和图书馆联机公共书目数据库都属于这类数据库，这类数据库也是生物医学领域使用最多的电子资源类型。

指南数据库（Directory Databases）是指存储关于某些机构、人物、出版物、项目、程序、活动等对象的简要描述，指引用户从其他有关信息源获取更详细的信息的一类数据库，也称指示性数据库。例如，各种机构名录数据库、人物传记数据库、产品数据库、软件数据库、基金数据库等，均属于此类。

常用的生物医学书目数据库（文摘索引数据库）主要有：MEDLINE、EMBASE. com、BIOSIS Previews、SciFinder、Web of Science、International Pharmaceutical Abstracts、Derwent Innovations Index、中国生物医学文献数据库、图书馆联机公共书目数据库等。

（二）全文数据库（Full Text Databases）

全文数据库是指存储原始文献全文或其中主要部分的一种源数据库，简称全文库，以期刊论文、会议论文、政府出版物、研究报告、法律条文和案例等为主，如新闻消息全文库、法律法规全文库、期刊全文库等。全文数据库提供最原始的资料，而不是书目数据库中的文献线索。随着存储技术的发展，全文数据库越来越多。目前，在生物医学领域中使用最多的全文数据库是电子期刊全文数据库。

常用的生物医学电子期刊全文数据库主要有：Elsevier 电子期刊全文数据库、ProQuest 电子期刊全文数据库、Springer 电子期刊全文数据库、Kluwer 电子期刊全文数据库、EBSCO 电子期刊全文数据库、Blackwell 电子期刊全文数据库、Nature 电子期刊全文数据库、

OVID电子期刊全文数据库、John Wiley 电子期刊全文数据库、Karger 电子期刊全文数据库、中国期刊全文数据库、万方数字化期刊、中文科技期刊数据库等。

（三）事实与数值数据库

源数据库是指能直接提供原始资料或具体数据的数据库，用户不必再查阅其他信息源。

事实数据库（Fact Databases）是指专门提供事物发展过程中产生的事实数据的一种源数据库。这类数据库一般同时提供文本信息和数值数据。事实数据库以直接提供可用的事实为目的，如临床诊疗事实数据库、百科知识数据库、公共信息数据库等。“事实”可以是既有数字又有文字的统计资料，可以是纯文字的知识资料或信息资料，也可以是一篇叙述性文献。

数值数据库（Numeric Databases）是指专门提供以数值方式表示的数据（或包括其统计处理表示法）的一种源数据库。如各种统计数据库、财务数据库等，又如医学上使用的化学制剂或药物的各种理化参数、人口统计数据及科学实验数据等都有相应的数值数据库，还有化学物质结构数据库、生物蛋白质序列数据库等大多属于此类。

常用的生物医学事实与数值数据库主要有：①循证医学类数据库：是一类典型的事实型数据库，是随着循证医学（Evidence Based Medicine，EBM）的发展而形成的新一类数据库。循证医学意为遵循科学依据的临床医学，是指应用临床医学的最好科学证据与病人、医师三者有机地结合来完善临床医学。这些科学证据是建立在病人和群体以及实验室检测基础上所获得的最可靠事实证据，并通过流行病学和生物统计学的方法所确认。循证医学数据库所存储的内容就是这些临床医学的科学事实证据，可以直接指导临床医生的诊疗实践。常用的循证医学数据库包括：The Cochrane Library、National Guideline Clearinghouse、Micromedex Healthcare Series。②生物信息学数据库：属于数值数据库，这类数据库是随着生物信息学的发展而逐步兴起的，并成为生命科学研究的热点。生物信息学（Bioinformatics）是分子生物学与计算机科学的交叉学科，它包含生物信息的获取、处理、存储、分析和解释等方面的内容，综合运用数学、计算机科学和生物学的各种工具，来阐明和理解大量数据所包含的生物学意义。1990 年 1 月启动的人类基因组计划，目的是要破译人类的全部遗传密码，在分子水平上认识人类。随着研究的深入，带来了大量的核酸序列和氨基酸序列以及它们的有关信息。为了分析和解释这些类似“天书”的生物事实信息，必须借助计算机强大的存储运算功能，这种结合就产生了生物信息学和生物信息学数据库。目前生物信息学正处于方兴未艾的阶段，生物信息学数据库大多可从因特网免费检索得到。常用的生物信息学数据库主要有：基因组数据库，如美国 NCBI 基因组数据库 Genome、美国人类基因组数据库 GDB、英国人类基因组研究导航数据库 GenomeWeb；核酸序列数据库，如 GenBank、EMBL和 DDBJ；蛋白质序列数据库，如 SWISS-PROT、PIR 和 Protein Information Resource；蛋白质结构数据库，如 Protein DataBank（PDB）、Molecular Modelling DataBase（MMDB）和 Structural Classification of Proteins（SCOP）；序列分析数据库，如 BLAST；其他生物信息学数据库，如 OMIM（Online Mendelian Inheritance in Man，孟德尔遗传数据库）、CGAP（The Cancer Genome Anatomy Project，肿瘤基因组图谱数据库）。③贝尔斯坦/盖墨林化学数据库（Beilstein/Gmelin CrossFire）。④ISI 化学数据库（ISI Chemistry Databases）。

（四）电子图书

电子图书（electronic book，ebook）是指以数字形式存储在光学或磁性载体上，并可通过计算机或专用阅读设备查阅的数字化书籍。电子图书主要有两种类型，一种是将传统的纸本图书经过数字化加工处理后的电子图书，另一种就是原生（born digital）电子图书，即一开始就有电子文本的电子图书，其阅读和存储方法与第一种相同。最初的电子图书主要以百科全书、字词典、药典等工具书为主，但近年来发展迅速，已涉及很多学科领域，如临床医学实践指南类的电子图书以其内容更新速度快，实用性强而得到广泛应用。

常见的电子图书服务系统主要有：NetLibrary、Ovid 电子图书、超星读秀、书生网、综合数字图书馆、方正 Apabi 数字图书馆。

（五）搜索引擎/分类指南

因特网上的信息资源浩如烟海，良莠不齐，并呈几何级数增长。快速有效地查询信息是一项艰巨的任务。这个需求直接导致了广域网信息检索技术的快速发展，各类搜索引擎层出不穷。搜索引擎是目前利用因特网开放信息的常用工具，也可以称得上是因特网开放信息的索引目录，其本质是一个网上信息资源线索的数据库。搜索引擎主要是使用一种计算机自动搜索软件，在因特网上检索，将检索到的网页编入数据库中，并进行一定程度的自动标引，用户使用时输入检索词，搜索引擎将其与数据库中的信息匹配，然后产生检索结果。例如常用的 Yahoo、Google、Baidu（百度）、天网等。分类指南是将搜索到的网页按主题内容组织成等级结构（主题树），用户按照这个目录逐层深入，直到找到所需信息。通常搜索引擎与分类指南是结合在一起的，例如 Yahoo、新浪等。

（六）网络学术资源学科导航

将因特网上的开放信息加以甄别、筛选和科学管理，按学科组织起来，构成完整的学科导航系统，为教学、科研、技术人员提供各类学术信息。与搜索引擎/分类指南不同的是，网络学术资源的学科导航库通常是由图书馆单独或联合建设的。

网络学术资源导航，英文名称一般称为 Internet Resources by Subject/Faculty 或 Internet Resources by Academic Discipline，在中文名称方面通常叫做 Internet 学术资源学科分类导航、网络学术资源学科分类导航或重点学科导航。

网络学术资源导航一般由大学图书馆、大学重点学科院系或其他学术资源单位承担，针对网上可免费获取的、又具有重大的学术参考价值的资源，按学科、主题或学术资源体系等对其进行搜集、整理、分类，并制作成导航网站上网服务，供相关学科或相关专业、学术领域的读者参照，以节省其上网搜索的时间、节省网络通讯费、是一种基于内容的资源导航服务。

目前网络学术资源导航项目很多，各文献资源服务单位，如大学图书馆等均已建立了自己的网络学术资源导航。而且，网络学术资源导航日益受到各方面的重视，其发展潜力是无穷的。具有代表性的导航网站或项目包括：美国加州图书馆的 LII 导航系统（http：//lii. org)、英国的因特网公共图书馆（IPL）（http：//www. adindex. co. uk/library)、香港科技大学图书馆的学术资源导航（http：//library. ust. hk/res/beyond/)、CALIS 重点学科网络信息资源导航数据库（http：//202. 117. 24. 168/cm/main. jsp)。

（七）其他因特网电子资源

除了以上类型的电子资源以外，因特网上还存在大量其他类型的电子资源，如 FTP、生物医学重要网站、BBS、新闻组等，这些电子资源也是我们从事医疗、教学、研究工作不可缺少的信息。如 FTP 站点可以实现本地与远端计算机之间的文件交流，这些开放的 FTP 站点允许用户登录上去，从中下载各类数据、资料、软件等，在生命科学领域，许多数理统计软件、基因和蛋白质序列同源性比较软件、医学影像学图谱等都存在于 FTP 站点中。又如美国国家医学图书馆、NIH、WHO 等生物医学重要网站也为我们提供了大量免费的生物医学信息资源，这些资源为解决生命科学的前沿问题提供了重要的参考性资料。专业性较强的 BBS 和新闻组为同行专家和从业人员提供了一个相互交流和切磋的平台，从中可以得到许多意想不到的第一手资料，经验交流更加直接、广泛和有效。甚至电子邮件也是一类不可忽视的电子资源，通过电子邮件的交流，有时能够得到其他任何途径都无法获取的零次信息，灵感与创新就此产生。由此可见，因特网上的电子资源类型繁多，数量是无穷尽的，值得我们去探索和挖掘。

第三节　文献检索语言

文献检索的原理是要使文献的存储与检索两过程所采用的特征标识达到一致。而使其一致的中间纽带就是检索语言。检索语言是检索者与检索工具之间进行交流的标准，也是文献存储人员与检索工具之间交流的标准。检索者、检索工具、文献存储人员三者通过检索语言来互相沟通。

一、检索语言概述

检索语言（Retrieval Language）是用于描述检索系统中文献的内容特征及外表特征和表达用户检索提问的一种专门的标识系统。检索的匹配就是通过检索语言的匹配来实现的。检索效率的高低，在很大程度上取决于所采用的检索语言的质量以及对它的使用是否正确。检索语言由检索标目和语法组成。检索标目是指登录在检索系统中的具有检索意义的文献特征标识，也称为检索词、索引词、标引词等；语法则是指利用这些标目查找文献的一整套规则。文献特征标识不仅包括名词术语、专业单词或词组，也包括符号、数字代码等。任何一种检索语言，无论其表达形式是词还是符号，它都是一种用概念及其概念相互关系来表达信息内容特征的标识系统。

检索语言除表达事物的不同概念之外，有时还要揭示概念之间的逻辑关系。概念之间的逻辑关系主要有以下几种：

1. 等同关系　指两个或两个以上的词所表达的概念完全或基本相同。它包括同义关系和准同义关系。同义关系所表达的概念完全相同，主要是指同义词，如规范词与俗称、全称与简称、新词与旧词等。准同义关系主要是指近义词，它们所表达的概念基本相同或相近。

2. 从属关系　是指两个概念中，一个概念完全被包含在另一个概念的外延里，是另一个概念外延的一部分。从属关系也称为上下位关系，外延较大的为上位概念，外延较小的为下位概念。

3. 相关关系　是指概念之间关系密切，且不同于等同关系和属分关系的一种关系。如交叉关系、矛盾关系、对立关系、并列关系等。

二、检索语言的类型

检索语言类型多样，按照不同标准可有不同划分，主要可从以下几个角度进行分类。

（一）按照检索语言中所使用语词的受控情况划分

1. 规范语言（Controlled Language）　又称受控语言、人工语言（Artificial Language），是一种采用经过人工控制的规范性的词语或符号作为检索标目，来专指或网罗相应的概念的一种检索语言。这些规范化的标目能较好地对同义词、近义词、相关词、多义词及缩略词等概念进行规范。例如“肿瘤”这一概念的英文词汇中有多个同义词：tumor、tumour、carcinoma、neoplasms等，受控语言则规定只能用其中一个词表示“肿瘤”这个概念，如人为规定“neoplasms”为规范词，那么无论原始信息中作者使用的是哪一个同义词，检索者只需用“neoplasms”就能将所有“肿瘤”的信息查找出来。

2. 非规范语言（Uncontrolled Language） 又称非受控语言、自然语言（Natural Language），它是采用未经人工控制的词语或符号作为检索标目的一种检索语言。通常所说的自由词、关键词就属此类范畴。一般当某些特定概念无法用规范词准确表达、或新出现的词语（如“纳米”）还未来得及被规范化时，就需要使用非规范词。

因此，使用规范语言的词语对信息进行描述和概念表达具有唯一性、专指性，可提高查准率，同时通过揭示同义词、近义词等词间关系也可提高查全率，并可通过词间关系提供扩检或缩检等功能；但另一方面也正因为它是一种人工控制语言，因此不可避免地会受到语言编制者的专业领域、知识水平等因素的影响，在一定程度上造成标引不一致，检索工具编制成本偏高、更新维护相对困难，对检索者在选词上的要求严格。而使用非规范化检索语言，在词语选择方面就有较大弹性和灵活性，检索者选词相对容易，可以自拟词语进行检索，但这类语言对一词多义、多词一义的情况未加处理，检索效果和效率不如规范语言。在机检中，非规范语言的应用比较广泛。

（二）按照检索标识设置的时间划分

1. 先组式语言 是指复杂主题的标识在检索前已经在检索系统中组配好了的检索语言。例如分类语言、标题语言等均属于这一类型。

2. 后组式语言 是指在检索前检索系统中的检索标识是独立的，实施检索后，才根据检索需要进行组配的检索语言。如叙词语言、单元词语言、关键词语言即属此类型。

（三）按照检索语言所描述的信息特征划分

1. 描述信息外部特征的检索语言 是以信息外表特征作为信息存储的标识和信息检索的出发点而设计的索引语言，如以文献的书名、刊名、篇名等作为标目的书名目录（索引）、刊名目录（索引）、篇名索引等；又如以文献的著者、译者、编者等姓名或机关团体名称作为标识的著者索引、专利权人索引等；还有以文献末尾所附的参考文献的外部特征作为标识的，如引文索引；以文献特有的序号作为标识的索引系统，如专利号索引、科技报告号索引等，这些都是采用描述信息外表特征的标识建立起来的检索语言（图1-1）。

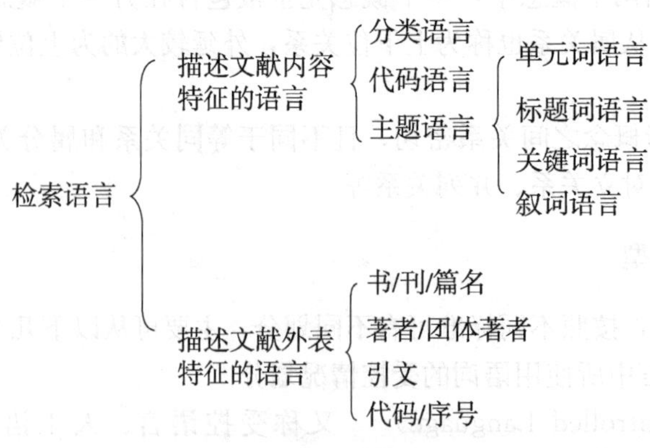

图1-1 检索语言的类型

2. 描述信息内容特征的检索语言　描述信息内容特征的语言与外部特征语言相比，在揭示信息特征与信息提问方面更具有深度。描述信息内容特征的检索语言，按其构成原理又可分为分类法检索语言（分类语言）、代码检索语言（代码语言）和主题法检索语言（主题语言）。

（1）分类语言：是一种直接体现知识分类的等级制概念标识系统，是按照学科范畴划分而构成的一种语言体系。分类语言建立在科学分类基础上，运用概念划分与概括的方法，将大大小小的概念进行层层划分、逐级划分产生许多不同级别的类目。它能集中体现学科的系统性，反映事物的从属、派生关系，并从上至下、从总体到局部层层展开。分类语言一般用类目（语言文字）和其相对应的类号（字母、数字或它们的组合）来表达各种概念，构成一个完整的分类类目表，如《中国图书馆分类法》（简称《中图法》）、《国际专利分类表》等都是典型的分类语言。《中图法》以各门学科的特点和规律为基础，按照知识门类的逻辑次序，将学科划分为五个基本部类、22 个基本大类。五个基本部类为：马克思主义、列宁主义、毛泽东思想，哲学，社会科学，自然科学，综合性图书。基本大类的类号及其类目名称如下：

A 马克思主义、列宁主义、毛泽东思想
B 哲学
C 社会科学总论
D 政治、法律
E 军事
F 经济
G 文化、科学、教育、体育
H 语言、文字
I 文学
J 艺术
K 历史、地理
N 自然科学总论
O 数理科学和化学
P 天文学、地球科学
Q 生物科学
R 医药、卫生
S 农业科学
T 工业技术
U 交通运输
V 航空、航天
X 环境科学
Z 综合性图书

每一大类下又分出若干子类目，并逐级展开，层层隶属，如 R5 为内科学、R55 为血液系疾病、R556 为贫血病。每一个类号代表一个特定的类目，类号的位数能反映相应类目的分类等级。通过《中图法》分类表，可将信息按学科和专业进行集中和揭示，它是进行信息分类标引和分类检索的共同依据。

（2）代码语言：是对信息所论述事物的某一方面的特征，用代码加以描述和标引的语言，如化学物质的分子式、化学物质登记号、基因符号、分类号等。

（3）主题语言：是直接以表达主题内容的语词作为标识、以字顺作为主要组织方式的检索语言。主题语言具有的特征一般有：直接以语词作为检索标识；以字顺作为主要检索途径；以特定的事物、问题、现象，即主题为中心集中信息资源；通过参照系统等方式揭示概念之间的关系。主题语言按照选词方式又分为关键词语言、标题词语言、单元词语言和叙词语言。

1）关键词（Keyword）语言：是直接以自然语言中未经控制或只作少量控制的语词作为主题标识，通过对关键词轮排等方式揭示信息主题的主题法语言。关键词一般取自于文献的篇名、文摘或全文中对表达文献主题具有一定实质意义的词。几乎所有有意义的信息单元都可以作为关键词，而那些对文献主题表达无意义的词汇，如冠词、介词、连词、副词、感叹词以及某些形容词、动词（系动词、情态动词、助动词）等，均不能作为关键词，并被归入非关键词表或禁用词表。关键词语言基本上是未经规范化处理的语词，它属于非规范语言的一种。关键词语言具有易于掌握、标引简易、检索方便、灵活性高、词汇更新及时等优点，易于实现编制过程计算机化，在计算机检索中应用广泛。但关键词语言缺乏词汇控制，用词不统一，因而检索效率偏低，一些计算机自动编制的关键词工具往往容易受词汇切分技术的影响，而使检索工具质量不稳定。

2）标题词（Heading）语言：是最早使用的一种主题词语言。它是一种以标题词作为主题标识、以词表预先确定的组配方式进行标引和检索的主题语言。标题词也直接取自自然语言（如文献内容）中的单词和词组，但它与关键词不同，它是预先设置好的词汇，在标题词表中还通常采用设置通用复分标题表等方式，通过大量复分标题对一个主题对象的各个方面及其特称进行专指标引。标题词一般分为主标题词和副标题词，标题词表中出现的这两级标题词以固定的方式组合在词表中，标引和检索即按既定组配方式进行。在使用标题词语言检索之前，词与词之间的组配已经固定，因此标题词语言属于先组式语言，亦是一种规范语言。标题词语言直接性好、专指性强、含义明确、较易使用，但因其是先组式，故灵活性较差。

3）单元词（Uniterm）语言：单元词也称元词，是一种用来标引信息资源主题的、最基本的、字面上不能再分的语词。单元词语言是以元词作为主题标识，通过字面组配的方式表达信息资源主题的主题语言。元词一般从文献内容中抽出，并经过规范化处理，但它仅能为元词，代表一个独立的概念，如“肝功能”不是元词，而“肝”和“功能”是元词。在英语中元词经常是一个单词。单元词语言属于后组式语言，它具有灵活的组配功能，可以将某些元词组配起来代表某一特定概念，便于从不同主题词角度进行标引和检索，但单元词语言是规范语言，并采用字面组配，因此容易造成检索误差。目前单元词语言已被叙词语言取代。

4）叙词（Thesaurus）语言：叙词，国内又称为主题词，是经过规范化处理的，以基本概念为基础的表达文献主题的词和词组。叙词语言是以从自然语言中精选出来的经过严格处理的语词作为主题标识，通过概念组配方式表达信息主题的主题语言。它是在标题词、单元词和关键词基础上发展起来的，它和关键词语言是目前使用较多的两种检索语言。叙词语言同单元词语言一样，是规范化后组式语言，但与单元词语言不同的是，它既包括单词也包括词组，并可用复合词表达主题概念，如“肝功能”可作为一个叙词。此外，单元词是字面组配，而叙词是概念组配，如“香蕉苹果”这个概念，在尚未成为叙词和单元词时，单元词语言用“香蕉＋苹果”来组配表达，而叙词语言则用“香蕉味的水果＋苹果”来组配表达。叙词语言通常设置有完善的参照系统，同时还发展了多种形式的索引，包括范畴索引、词族索引、轮排索引等，它是一种结构完善、功能丰富的检索语言类型。

总之，叙词语言集规范性语言与后组式语言之优势，其主要优点有：结构完备、词汇控制严格；组配准确、标引能力强；可通过灵活组配方式进行多途径检索；对检索系统适应能力强，既能适应计算机检索系统的要求，又能适应手工检索系统的需要。叙词语言是一种多功能的较完善的语言，已成为目前受控语言的主流。但叙词语言也有不足之处，如词表编制和管理的要求高，需要花费较多人力、物力；文献标引和检索需在概念分析基础上进行，增加了标引和检索难度。

三、医学文献检索语言

叙词语言是目前检索语言的主要表现形式。叙词语言的主体是叙词表。叙词表，又称为主题词表，它是叙词的总汇，是自然语言中优选出来的语义相关、族性相关的科学术语所组成的一种规范化词典。在生物医学领域，国际上使用最广泛的叙词表和检索语言为美国国家医学图书馆编制的《医学主题词表》（Medical Subject Headings，MeSH）和一体化医学语言系统（UMLS）。我国对医学信息的主题标引采用由中国医学科学院信息研究所翻译的MeSH 中译本。中医药文献则采用中国中医科学院中医药信息研究所编制的《中国中医药学主题词表》。

（一）MeSH

MeSH 是医学信息领域使用最广泛、最具代表性的一部大型医学专业词表，它是对生物医学信息进行主题分析、标引的权威性规范化词表，也是指导用户使用美国《医学索引》、MEDLINE 和 PubMed 等数据库进行检索的辅助性工具。MeSH 主要作用是规范语词、将检索者使用的自然语言转化为规范化的人工语言，保证标引者和检索者在用词上一致，从而提高检索效率。MeSH 分两个版本：医学主题词注释字顺表（Medical Subject Headings Annotation Alphabetic List，MeSHALL）和 MeSH 表，前者主要供内部人员标引、编目和联机检索使用；后者则供检索者使用，是选择主题词的标准和指南。

MeSH 从 1960 年开始出版，每年再版一次。目前 MeSH 已收录主题词超过 22000 个，并通过注释、参照系统和树状结构等反映主题词的历史变迁、族性类别和词间的相互关系等规律。MeSH 对主题词的规范具有单一性和动态性两个特点。单一性是规定概念与主题词的单一对应，即一个概念只能用一个主题词表达。存在许多同义词或近义词的概念只能选择其中一个作为主题词。例如阿司匹林和水杨酸表示同一主题概念，MeSH 规定采用前者作为主题词，则凡讨论水杨酸的文章，均归入到“阿司匹林”主题词之下。单一性同时也不允许一词多义，即一个主题词在概念上只能代表一种含义，不能存在歧义。例如“china”一词虽有两个含义：中国或瓷器，但 MeSH 规定主题词“china”仅表示中国。动态性是指词表每年增删修订。随着科学的发展和进步，会不断出现一些新的概念和术语，也会有一些原有概念被证实不够科学而应被取消或替代。MeSH 每年再版一次的目的就是为了反映主题词的变更情况。

MeSH 的选词范围包括生物医学文献中能表达医学或生命科学有关概念、并具有检索意义的常用单词或词组。MeSH 对于词组的表达绝大多数是以正常语序排列的，但为了使某些同一族类的主题词能集中排列，字面成族，就采用了一种倒置主题词，即中心词在前面，修饰词在后面，中间用“,”隔开。选词时应注意这类词的书写形式。

MeSH 内容主要包括主题词变更表、字顺表、树状结构表和副主题词表。字顺表是以全部主题词和非主题词按字顺排列而成。树状结构表则是按词义范畴和学科属性归类主题词。字顺表反映词间横向关系，树状结构表显示词间纵向关系，两表配合使用，可帮助检索者进行专指性检索和扩展检索。副主题词的作用主要是用来限定主题词的范围，使主题词具有更高的专指性。副主题词须与主题词组配在一起使用。每个副主题词并不能与所有主题词组配。副主题词表按字顺列出每个副主题词，并对其组配范围及类别等作了详细说明。

（二）《中国中医药学主题词表》

《中国中医药学主题词表》是用于标引中医药文献的国内权威叙词表。它是参照《汉语主题词表》和 MeSH 表、并根据中医药文献的特点编辑而成的一部规范化的动态检索语言叙词表。该词表既适用于中医药学文献的组织、标引和检索，也适用于中医药学书籍的主题编目，还可起到专业汉英词典的作用。该词表初版于 1987 年，初版名为《中医药学主题词表》，1996 年修订更新为现名。词表结构主要由字顺表、树形结构表、副主题词表、附表（医学家姓名）和索引表五部分组成。2007 版词表收录了 13905 个条目，其中正式主题词 8307 条、入口词（非正式主题词）5598 条，并设立 10 个中医药专用副主题词（按摩疗法、气功疗法、气功效应、生产和制备、穴位疗法、针灸疗法、针灸效应、中西医结合疗法、中医药疗法、中医病机），且规定了严格的副主题词组配范围与规则。《中国中医药学主题词表》在编排和结构上，兼取《汉语主题词表》及 MeSH 表的优点，加强注释及参照系统，对中医药文献的标引既能反映中医文献的特殊性，又能与 MeSH 标引兼容互通。

（三）一体化医学语言系统（UMLS）

一体化检索语言是在计算机信息检索和网络信息检索基础上发展起来的。随着网络信息资源需求的与日俱增，为了提高人们获取网络信息的效率，多种检索语言融合在一起形成的一体化检索语言系统应运而生。如《中国分类主题词表》就是将分类与主题、先组式与后组式语言相结合的一种一体化检索语言体系。使用该表不仅可以使分类标引和主题标引一次完成，而且能够降低主题标引的难度，提高标引的一致性；同时也有利于在检索中实现分类号与主题词相互转换，提高检索效率。随着信息技术的发展，人工语言与自然语言也正在不断融合，有的检索系统配备了检索词自动转换功能、智能检索功能等，以方便用户用各种词汇进行检索。在网络环境下，检索语言之间的融合或一体化是其发展的必然趋势。NLM 从 1986 年开始研制至今的一体化医学语言系统（Unified Medical Language System，UMLS）就是一个各类语言相互融合的成功典范。发展至今，UMLS 已广泛应用于医学科技文献检索、医学搜索引擎和医疗决策支持系统等方面。

UMLS 也称为 UMLS 知识源（UMLS Knowledge Sources），它作为 NLM 主持的一项长期的研究和开发计划，其宗旨是建立一个可持续发展的生物医学检索语言集成系统和机读信息资源指南系统。UMLS 不仅可以克服不同系统检索语言的差异性，而且可以实现跨数据库检索的词汇转换。作为一种情报检索语言，它累积大量名词术语（包括规范词和自由词），在检索应用中，系统可通过检索词自动转换功能将用户输入的词转换为数据库所采用的规范语言（系统语言），以保证查全率和查准率。此外，UMLS 也实现了信息检索语言的字、词、术语、语义、语用的一体化、分类语言与主题语言的一体化等。利用 UMLS，可大大提高计算机程序理解用户提问中生物医学词汇涵义的能力，帮助用户检索和获取相关信息。

UMLS 由超级叙词表（Metathesaurus）、语义网络（Semantic Network）、情报源图谱（Information sources Map，ISM）和专家词典（Specialist Lexicon）四个部分组成。超级叙词表是一个生物医学概念、术语、词汇及其含义、等级范畴的广泛集成。语义网络是为反映概念、术语之间相互错综复杂的关系而设计的，它是构建概念相互关系的权威规则。专家词典的设计旨在为自然语言处理系统提供词汇信息，其范围包括普通英语单词和生物医学词汇。信息源图谱是一个关于生物医学机读信息资源的数据库，它的目的是通过利用超级叙词表和语义网络实现测度信息源与用户提问的相关性、自动连接相关信息源数据库、自动组织检索结果等功能。UMLS 的这四部分组成紧密联系，不可分割，构成了一个有机的整体。

第四节　文献检索方法、途径与步骤

在文献检索过程中，用户的信息需求千差万别，获取文献的方式和途径也不尽相同。对检索者来说，要完成一次成功的文献检索，往往涉及多方面的知识与技能。其中，熟悉常规的检索方法和检索途径、了解检索的基本流程是非常必要且至关重要的。

一、文献检索的基本方法、途径与步骤

无论使用何种文献检索系统，也无论是手工检索还是计算机文献检索，文献检索过程都必须遵循基本的方法、途径与步骤。

（一）文献检索的基本方法

文献检索的基本方法一般分为三种：常用法、追溯法和分段法。

1. 常用法　是利用检索工具来查找文献的方法。这是一种常规的科学检索方法，具体又可分为以下三种方法：①顺查法：以检索课题的起始年代为起点，按时间顺序由远及近地查找，直到查得的文献信息满足要求为止，这种方法系统、全面、可靠。②倒查法：按检索课题的年代要求由近及远地查找。一般用于比较新颖的、对文献的时效性要求较高的课题。③抽查法：针对学科发展特点，抽出其发展迅速、发表文献较多的某一时段，逐年进行查找的一种方法。它能以较少的时间获得较多的文献。

2. 追溯法　也叫引文法，是一种跟踪查找方法。通过文献信息后面列出的一系列参考文献条目的指引，追查到那些参考文献的原文。若有必要，还可根据那些已追查到的原文后面的参考文献再继续追踪下去，其追溯可不断扩展延伸。这种方法一般在没有检索工具或检索工具不全的情况下使用，但查找的信息往往不全，现已很少使用。

3. 分段法　也称综合法、交替法或循环法。其含义是将以上两种检索方法结合起来，交替使用，发挥它们的综合优势。即使用检索工具作常规检索，也借助文献信息后面所附的参考文献作追溯检索，这样交替循环地进行，可获得对课题的较全面、准确的解答。

（二）文献检索途径

检索途径也称检索点或检索入口，是由不同的检索语言所构成的标识和索引系统。检索工具所提供的检索途径的多少及其性能与其索引系统的完善程度直接相关。一般较常用的检索途径有以下几种：

1. 分类途径（Classified Index）　是按学科分类体系查找文献的途径。它主要是利用分类索引或分类号，或者利用检索工具前面的分类目次表，直接按照文献信息所属的学科类别来查找文献。这种途径一般能较好地满足族性检索的要求。

2. 主题途径（Subject Index）　是通过文献的主题内容来进行检索的途径，即利用从文献中抽出来的、或经过人工规范化的、能代表文献主要内容的标引词进行检索。较之分类途径，它可将分散在各个学科领域的有关同一主题的文献集中在一起，使用时就如同查字典一样按照字顺找到相应主题概念即可获取相关文献。主题途径比较直接，易于理解，使用起来非常方便。

3. 著者途径（Author Index）　是以著者（包括个人及团体著者）的名称进行检索的途径。著者索引按著者名称的字顺进行排列，将某一著者的文献集中在一起，形成著者检索途径。通过著者途径可获得该著者所有文献。国外检索工具对著者途径比较重视，许多大型

检索刊物或数据库都配有著者索引，并制定有详细的著者著录规则。

4. 号码途径（Code Index） 是通过已知文献的专用号码查找文献的途径。如报告号、合同号、专利号、标准号、化学物质登记号等，它们都是各类文献的特有标识，与文献有对应关系。文献号码一般具有唯一性，因此在已知文献号码的前提下，采用号码途径检索文献非常方便快捷。

5. 其他途径 一些专业检索工具还编有特殊形式的索引，如分子式索引、动植物名称索引、药物名称索引、基因符号索引等，这些适于某些特定专业领域利用的索引系统，作为一种辅助检索途径，大大丰富扩充了检索者的检索入口。

在计算机文献检索系统中，检索途径还有很多，如题名、刊名、文摘、出版日期、语种、文献类型、会议地点等，几乎文献的每一个特征标识都可作为检索入口。一个检索工具或系统，其检索途径的多少直接关系到检索的便利。在检索时，可根据检索要求、已知条件等因素，尽量综合利用各种途径，取长补短，进行优化组合，以提高检索效果。

（三）文献检索的基本步骤

在利用各种文献检索系统进行检索之前，都要制订安排一个检索计划或方案，使检索按照科学有效的既定程序进行。对不同的检索作业，所采用的检索程序可能会有所差别，但归纳起来，文献检索的基本步骤包括以下几个环节：

1. 分析课题，明确检索需求 分析课题是检索的准备阶段，要求分析仔细、全面。首先是要分析课题，明白检索的真正意图，确定用户是为了什么目的而需要进行检索。例如，为申请发明专利、为申报科研成果奖励、为申请科研立项、为撰写综述文章、为快速发表文章、或为了解某一领域最新进展等。检索目的的不同，将直接影响到后面检索策略的制定。其次，在分析课题时要明确的具体问题还包括课题所涉及文献的学科范围，主要内容及概念，文献类型（如文献载体、出版类型），所需文献量、年代、语种、有关著者、机构等。对涉及多学科内容的复杂课题，在提炼出多个概念的基础上，还应分清主次，弄清检索的核心内容，有针对性地进行检索。最后，在分析课题中还要明确课题对查新、查全和查准的指标要求。若是要查找有关某方面的最新进展或动态，则要强调一个“新”字，尽量检索最近的文献信息；若要解决某一技术方法中的具体问题，重点在“准”字上，需要检索出有针对性、能解决实际问题的文献信息；若是要了解某课题、某事物的前因后果、历史和发展，则主要强调一个“全”字，可从检索综述、述评或专著等方面的尽量详细、系统、全面的文献信息入手。

2. 选择检索工具和方法 明确检索需求之后，就需要选择相关检索工具。要从众多检索工具中选出对口的检索工具，就需要对其进行详细全面的了解。了解一个检索工具，具体包括：检索工具所收录文献的内容范畴、时间范围、语种、文献类型及更新周期，检索工具获取的难易程度，检索工具所使用的词表、标引处理规则，提供的主要检索途径及相应功能等诸多因素。对于手工检索工具，上述这些信息一般出现在正文内容之前的前言、编制说明、使用范例等部分；而对于各类计算机检索系统，则可以通过在线阅读其提供的帮助功能来获取。选择检索方法时，要根据现有的检索工具情况以及课题的检索要求来定。一般来说，在检索工具比较齐全时，采用常用法比较合适；在检索工具比较短缺情况下，可采用分段法；如果没有或严重缺乏检索工具，则采用追溯法。

3. 选择检索标识和检索途径 检索标识是能确切表达文献内容或其某些外表特征而使用的一种符号或词，一般是比较通用或定型的。文献外表特征标识比较容易确认，如出版年、文献类型、刊名或著者等；而文献内容特征，如学科属性、分类、主题、结构号等，检索者应仔细考虑以便选准选全检索标识。检索途径的选择要依据检索工具的索引系统，并与所选标识对应。一般情况下，按分类途径检索能满足族性检索的要求，能够从学科体系的角度将文献查全；按主题途径检索能满足特性检索的要求，专指性强，能够将某一主题的文献查全、查准。无论是选择哪种标识、哪种途径，都将遵循文献检索最基本的原理，即使检索者所使用的检索标识与文献存储人员所采用的特征标识最终达到一致。

4. 执行检索　确定检索途径之后，在检索工具的相应索引下，将检索标识与其条目进行匹配，查找出相关文献条目，并对这些检索结果条目加以浏览鉴别和判断，以决定文献的取舍。对结果不满意时，可以返回前述步骤，重新分析检索要求、选择检索途径或方法等，以此反复查寻，从而得到最佳的查全率和查准率，保证最满意的检索结果。

5. 检索结果处理及获取原始文献　经过筛选，获得满意的检索结果后，就需要对结果进行必要的处理。对于手工检索结果，通常是检索者进行复印或抄录；而机检结果，系统一般提供有一系列结果处理选项或按钮来帮助用户处理检索结果。对于只存储了题录文献的检索工具或系统，所获得的检索结果不包括原始内容，用户一般还需要根据所查到的文献线索，再进一步到其他的信息源中获取原始文献。根据文献线索获取原始文献时，有时需要将刊名缩写转换成全称，这时可利用检索工具所附带的来源目录（如“来源索引”、“收录期刊一览表”等）进行转换；另外有些译文（如日文、俄文、西班牙文等）可根据附录或有关规定还原成原文。最后在已知线索条件下，可通过图书馆馆藏目录或联合目录了解该原始文献的收藏单位，然后亲自或通过馆际互借来索取；此外检索者也可根据线索中所提供的作者地址来直接向原文著者索取原文。

二、计算机文献检索方法与步骤

在计算机文献检索过程中，要使最终的检索结果符合科研课题的需要，必须遵循一定的检索步骤，制订检索策略和方法，为检索过程做出科学的安排。

计算机文献检索的具体步骤与方法涉及的内容很广，有时会因课题需求的不同而略有差异，但计算机文献检索的基本步骤应包括分析课题确定主题概念、选择检索方式和数据库、确定检索途径、编制检索策略（检索式）、检索策略的反馈调整和检索结果的输出等几个方面。

（一）分析课题确定主题概念

在计算机文献检索之前，对待检课题进行深入的分析，找出课题中包含的主要概念以及明确最终的检索目的是检索能否成功的关键。

结合相关专业知识，深入分析检索课题的内容，提炼关键技术和主要概念并明确这些概念之间的关系是检索的第一步。在这个过程中，还应注意课题隐含概念的挖掘和核心概念的选取。把概念分析的结果用自然语言的词或词组表达出来，以便下一步制订检索策略。熟悉专业及有经验的检索人员，能使信息需求、信息提问和检索目的三者一致起来。

明确课题的检索目的就是要弄清最终的检索结果是求新、求准还是求全。求新即要求检索结果能反映课题的最新研究进展，对查全没有过高的要求；求准即要求检索结果具有针对性，能帮助了解课题中的某个细节或解决研究中的具体问题，对查准要求较高而不需要查全；求全即要求检索结果能反映课题研究内容发生、发展和现状，对查全有较高要求，在撰写综述、科研项目查新和专利申请查新过程中往往需要达到求全的检索目的。

最后，还要明确所需信息的类型是文献型、还是数值型、事实型；是全文型，还是文摘型；是专利文献，还是一般资料。

（二）选择检索方式和数据库

在信息产业快速发展的今天，专业数据库的种类和数量与日俱增，其中既有光盘数据库，也有网络数据库，各种数据库的回溯年限、专业范围、收录重点和特色及收费标准各不相同，有时还有部分收录内容交叉和重复。所以，应在检索之前阅读有关数据库的使用介绍，以便选择数据库时做到心中有数。

一般来说，网络数据库的数据更新速度要比光盘数据库快得多，因此，当需要查找最新文献信息时，应尽可能采用联机检索或网络信息检索方式，在网络数据库中搜索。如果没有合适的网络数据库，也应选择数据更新周期短的光盘数据库。当需要做年限跨度较大的回溯检索时，应尽可能选用数据回溯年限较长的光盘或网络数据库。

另外，不同的数据库检索指令、检索语法和规则也不尽相同，应预先熟悉和了解；还要弄清所选数据库的标引规则和词表系统，为确定检索途径做准备。

总之，选择合适的数据库和检索方式是计算机文献检索成功的关键，把编制正确的检索提问式在不正确的数据库中运行，将导致检索失败。所以在上机前，根据待检课题的学科专业范围、主题内容、检索要求和目的，选择收录文献种类、专业覆盖面、年代跨度和更新周期对口的数据库及检索方式。

（三）确定检索途径

在选择合适的数据库之后，还应根据待检课题的检索目的和要求，确定检索途径。常用的检索途径包括分类途径、主题途径、著者途径和符号途径等。

如果检索课题的研究范围和内容比较宽广和系统时，多应采用分类途径的检索方法。在分类途径中，可按照数据库的分类体系结构，通过分类号或类目词进行扩大或缩小检索范围的族性检索。

如果检索课题所涉及的内容比较专深，往往采用主题途径的检索方法。在使用主题途径之前，应对课题的检索需求进行正确、全面的概念分析和转换，并根据数据库所提供的系统词表，把检索课题的主题内容转换成数据库检索系统能够接受的检索标识或检索词。

常用检索词有两种：一种是主题词，另一种是自由词。主题词是来源于系统词表并经过规范化处理的检索词，使用主题词检索可保证较高的查全率和查准率。自由词则由用户根据检索课题需要所提出的词，一般选自用户查阅的文献资料，是一类没有规范化的检索词。在实际使用中，根据课题查全或查准的需要，应首选主题词检索，提高检索效率，当没有合适的主题词时，才可选用自由词检索，但要注意自由词的不同表达形式，如近义词、同义词、缩写全称、代码和英美不同拼法等，以防止漏检。

另外，要特别注意的是正确使用各种主题词表，避免使用专指性太强或太泛指的词；不能使用禁用词（stop words）；一般不选用动词和形容词；使用缩写要与全称合用，以免误检。

（四）编制检索策略（检索式）

大部分检索课题的研究内容比较专深，检索时往往涉及多个主题概念，并且还要明确这些主题概念之间的关系。编制检索策略（检索式）是指在正确分析课题主题的基础上，把选择好的检索词或检索标识按检索系统规定或允许的运算符或检索规则连接起来，形成检索策略（检索式），并提交计算机检索系统进行处理的全过程。

检索系统中常用的运算符或检索规则包括以下几个方面：

1. 布尔逻辑运算符　布尔逻辑运算符是为了表达检索词之间的逻辑关系的算符。由英国学者乔治·布尔发明的布尔逻辑运算符包括逻辑“与”、逻辑“或”和逻辑“非”三种类型，分别用 and、or 和 not 表示。它们的用法和意义可用示意图表示（图 1-2）。用布尔逻辑运算符连接检索词形成的检索式称为布尔逻辑检索式。布尔逻辑检索式是计算机文献检索中最常用的检索表达式。

如图 1-2 所示，A 和 B 分别代表两个检索词，A 环和 B 环分别表示含有该词的文献的集合。阴影部分表示布尔逻辑运算后的检索结果（即命中文献）。

逻辑“与”运算：检索式写成 A and B，表示检索结果中同时包含检索词 A 和检索词 B 的文献才是命中文献。它的基本作用是对检索词加以限定，逐步缩小检索范围，减少命中文献量，提高查准率。例如：检索“乙肝治疗”的文献可表示为：hepatitis B and therapy。

逻辑“或”运算：检索式写成 A or B，表示检索结果中包含检索词 A 的文献或者包含检索词 B 的文献或者同时包含检索词 A 和 B 的文献为命中文献。它的基本作用是扩大检索范围，增加命中文献量，防止漏检，提高查全率。例如：检索“肿瘤”的文献可写成检索式：cancer or tumor or carcinoma。

逻辑“非”运算：检索式写成 A not B，表示检索结果中包含检索词 A 同时不包含检索词 B 的文献为命中文献。它的基本作用也是缩小检索范围，提高查准率。但 not 运算符应该慎用，它容易漏检需要的文献。例如：查“动物的乙肝病毒（不要人的）”的文献可写成检索式：hepatitis B virus not human。

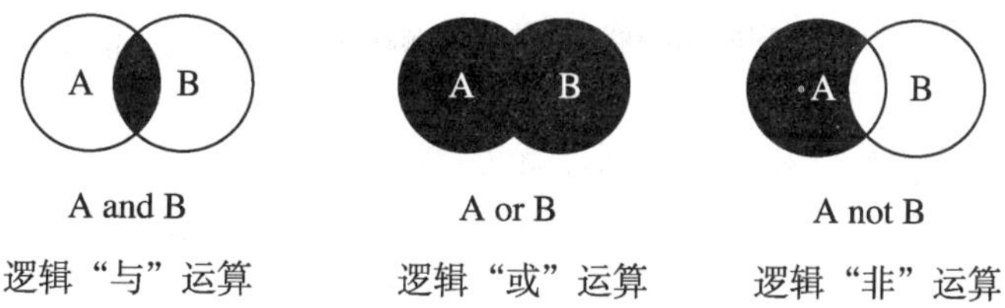

图 1-2　布尔逻辑运算示意图

在一个检索式中，可以同时使用多个逻辑运算符，构成一个复合逻辑检索式。在复合检索式中，有时为了强调运算次序，控制最终的检索结果，还经常采用优先处理算符“（）”（即括号）。在一个复合逻辑检索式中，各种运算符的优先级根据各种计算机检索系统的要求不同而存在差异。一般而言，括号的运算优先级最高，而各个运算符的优先级则因系统不同而不同，如有的系统规定 not>and>or，而有的系统规定按运算符出现的顺序从左至右依次运算。例如：查“动物乙型肝炎的诊断或治疗”的文献可写成检索式：hepatitis B not human and（diagnosis or therapy）。

2. 位置算符　位置算符又称邻近度算符，是逻辑运算符 and 的延伸，适用于两个检索词在同一篇命中文献中需要指定间隔距离或出现顺序的检索表达式。按照两个检索词出现的顺序和距离，可以有多种位置算符，而且对同一位置算符，检索系统不同，规定的位置算符也不同。

例如，有的检索系统用 with 来表示同字段检索，如果检索式写成 A with B，表示 A 和 B 不仅要同时出现在同一篇文献中，还要求出现在同一字段中，这样的文献才是命中文献。

又如运算符 pre3，如果检索式写成 A pre3 B，则表示 A 和 B 两个检索词在同一篇文献中相隔的距离在 3 个单词以下，并且 A 必须在 B 之前出现的文献才是命中文献。

位置算符可以用于改进 and 运算符的不足之处，更加明确检索词之间的逻辑关系，最大程度地减少误检，缩小检索范围，提高检索结果的查准率。位置算符是调整检索策略的一种重要手段。

3. 字段限定符　将检索词限制在文献特定字段中出现的检索称为限定字段检索。限定字段检索的目的是为了进一步减少输出结果，缩小检索范围，提高检索结果的查准率。实现限定字段检索的运算符称为字段限定符，常用的有“in”和“＝”。例如，文献题目的字段标识符通常为“ti”，那么，查“题目中含有‘AIDS’一词的文献”的检索表达式可写成：AIDS in ti。又如，查“2002 年发表的文献”的检索表达式可写成：py＝2002，其中“py”是文献字段“出版年（publication year)”的字段标识符。一般情况下，数据库中文献的所有字段都可做限定字段检索。

4. 截词算符　截词检索是指截取检索词中的一部分进行文献检索的方式。截词方式有后截断（前方一致）、前截断（后方一致）、前后截断（中间一致）和中间截断（中间屏蔽）等四种方式。不同的数据库有不同的截词算符，常用的截词算符有“＊”和“?”。前方一致检索是最常用的截词检索方式。如在检索系统中输入 comput＊可查到 computer、computing、computerized 等所有以 comput 开头的检索词，最终的检索结果相当于这些检索词做逻辑“或”运算的结果。又如，输入 wom? n 可查到 woman 和 women 这两个检索词。

截词检索是计算机检索中常用的方法，它可解决检索词的单复数问题、词干相同而词尾不同问题（如同一单词所派生出的名词、动名词、动词、形容词、副词等）以及英美单词的拼写差异问题。所以截词检索可减少输入步骤，简化检索程序，扩大检索范围，提高检索结果的查全率。

灵活运用上述各种运算符和检索规则，就可以编制出一个比较完善、符合检索要求的检索策略（检索式)。好的检索策略能基本保证信息要求、信息提问和检索效果的一致性。

（五）检索策略的反馈调整

检索策略（检索式）输入检索系统之后，初步检索出的结果有时不一定能满足课题的要求，例如，检索输出的文献过多，而且不相关文献所占比例较大；或者检索输出的文献量太少，有时甚至为零，这时就需要调整检索策略。调整检索策略一般按查全和查准两个原则进行。

当检索结果太多，且查准率较低时，检索式可做如下调整：

1. 减少同义词或同类相关词。
2. 提高检索词的专指度，尽量采用专指性强的主题词或自由词。
3. 增加限制概念，用逻辑“与”(and）将它们连接起来。
4. 使用限定字段检索，把检索词限定在题目、主题词等主要字段。
5. 使用适当的位置算符，排除误检，提高查准率。
6. 减少检索年限，限制检索结果的文献类型（如综述)、语种及出版国，或限定在核心期刊检索。

当检索结果太少，查全率较低时，应从扩大检索范围入手，检索式可做如下调整：

1. 增加同义词或同类相关词，并用逻辑“或”连接这些词。
2. 降低检索词的专指度，可从词表或检出文献中选择上位词或泛指词补充到检索式中。

3. 减少限制概念，少用 and 运算符，删除一些非关键的检索词。

4. 进行扩展检索（族性检索），根据词表的分类结构体系扩展关键的检索词。

5. 取消某些限制过严的字段限制、位置算符限制（或者改用限制程度较小的位置算符）。

6. 增加回溯检索年限。

如有必要，应对检索式进行多次的反馈修改和调整，直到检索结果满意为止。

（六）检索结果的输出

当检索结果符合检索课题的要求和目的时，可以输出最终的检索结果。检索结果的输出是计算机文献检索步骤的最后一步。根据数据库的类型，检索结果可以是题录、文摘、事实数据或是全文。用户也可要求检索系统按一定的格式输出检索结果。对书目数据库的检索结果，一定要注意输出文献信息的原始来源，以便进一步查找原文。

测试题

一、名词解释

1. 文献
2. 文献检索
3. 时差
4. 检索语言
5. 后组式语言
6. 核心期刊
7. 电子文献资源
8. 参考数据库
9. 书目数据库
10. 源数据库
11. 一次文献信息
12. 二次文献信息

二、单选题

1. 下列哪项属于文献的内容特征
   A. 标题
   B. 作者
   C. 来源
   D. 分类号
   E. 语种
2. 下面哪种检索语言是后组式规范检索语言
   A. 单元词语言
   B. 关键词语言
   C. 标题词语言
   D. 自由词语言
   E. 分类语言
3. 下面对查全率和查准率描述**错误**的是
   A. 若某检索工具的查全率较高，则查准率相对较低
   B. 查全率为检出的相关文献量占检出文献总量的百分比
   C. 查全率和查准率是反映文献标引深度的两个最主要的指标
   D. 查准率和查全率存在互逆关系
   E. 查全率和查准率只能相对提高，二者不可能同时达到 100%
4. “香蕉苹果”这个概念组配为“带有香蕉味的水果＋苹果”，其组配所采用
   A. 单元词语言
   B. 关键词语言
   C. 标题词语言
   D. 叙词语言
   E. 自由词语言

5. 查找“心肌梗死的心理护理”方面的信息，这一检索提问属于
A. 文献检索
B. 数据检索
C. 事实检索
D. 书目检索
E. 全文检索

6. 下列哪项不属于规范性检索语言
A. 单元词语言
B. 叙词语言
C. 关键词语言
D. 标题词语言
E. 分类语言

三、问答题

1. 简述文献的构成。
2. 简述医学文献的特点。
3. 简述文献检索的概念和类型。
4. 简述文献检索系统的评价因素。
5. 什么是查全率和查准率，二者之间有何关系？
6. 试述文献信息的类型。
7. 试述电子文献资源的概念与特点。
8. 试述医学电子文献资源的类型。
9. 什么是检索语言？检索语言揭示概念之间的逻辑关系有哪几种？
10. 简述检索语言的类型。
11. 主题语言有几种？简要阐述其特点。
12. 试述文献检索的基本方法、途径与步骤。
13. 试述计算机文献检索方法与步骤。

参考答案

一、名词解释 （答案略）

二、单选题

1. D　2. A　3. B　4. D　5. A　6. C

三、问答题

1. 答题要点：现代文献由四要素构成：①文献信息；②文献载体；③符号系统；④记录方式。

2. 答题要点：①数量庞大；②载体多样化；③多文种化；④学科交叉；⑤出版分散；⑥知识信息更新加快；⑦交流传播速度加快；⑧电子化发展趋势。

3. 答题要点：
（1）概念：略。

（2）类型：①按照检出结果的形式划分为书目检索、全文检索和引文分析检索；②从情报检索角度划分为文献检索、数据检索和事实检索；③按照检索手段分为手工检索和计算机检索。

4. 答题要点：①报道信息的准确性；②报道信息的及时性；③索引体系的完善程度；④对信息标引的深度；⑤查全率和查准率。

5. 答题要点：

（1）概念：略。

（2）关系：R 和 P 之间存在互逆关系。

6. 答题要点：

（1）按文献信息表现形式划分为文字型、视频型、音频型和数字型。

（2）按文献信息出版形式划分为图书、期刊、政府出版物、科技报告、专利文献、会议文献、学位论文、标准文献、产品样本说明书和技术档案。

（3）按文献信息的载体形式划分为印刷型、缩微型、声像型和电子型文献信息。

（4）按文献信息的加工程度划分为一次文献信息、二次文献信息、三次文献信息和零次文献信息。

7. 答题要点：

（1）概念：略。

（2）特点：存储介质和传播形式的改变、信息的表现形式多样化、文献资源类型多种多样、多层次的信息服务功能、多层次的信息服务功能、具备检索系统或功能、检索访问不受时空限制。

8. 答题要点：①参考数据库；②全文数据库；③事实与数值数据库；④电子图书；⑤搜索引擎/分类指南；⑥网络学术资源学科导航；⑦其他因特网电子资源。

9. 答题要点：

（1）概念：略。

（2）揭示概念之间的逻辑关系有：等同关系、从属关系和相关关系。

10. 答题要点：

（1）按照检索语言中所使用语词的受控情况划分为规范语言和非规范语言。

（2）按照检索标识设置的时间划分为先组式语言和后组式语言。

（3）按照检索语言所描述的信息特征划分为描述信息外部特征的检索语言和描述信息内容特征的检索语言，后者又分为分类语言、代码语言和主题语言。

11. 答题要点：①关键词语言；②标题词语言；③单元词语言；④叙词语言。

12. 答题要点：

（1）方法：①常用法；②追溯法；③分段法。

（2）途径：①分类途径；②主题途径；③著者途径；④号码途径；⑤其他途径。

（3）步骤：①分析课题；②选择检索工具和方法；③选择检索标识和检索途径；④执行检索；⑤检索结果处理及获取原始文献。

13. 答题要点：

①分析课题确定主题概念；②选择检索方式和数据库；③确定检索途径；④编制检索策略（检索式）；⑤检索策略的反馈调整。

（高　琴　谢志耘）

第二章　图书馆信息资源利用

学习目标

1. 掌握联机公共书目查询系统（OPAC）的使用。
2. 熟悉图书馆传统服务项目。
3. 熟悉图书馆信息服务项目。

长期以来，大学图书馆作为各类信息资源的集散地，以其丰富的书刊及其他资源为科研和教学提供了有力的信息保障和服务，充分体现了它的教育职能和情报职能。

随着信息化、网络化时代的到来，特别是因特网功能不断扩充，性能不断提高，信息资源日益丰富，图书馆的存在形式和服务方式正在发生重大的变革。传统的、以印刷媒体为主的图书馆，正在向电子化、网络化图书馆过渡，出现了“虚拟图书馆”和“数字图书馆”等新概念。数字图书馆以网络和高性能计算机为环境，向读者和用户提供比传统图书馆更为广泛、更为先进、更为方便的服务，从根本上改变了人们获取信息、组织信息、使用信息的方式。目前，一个现代化的图书馆提供的服务主要包括：联机公共书目查询、书刊联合目录查询、各类文献数据库检索与利用、学科网络资源导航等网络信息服务；文献阅览与外借、馆际互借、原文传递、文献复制、代查代检等图书馆传统服务；定题服务、情报调研、科技查新、学科化服务等图书馆深层次信息服务。

第一节　联机公共书目查询系统（OPAC）

为了使更多的读者充分利用图书馆馆藏资源并实现资源共享，众多图书馆建立了馆藏联机公共书目数据库并通过网络提供检索查询服务。馆藏书目数据库是对图书馆庞大的馆藏书刊资源的揭示，它不仅可以告诉读者某种书刊图书馆收藏与否，存于何处，还能告知复本数量，是否借出等信息。熟悉和掌握图书馆联机公共书目查询系统的使用是读者利用现代图书馆信息资源的第一步。

一、OPAC 简介

OPAC 是英文 Online Public Access Catalogue 的首字母缩写，可译作“联机公共书目查询系统”，是一个基于网络，供读者查询馆藏书目信息的联机检索系统。它是图书馆自动化的基础，也是未来数字图书馆的有机组成部分。

早期的 OPAC 系统是 20 世纪 70 年代末由美国一些大学图书馆和公共图书馆共同开发的。它诞生于流通或编目系统，主要作为图书馆编目记录的查找工具而提供作者和书名方面的搜索功能。系统仅仅是传统卡片目录的自动化版本，即用机读目录代替卡片目录。虽然比手工方式查询快，但在检索功能的本质上没有多大的变化。第二代 OPAC 系统更多地吸收了信息系统的优点，增加了新的搜索功能，包括主题、关键词和基本的布尔搜索功能与浏览功能。不仅检索功能完善，而且收录范围也扩大。同时更多地考虑了读者的需求，注重设计简便易用的用户接口，使用户可以在任何地方查询各图书馆的 OPAC 资源。20 世纪 90 年代，第三代 OPAC 开始形成，在智能化检索、交互式查询和参考咨询服务等方面都有长足发展。系统从更加宏观的角度满足用户需求，成为读者使用图书馆数字化资源的主要入口。当前，随着 Web2.0 和 Library2.0 网络技术的迅猛发展，OPAC 也正在向 OPAC2.0 时代迈进，OPAC2.0 由于加入了更多的读者参与和互动功能、网络资源整合功能，其检索界面更加人性化，相关信息更加丰富多彩，功能更加强大，将成为读者检索利用信息资源的首选网络信息系统。

由于现行的 OPAC 系统直接面向最终用户，具有数据源更加丰富、用户界面更加友好、检索方式更加灵活和联机服务更加周到的特征，显示了其强大的生命力。目前网上已有 6000 多个电子图书馆，包括众多的公共图书馆、大学图书馆及学术研究机构的图书馆提供 OPAC 服务，通过网络将其馆藏书目数据库对外开放。

因此，OPAC 查询是目前网上图书馆提供的一项最基本的、也是最重要的信息查询服务。书目信息的联机查询从根本上改变了过去读者需要去图书馆翻找目录卡片寻找某一或某类图书或期刊的历史，通过快速有效地远程网上检索，读者很快就能了解自己需要的书刊图书馆是否收藏以及流通借阅状况，以决定自己是否去图书馆借阅。

二、OPAC 主要功能

OPAC 系统根据查询内容的不同可分为以下几个方面的功能。

（一）馆藏联机公共书目查询

馆藏联机公共书目查询是对本地图书馆馆内收藏的中西文图书和期刊、多媒体电子出版物以及视听资料信息的查询。读者通过不同检索途径的查询可了解到这些馆藏资源的题目、作者（或责任者）、出版发行单位、馆藏地点（书库位置）、索书号、馆藏状态（是否出借）、载体形态（书刊、光盘或视听材料）、ISBN、价格、主题词、分类号等信息。通过馆藏状态，读者可了解该资料是否允许借阅、复本数量、已借出数量等信息，从而决定是否去图书馆借阅以及通过馆藏地点知道去何处查找。当获知馆藏资料复本全部借出时，读者还可通过同一页面上提供的书刊预约功能对该资料进行预约，其他读者归还该资料时，系统或图书馆工作人员通过 Email、电话、手机短信或书面通知的方式通知该读者来馆借阅。

馆藏联机公共书目的一般查询方法是：通过作者、索书号、题名、文献号、主题、ISBN/ISSN 号、关键词等检索途径直接输入相应信息查询，也可利用截词检索、前方一致检索、二次检索、布尔逻辑复合检索等检索方式查询特定要求的书目信息。

（二）书刊联合目录查询

在科技迅猛发展，信息量激增、书刊价格持续增长的今天，任何一个图书馆都无法全面采集和收藏所需要的书刊及其他资源。因此，实现图书馆之间的馆际互借、资源共享，走共知、共建、共享的发展道路是图书馆生存与发展的大势所趋。书刊联合目录是对多个图书馆馆藏资源的共同揭示，是实现图书馆之间馆际互借、资源共享的前提。读者通过对书刊联合目录的查询，可迅速了解自己所需书刊或电子资源的分布，在读者所在馆不能提供的情况下，可通过馆际互借系统向其他图书馆借阅或获取需要的资料或信息，这样大大地提高了读者在教学和科研过程中文献需求的保障率，促进了教学和科研的发展。

书刊联合目录根据所覆盖的图书馆范围可分为公共型和专业型，如：全国高校书刊联合目录，全国医学图书馆书刊联合目录，中关村地区书刊联合目录等，根据资源类型又可分为各种专题联合目录，如：全国西文生物医学期刊联合目录、全国重点高校图书联合目录、光盘资源联合目录等。

书刊联合目录的查询方法与结果与馆藏联机公共书目基本一致，查询结果中最重要的信息即是馆藏项，馆藏项中详细记录了各个图书馆收藏该资料的状况，读者可凭这些信息利用馆际互借系统就近获取该资料。

（三）读者借阅信息查询

读者借阅信息查询系统为读者提供在网上了解自己借阅图书馆书刊详情的机会。对于传统图书馆，读者需要去图书馆查询借阅卡片或通过图书馆内部局域网查询系统才能了解自己的借阅情况。随着互联网技术的发展，现在的图书馆可以通过自己的网站把读者的借阅信息发布出来，建立网上查询系统，供读者本人通过因特网了解自己的借阅状况，以决定是否去图书馆归还或再借阅书刊，也可在网上对即将过期而又没有被别人预约的书刊自己办理续借手续。

读者借阅信息查询方法较为简单，在查询系统界面下，按提示输入读者本人的条形码号，口令（或读者姓名、个人标识号）即可。查询结果显示读者借阅书刊的数量、书刊详情、借阅日期、归还日期等信息，对于将要到达归还日期，而读者又想继续使用的书刊，读者可以在该书刊上选择续借选项，自己办理续借手续。续借成功与否，取决于该书刊是否被其他人预约，若有他人预约，读者续借将被拒绝，必须按期归还该书刊。

（四）新书通报及教师指定参考书查询

读者如果想了解图书馆新近购置了哪些书刊，可通过网上查询新书通报得知。图书馆网上新书通报查询系统是按学科专题或图书分类方式报道图书馆每周或每月新近采集的书刊资料等信息，供读者在网上检索浏览、了解图书馆最新资源的查询系统。网上新书通报的查询方法较为简单，读者在新书通报栏目下，按提示选择或输入相应的学科专题名称或分类号，即可得到图书馆近期上架的该类新书的书目信息。

教师指定参考书查询系统是图书馆提供的重要网上辅助教学系统。在高等教育模式发生重大转变，大力提倡素质教育的今天，面对面的课堂教学时间大大缩短，把大部分的时间留给学生自己进行课外有选择地阅读和自学，扩充知识面、提高学习的能力，以实现素质教育和实践能力的提高。教师指定参考书查询系统就是图书馆配合目前的教育改革提供的一种新型的网上书目查询服务。该系统是由各系或教研室的任课老师根据课程及教学内容提交供学生阅读的图书书目或期刊目次，由图书馆进行书刊的准备和数字化加工处理，并在网上发布供学生检索浏览建立起来的。查询方法为：在教师指定参考书查询界面下，按提示选择查询方式，如课程名称、任课老师姓名、学科专题等，然后，在指定区域内输入需要查找的课程名称、任课老师姓名或学科专题等相关信息即可获得相关的书目信息。根据这些信息，读者或学生可从网上直接得到有关文摘说明、提纲或全文，或去图书馆借阅或复印相应的纸本资料。

三、OPAC的一般使用步骤

读者检索图书馆的OPAC，首先需要直接登录到这些图书馆的网站。

1．点击进入　在图书馆主页的显著位置找到“联机公共书目查询”、“馆藏书目数据库检索”或“馆藏目录”栏，点击有关链接，即可进入。

2. 选择途径　书目数据库提供的检索途径一般有著者、题名、分类号、ISSN/ISBN、索取号、关键词或主题词以及出版社名称等。读者可以根据具体的检索要求选择合适的检索途径。

3. 输入检索词检索　选择检索途径后，在检索框中输入检索词，点击“检索”按钮，递交检索提问。

4. 选择相关书目信息　系统在屏幕上逐条显示满足检索要求的题名。点击检中的题名，显示该书的书目信息、馆藏信息细节和流通信息。

5. 借阅　读者可根据馆藏地址和索书号在书库或阅览室借阅需要的书刊。如果在本校图书馆的书目信息中没有找到所要的书刊，读者还可以利用联合目录检索其他图书馆的馆藏，看其他图书馆是否收藏。如果有的话，再通过馆际互借或亲自前往借阅。

需要注意的是：OPAC的检索方法，因采用图书馆管理系统（软件）的不同，会有差别，但功能大致相同。

四、OPAC检索实例

下面以北京大学医学图书馆的OPAC系统WebCat为例，介绍OPAC系统的检索方法与技巧。

（一）WebCat概况

目前，北京大学医学图书馆采用美国SIRSI公司的UNICORN图书馆集成化管理系统对图书馆的内部业务和读者服务进行综合管理。UNICORN系统是当前国际上用户群较大、知名度较高的几个图书馆自动化管理系统之一，包括编目、采访、流通、期刊控制、管理、报表、OPAC、教学参考书、请求和器材预约等模块，对图书馆日常业务进行全面细致的管理。WebCat是UNICORN系统的联机公共书目查询模块，即OPAC系统，是图书馆自动化管理系统的一个重要组成部分。WebCat具有界面友好、采用中文切分机制等特点，检索途径包括“全面”、题名、主题和著者等，提供拼音的全拼和简拼检索，支持布尔逻辑组合的复杂检索，并提供多种检索限制。此外，WebCat还提供网上个人信息查询和预约、续借，实时更新书目和用户信息等功能；请求模块也在此开出供读者提出各种请求的窗口；还包括教学参考书的查询，新书查询和图书馆公告（如开馆时间）等。

（二）WebCat检索主界面

在北京大学医学图书馆主页（http：//library. bjmu. edu. cn）上点击“馆藏目录”链接，即可进入WebCat检索主界面（图2-1）。

WebCat检索主界面简洁明了，系统提供快速检索、词组短语、浏览、索书号浏览、拼音检索、复杂检索等6种检索方式供读者选择；提供一个检索输入框供读者输入检索词或检索表达式；提供全面检索、著者、题名、主题和期刊刊名等5种检索途径供读者选择。由于WebCat支持多个图书馆馆藏的联合查询，因此，检索主界面上还提供“馆别”选项，供读者选择一个或全部图书馆馆藏查询。在页面顶端，系统还提供教学参考书预约台、信息咨询台、读者服务、帮助、请求以及首选项等功能按钮，为读者提供书目查询之外的信息服务。

（三）WebCat书目查询步骤与方法

WebCat书目查询方法主要分为三个基本步骤。

1. 选择检索方式　如前所述，WebCat提供6种检索方式供用户选择，用户可以根据不

图 2-1 WebCat 检索主界面

同的目的选择使用。如果只需要查找医学图书馆的馆藏，可在主界面“馆别”选项中选择“医学馆”，将所要检索的书目限制在医学图书馆馆藏中。

（1）快速检索：命中记录包含输入的检索词，或检索词中的单元词（意义上不能进行拆分的词），单元词在记录中出现的次序可以互换。例如：检索词“物理化学”可以拆分为两个单元词“化学”和“物理”，不仅检中包含词组“物理化学”的书目记录，也将检中“化学物理”，或“化学”与“物理”两个单元词分别出现在不同位置的记录；检索词“中国人”是一个单元词，不能拆分为两个词“中国”、“人”，检中记录不会出现“中国人民”、“中国人文”等情况。

（2）词组短语：命中记录包含与输入的检索词完全一致的词组或短语，检索词在字面上不能拆分，是精确匹配检索。例如：检索词“中国人”将检中包含“中国人”、“中国人文”、“中国人民”、“中国人民大学”等词的所有记录。

（3）浏览：命中记录以输入的检索词开头，按字顺依次排列显示。例如：输入“中华医学”，则命中“中华医学”和其他以此词组开头的所有记录。

（4）索书号浏览：按各种分类体系的索书号或分类号浏览书目（相当于按排架顺序浏览书目）。

（5）拼音检索：按全拼（BeiJingDaXue）或简拼（BJDX）形式检索书目中的著者，题名和主题等（拼音用大小写均可）。输入拼音时可以按词拼写，也可以按字拼写，检索效果相同，例：jiao yu jing ji 和 jiaoyu jingji，都可以表示“教育经济”。

（6）复杂检索：提供多个检索条件组合检索的复杂检索功能，支持布尔逻辑组合检索，并可按丛编或期刊题名分别检索。

2. 输入检索词　WebCat 支持词组检索及布尔逻辑检索，可输入单词、词组或短语以及其他检索标识。

3. 选择检索字段　WebCat 提供 5 种检索途径（检索字段）供读者选择，读者可以根据书目查询的检索需求选择使用。

（1）全面检索：检索书目记录中所有建立了索引的字段。即将输入的检索词在书目记录的所有索引字段中（包括著者、题名、主题、丛编项、出版者等）进行检索。

（2）著者：在著者字段中查询，查找已知著者的书目信息，包括团体著者。

（3）题名：在题名字段中查询，查找已知书名或期刊名，可输入准确题名或题名中的关键词。

（4）主题：在主题字段中查询，中文书采用“汉语主题词表”标引主题，西文书采用“美国国会图书馆主题词表”标引主题；用快速检索，可以较全地检中相关主题的文献；用浏览方式查看并选择主题词索引中的相关主题词或邻近主题词，是有效的主题检索方式。

（5）期刊刊名：在期刊刊名字段中查询。

（四）WebCat 其他服务

除了提供书目信息查询服务之外，WebCat 还提供包括修改读者密码、图书预约、借阅情况查询及网上续借等其他信息服务。

1. 修改读者密码　点击主界面顶端的“读者服务”按钮，系统将列出用户状态查询、更改用户个人识别号和续借三项信息服务。其中，“更改用户个人识别号”即为允许用户修改在 WebCat 中的账号密码，确保个人信息的安全。

2. 图书预约　在建立图书预约记录前需要先通过书目查询查找到所要预约的文献资料的索书号或者文献标识（即条码号），然后点击页面顶端导航条上的“请求”按钮，选择“预约”功能进入预约界面，输入用户标识或替代标识和密码，在“取书馆”下拉菜单中选择获取图书的图书馆，点击“新增预约”按钮即可。

3. 借阅情况查询及续借　点击主界面顶端的“读者服务”按钮，选择系统列出的“用户状态查询”服务，即可查询读者个人的借阅信息。输入用户标识或替代标识和密码后确认调出所借文献资料的基本情况及到期日期，用户可以选择续借部分文献或全部文献，但是如果该文献已经有人预约的话，用户就不可以对该文献进行续借操作，只能到期归还图书馆以供其他读者借阅。

第二节　图书馆传统服务

读者服务是图书馆所有工作的出发点和最终归宿，读者服务也是图书馆的核心竞争力之所在。在数字图书馆诞生之前，图书馆传统的服务主要是以文献的查询和提供借阅为核心的基础服务内容。本节具体介绍包括文献阅览与外借、馆际互借、原文传递、文献复制、代查代检等在内的图书馆传统服务。

一、书刊借阅服务

书刊借阅是图书馆的主要服务内容，是图书馆工作的前哨，书刊借阅服务直接面对读者，与读者接触最密切，是图书馆服务的窗口，其服务质量的高低直接反映了图书馆的服务水平。一般来说书刊借阅又可分为书刊外借服务和书刊阅览服务两大类。

（一）书刊外借服务

1. 书刊外借服务介绍　书刊外借服务又称流通服务，是指图书馆为满足读者的书刊利用需求，通过办理一定的手续，允许读者将图书或期刊借出，进行自由阅读，并在规定期限内归还的一种服务方式。该服务弥补了读者进行书刊阅览时受图书馆开放时间和阅览空间限制的不足，但同时书刊外借服务又受到图书馆书刊馆藏数量的限制，当馆藏数量不足时，读者将无法实现书刊的借阅。书刊外借是图书馆最基本、最传统的服务项目之一，是读者利用图书馆的最基本渠道，也是图书馆向读者传递传统文献信息的最主要手段。

2. 书刊外借的服务部门　图书流通部或称书刊流通部、流通部等，是图书馆为读者提供书刊外借服务的主要部门，一般情况下是广大读者来到图书馆后首先接触到的部门，也是广大读者了解和认识实体图书馆的主要途径。因此，归属于流通部的书刊外借处或称流通服务台、出纳台就成了读者首先认识图书馆的窗口与途径。

不同类型的图书馆根据自己的实际情况和条件，通常设有不同类型的书刊外借处，一般分为两种设置类型，总借还书处和分科室借还书处。总借还书处又称总出纳台、总服务台，读者取自图书馆任何一个外借处或阅览室的书刊都可以在此完成外借或归还服务，即统一借还服务，而不用再到各个借阅室归还。还有一种类型的书刊外借处是分科室借还书处，即是按照图书馆书刊借阅部门设置的外借处，通常位于各个书刊借阅部门的门口，读者在进出借阅室时可以同时完成借还书。另外，也有个别图书馆按读者情况分设借还书处，如教师借还书处、学生借还书处等；或按照文种设置借还书处，如外文借还书处、中文借还书处等；按照出版物类型设置借还书处，如图书借还书处、期刊借还书处等。

3. 书刊外借的模式　书刊外借的模式有两种，闭架方式和开架方式。

（1）闭架方式：闭架方式指图书馆流通服务采取闭架式管理，读者不允许直接进入书库，不能到书架上自由挑选书刊，只能首先查询书刊目录，然后填写索书单后，由工作人员代替读者进入书库找出所需要的书刊。

闭架方式的优点是避免了读者到书架上随意取放书刊，因此较少出现乱架现象，便于工作人员整架。该种方式也利于书刊的保护，便于工作人员监督书刊的使用情况，书刊较少出现损毁等现象。同时，闭架方式也存在着一些明显的缺点。闭架情况下，读者只能通过书刊目录查询（如 OPAC）来查找需要的书刊，很难完全了解选中的某一本书刊的具体情况，借出的书刊带有很大程度的盲目性，常常会有刚借出的图书马上就归还，查找到的书刊不符合读者需求的情况。这样也同时增加了工作人员的工作量，他们整日忙于为读者取书还书的重复劳动中，而不能抽出更多时间和精力开展深层次的服务工作。此外，闭架方式也存在手续烦琐、读者等候取书的时间长等缺点。

（2）开架方式：开架方式指读者可以直接进入书库取书，可以随意到书库浏览书刊，自由选择需要的书刊，而不再需要工作人员的取书服务。从 20 世纪 80 年代开始，国内图书馆开始逐步实现开架阅览。开架方式的优点非常多。首先，开架方式简化了书刊借阅的手续，节省了读者和工作人员的时间，将工作人员从重复的取书劳动中解脱出来，有了更多可以为读者进行书刊导读、教育的时间，也为图书馆节省了人力；其次，读者可以自由地进行书刊的阅览和选择，便于直接选择文献，还可以接触到以前不了解的文献，开阔了视野，扩大了知识面；再次，有些题名不能反映其内容的书刊，通过开架方式，使更多的人了解了文献的内容，扩大了文献本身的流通范围。但是，开架外借也使得读者能够随意进入书刊阅览室，造成了文献的乱架、破损、丢失，对书刊的保护造成了破坏，降低了书刊的使用年限。

4. 书刊外借的一般规则　书刊外借规则是指图书馆为保证书刊外借服务正常有序进行而制定的书刊出借规则，其中严格规定了读者对不同文献的借阅权限、借书期限、借书数量、借阅范围、借阅手续的办理程序、过期罚款、书刊损坏赔偿等详细办法。通常情况下，可以外借的书刊是普通图书和期刊合订本，而现刊、工具书、珍本、善本、学位论文等一般是不外借的。图书馆也会将读者划分为不同等级，给予不同的借书权限，如在高校图书馆，读者往往被划分为教师、研究生、本科生、专科生、进修生、校外人员等不同等级，可以借书的数量按照等级依次减少。图书馆还会规定一个借书的期限，在借书的期限范围内，没有其他读者预约该图书的情况下，一般还允许读者再续借一个借书周期。如果有其他读者预约的情况下，则不再允许进行续借，而必须在规定时间内归还。没有按期还书的读者，将会按照延误的天数进行经济处罚，一般按超期未还的天数计算处罚的金额。目前，图书馆还采取电子邮件、短信、网站通知等方式向借书快到期的读者进行书刊的催还，以便读者能够及时归还图书。此外，为了利于书刊保护，使广大读者都能阅读到完整的书刊，图书馆规定禁止读者在图书上乱写乱画或损坏书刊，如果图书有污损也要进行适当赔偿。如果图书丢失，同样也需要赔偿。

（二）书刊阅览服务

1. 书刊阅览服务介绍　书刊阅览服务是指图书馆利用一定的空间和设施，为读者创造阅览条件和文献资源，使读者可以在指定的时间和场所进行文献阅读的一种服务方式。通常当某一类型书刊需求较多时，图书馆改外借服务为阅览服务，规定读者只能在阅览室中阅读书刊而不能将书刊带出图书馆阅读，这样就在更大程度上满足了大多数读者的阅读需要。书刊阅览服务除书刊不能外借外，其他规则与书刊外借都是一致的。

2. 书刊阅览服务特点　①阅览室一般都提供宽敞明亮的阅读空间、舒适的桌椅、安静的环境，以保证读者的阅读需要，有的还配备有现代化的自助复印设备等，以供读者使用；②阅览室的书刊资料一般都有很高的使用价值，而且相对内容丰富、新颖，书刊一般也较少出现缺页、损毁现象，这些都是优先保证读者馆内阅读查找的文献，如学位论文、工具书、报纸、现刊、视听资料等；③读者一般在阅览室阅读的时间较长，有些读者还甚至长期利用阅览室进行研究学习，因此，工作人员接触读者的机会多，针对一些经常来阅览室的读者还可以通过观察其阅读行为、习惯，有针对性地提供阅读辅导、帮助等，针对需要为其推荐文献等。同时，还可以通过这种阅读服务，提高读者的阅读兴趣，有机会为图书馆统计书刊利用率，为采访与书刊评价工作提供有价值的参考。

但是，书刊阅览服务也有一定的局限性，如读者必须亲自到馆阅读，可能限制了一部分时间不充裕或行动不便的读者的阅读行为；读者需要在开馆时间内才能到图书馆阅读，不能自由安排阅读时间；阅览室的座位是有限的，有时不能满足所有读者的阅读需求。

二、馆际互借服务

1. 馆际互借服务介绍　馆际互借（Interlibrary Loan，ILL）也叫馆际借阅，是指图书馆之间根据协定相互利用对方馆藏文献以满足本馆读者文献需求的一种服务方式。近年来，文献数量激增，而各图书馆由于经费的限制，即使是一个国家级的大型图书馆也不可能将国内外的所有文献都购置全。同时，读者的需求也是多种多样的，不可避免地会出现读者特别需要某种文献而本馆未收藏的情况。因此，国内外各类型图书馆之间开展资源共享是解决文献资源与读者需求矛盾的主要手段，图书馆之间通过馆际互借的方式互通有无，以更加充分地满足读者的需求。

2. 馆际互借的服务方式　图书馆之间经过协商互借文献的范围、互借的方法，订立馆际互借的协议或规则，建立馆际互借关系后，正式的馆际互借服务就开始了。馆际互借的协议内容主要包括馆际互借的目的、对象、需要共同遵守的权利、义务、有效期限、互借手续的办理方式、借阅的数量、期限以及损坏、遗失的赔偿办法等。

馆际互借的具体服务方式主要有：

(1) 读者自助借阅：在某一个地区范围或某一馆际互借联盟的成员图书馆之间，互发具有一定借阅权限的借书证，借阅证规定了可以借书的数量、借书的期限等，当读者有借阅需求时，到所在图书馆申请，由图书馆登记后发放给读者使用，读者持借书证可以到有馆际互借关系的任何一个图书馆或文献机构去借阅文献。

(2) 由馆员帮助读者获取：首先由读者向图书馆馆际互借部门提出借阅申请，图书馆工作人员确定好藏有读者所需文献的图书馆及具体价格后，由工作人员前往文献所属图书馆将文献借出或复印带回；或者由工作人员向文献所属图书馆提出文献需求申请，再由该图书馆以邮寄或扫描的方式将文献复制过来，馆际互借部门收到读者所需文献后，通知读者来图书馆取文献。该种服务方式需要的时间较长，因此目前使用越来越少。

三、文献传递服务

1. 文献传递服务介绍　文献传递（Document delivery）又称原文传递，是指将用户所需的文献复制品以有效的方式和合理的费用，直接或间接传递给用户的一种非返还式的文献提供服务，它具有快速、高效、简便的特点。

2. 文献传递服务与馆际互借服务的联系与区别　现代意义的文献传递是在信息技术的支撑下从馆际互借发展而来，但又优于馆际互借的一种服务。通过开展文献传递服务，不仅缓解了图书馆经费、资源不足与读者日益增长的文献需求之间的矛盾，也对教学科研起到了很好的支撑作用。文献传递服务是一种非返还式的服务，即将读者需要的期刊论文、学位论文、会议论文、科技报告、专利文献等的复制品提供给读者后，读者不再需要将这些复制品返还给图书馆。而馆际互借服务是一种返还式服务，一般提供中文书或部分外文书的外借服务，读者在规定期限内阅读完图书后，需要及时归还给图书所属的图书馆，否则将按规定处以一定的罚款。

3. 常用的文献传递服务方式

(1) 电子邮件：即将读者需要的文献通过电子邮件直接传递到图书馆或读者的 E-mail 信箱中，电子邮件方式快捷、廉价，不受时空的限制，是目前文献传递采用的主要服务方式。图书馆一般都设有容量足够大的固定的电子邮箱接收传递来的文献，文献的格式主要有文本和图像两种，目前多以扫描成图像为主。但使用电子邮箱接收文件有时也有可能由于网络故障造成文件的丢失，因此，需要及时接收文件，有问题需要及时查询。

(2) 文献传递管理系统：如果是某一文献传递系统或联盟的成员馆，一般可以使用该联盟提供的文献传递管理系统来传递文献。由于都涉及资源共享，目前有些系统将文献传递和馆际互借设计在同一系统界面上。早期的系统在设计开发时没有统一的系统协议标准，因此在信息交互和传输方面具有相当的随意性和局限性。1993 年，国际标准组织公布了开放系统互联环境下有关馆际互借及文献传递系统的两个国际标准 ISO10160（服务定义）和 ISO10161（协议说明），简称 ISOILL。另一个馆际互借和文献传递系统协议标准是于 2002 年被美国国家信息标准组织（NISO）批准的流通数据交换协议 NCIP（即 Z39.83）。目前，国内外使用的馆际互借和文献传递管理系统都基于 ISO10160/10161 或 NCIP 的馆际互借系统协议，已经基本形成统一的馆际互借网络。

国内目前常用的馆际互借与文献传递系统如中国高等教育文献保障系统（CALIS）馆际互借与文献传递系统，是CALIS公共服务软件系统的重要组成部分。目前，该系统已经实现了与图书馆馆藏目录系统、西文期刊篇名目次数据库综合服务系统、CALIS统一检索系统、CALIS文科外刊检索系统、CALIS资源调度系统的集成，读者可以直接在网上提交馆际互借申请，并且可以实时查询申请处理的进度。

（3）其他方式：除电子邮件和文献传递管理系统外，文献传递的服务方式还包括传真、邮寄、FTP上传等。在不能使用电子邮件而又急需文献时通常使用传真的方式，但成本较高。也可以使用邮寄的方式，但是邮寄所花费的时间较长，通常采用特快专递的方式进行邮寄。当文献所占空间较大，不方便使用电子邮件时，可以考虑使用FTP上传的方式传递。

四、文献复制服务

文献复制服务又可分为缩微复制和静电复印两种。缩微复制又称缩微摄影，即采用照相的方法，利用透镜成像的原理，用具有光化作用的感光胶卷把文献的影像缩小记录下来的一种方法。用该方法制成的文献复制品是一种特殊形式的文献。其优点很多，如存储密度大、重量轻、体积小、价格便宜、可随意放大或缩小、便于携带、方便邮寄和交流、不易燃、不怕水湿和虫害，便于保管且保存期长等。但是该方法制成的文献阅读时需要特殊的阅读器，阅读较麻烦。

静电复印，简称复印，通常是指利用光敏特性将文件、图片等按照原样重印在纸上的行为。静电复印及时、快速、成本低廉、使用方便、质量较好、可以长久保存。目前，很多图书馆都已推出自助式复印服务，复印机通常放置于图书馆大厅或期刊阅览室，读者可以在自助复印处或证卡管理处办理复印卡实现自助复印，也可以由图书馆的复印人员代为复印。

静电复印是复制的一种重要手段，而复制权是法律赋予版权所有人财产使用权中最基本的权利，因此读者要有版权意识，要规范复印行为。图书馆的所有馆藏资源都提供文献复印服务，但是图书只能复印有需要的部分章节，期刊只可以复印需要的论文，一般不允许全书、全刊复印。古旧图书、古旧报刊、善本书、孤本书、馆藏内部书刊、学位论文、文件、宣传品一般不允许复印。

五、代查代检服务

1. 代查代检服务介绍　代查代检服务又称文献检索服务，是指图书馆根据用户的实际检索需求，综合利用馆内外的文献进行针对性的检索，为用户提供多种用途和多种形式的检索结果的服务。文献检索服务的过程就是信息的选择过程，它解决了庞大的信息量和特定的用户文献需求之间的矛盾。文献检索的详细介绍及步骤见本书第一章。

2. 常见的代查代检服务项目　检索服务是图书馆的一项重要工作，目前文献检索的范围从手工检索发展到光盘检索、数据库检索、网络搜索引擎检索，检索方法从自由词检索、布尔逻辑检索到自然语言检索，可以检索到的内容从题录、文摘到全文、数值和图形等，可以提供的代查代检服务的范围也正在扩大，如：专题文献检索服务、论文发表快速通道检索证明、论文收录与引用情况报告等。

（1）专题文献检索服务：即根据用户提供的相关研究课题，以描述课题的主题词、关键词作为检索入口，利用本馆的各类文献进行针对本课题的文献检索。检索结果一般主要提供与本课题相关的文献的文摘，也可根据用户的需求提供文献的全文。这是文献检索服务中最为传统的一种。

（2）论文发表快速通道检索证明：随着知识经济社会的迅猛发展，加快高质量科技论文的问世，促进科学技术的推广应用，许多期刊编辑部对于经审稿、定稿前，认定有重要创新的文章，将以尽可能快的速度在“科研快报”或“重要进展简报”栏目中刊出。为了提高工作效率和质量，许多期刊编辑部门，要求此类稿件出具一份由一定资历的检索机构的检索证明。为了配合期刊编辑部的审稿程序和质量以及满足论文作者的急切愿望，很多图书馆都开展了此项业务。

论文发表快速通道检索证明又称简易检索证明，是指根据用户发表论文的需要，结合拟发表文献的内容，检索国内外是否有相同或相似的研究报道，并出具检索证明的一项服务。需要该项服务的用户一般需提供检索课题名称、具体的检索要求、与课题相关的中外文关键词等信息，以方便工作人员针对论文所围绕的课题进行检索。该项服务加快了论文发表的速度，受到了用户的欢迎。

（3）论文收录与引用情况报告：该项服务一般分为两部分，一是论文收录情况报告，另一个是论文被引用情况报告。工作人员一般根据用户提供的文献信息，以用户的姓名或发表文献的题目、关键词等作为检索入口，检索某一文献或某一作者发表的论文是否被 SCI、ISTP、PubMed、EI、CA、CNKI、VIP 等数据库收录。或根据用户提供的文献信息或作者信息，以文献的题名、作者、关键词、杂志来源等作为检索入口，检索特定文献或某一作者发表的全文论文的被引用情况。国内文献一般提供中国科学引文数据库（CSCD）的被引结果，国外文献提供美国科学引文索引（SCI）网络版数据库（Web of Science）的被引结果。图书馆可根据检索的结果为用户出具论文被收录情况和数据库被引用情况证明，用以证明用户的科研能力和水平。

第三节 图书馆信息服务

随着社会的发展，图书馆的功能在拓展和延伸，图书馆关于服务的理念和实践也在发展和变化。数字图书馆的兴起，带动了图书馆现代化的信息服务的蓬勃发展。图书馆信息服务主要是以计算机、网络、数据库为基础的更加人性化、个性化的现代图书馆服务。本节具体介绍包括电子阅览服务、定题服务、情报调研、科技查新、学科化服务、个性化导读服务等图书馆信息服务。

一、电子阅览服务

近年来，计算机、网络及多媒体技术发展迅猛，图书馆服务的重心逐渐从以传统文献为基础的传统服务方式向以电子媒介为基础的信息服务方式转移，此时电子阅览室应运而生。

（一）电子阅览服务介绍

所谓电子阅览服务即利用计算机、通信、网络设备为读者提供影像、声音、文字等电子型文献的服务。此外，电子出版物的推出，为计算机技术在图书馆的应用创造了极好的机会，也给电子阅览服务注入了新的活力。用户通过电子阅览服务可以交互性地查阅包含文字、图像、声音等内容的电子图书、电子期刊，增加了学习兴趣，提高了学习的效果。电子阅览使同一个文献资源能够被多个人同时在线使用，提高了图书馆的文献保障能力。此外，电子阅览服务使得图书馆的服务更加快捷、简单，使图书馆为读者提供最新的信息资源和更高层次的服务成为可能。

（二）电子阅览服务部门介绍

电子阅览室是集电子型文献的阅览、检索、服务为一体的，以光盘服务器、网络服务器和工作站为支持的，以远程网络检索系统为中心向外扩展的网络环境下的多功能、现代化的阅览室。电子阅览室是提供电子阅览服务的部门。电子阅览室既与图书馆内部局域网相连，又与因特网相连，是图书馆现代化信息服务的窗口，是图书馆现代化的标志之一。

（三）电子阅览服务的主要项目

1. 文献检索　文献检索服务是图书馆提供电子阅览服务的主要目的。用户通过计算机、网络进行文献检索，可以快速、全面、准确、及时地得到有关的文献资料，还可以查询馆藏目录、查看新书通报、在网上预约图书等，并可以通过互联网访问国内外大型图书馆网站，获取更多的文献信息。此外，图书馆也可以通过电子阅览服务更好地体现文献情报服务职能。

2. 多媒体阅览　目前，很多书刊附有光盘等形式的多媒体阅读材料，图书馆通常把这些资料集中起来，读者可以在电子阅览室里阅读浏览，但不外借。或者也有图书馆把此类光盘资料集中存放或镜像到服务器硬盘上，让大家在局域网共享，在电子阅览室的计算机上直接点击播放程序即可实现多媒体的阅览。

3. 培训　电子阅览室的计算机数量通常较多，文献资源丰富，而且访问一般不受限制，可以承担起协助图书馆开展文献检索课实习的任务。电子阅览室也可以作为图书馆对工作人员进行计算机知识和网络技术培训的场所。此外，很多读者对计算机知识、图书馆的使用以及文献检索等缺乏了解，图书馆可以利用电子阅览室的空间集中对读者进行定期的辅导培训、定期举办图书馆利用讲座，普及计算机的使用常识、常见数据库的使用以及网络的应用等，培养读者获取知识信息的能力，更好地适应时代的发展。

4. 视频点播　视频点播（Video on Demand，VOD），也称交互式电视点播系统，意即根据用户的需要播放相应的视频节目，是一种典型的宽带多媒体信息服务。VOD的节目源可以是VCD、DVD、录像带等，将节目源上的视频文件转换成多媒体文件后，读者只要在用户端点击与节目相对应的超链接就可以自由点播自己喜爱的节目。图书馆开展VOD服务，可以深化服务功能，促进图书馆网络服务工作的全面开展。

5. 参考咨询　目前图书馆广泛利用网络开展参考咨询工作，主要的方式包括E-mail、BBS、虚拟参考咨询软件等。网络参考咨询拉近了读者与图书馆之间的距离，促进了图书馆与用户间的双向交流，利用网络还可以加快咨询的速度，并且克服了空间的限制。用户可以在电子阅览室里查询文献资料的同时，利用网络向工作人员咨询问题，随时随地解决疑问，加快了信息的获取速度。

6. 网络信息导航　因特网上蕴藏着世界上最丰富的信息资源，但是同时这些资源又是无序的、杂乱无章的，自行查找费时费力。因此很多图书馆都创建了重点学科网络信息资源导航，按本单位的重点学科、重点专业分类，对网上有关的学科信息进行搜集、整理、分析、组织，便于用户及时、准确地获取网络信息资源。

7. 上网浏览与文化娱乐　电子阅览室通常拥有较为先进的软硬件设备，用户可以在学习、查找资料之余欣赏电影、音乐、动画等，并可以进行网络聊天、浏览新闻等，电子阅览室成为用户了解世界的一个窗口。

二、定题服务

1. 定题服务介绍　定题服务（Selective Dissemination of Information，SDI）又称为文献跟踪服务、对口服务，是指图书馆工作人员根据科研人员的信息需求，针对其提供的课题范围，围绕某一科研项目，定期追踪和搜集相关研究课题的最新文献信息，并及时传递给科研人员的信息服务形式。其主要目的是节省科研人员查找资料的时间，及时掌握和了解该课题的国内外最新研究进展，随时解决研究过程中的问题，使研究人员可以据此及时调整自己的研究方向。如有必要，也可为用户提供与课题相关的文献信息分析报告，还可协助建立指定课题的专题文献数据库，方便用户组织管理专题信息并随时检索。

2. 定题服务的特点　定题服务作为一种图书馆信息服务方式，其突出特点是向用户提供了更具主动性、针对性、及时性、连续性的信息服务。

（1）主动性：定题服务需要图书馆工作人员主动调查、了解科研课题的实际情况，主动与用户联系，主动挖掘用户的潜在需求，主动进行热点预测，主动搜集研究课题相关的信息，积累专题资料，一旦用户需要就要立刻提供服务。

（2）针对性：定题服务针对性极强，一定是针对某个项目或科研课题的信息服务，一定是针对某一个用户或某一个课题组提供服务的，提供的信息一定是符合课题需要和吻合用户需求的。

（3）及时性：定题服务为用户所提供的信息应是及时的、准确的，图书馆工作人员与用户之间也应通过密切联系，及时反映提供的信息与课题的符合程度，以便及时修改信息服务策略，更好地为用户服务。

（4）连续性：连续性是定题服务具备比较完善的服务功能的一种体现。信息的连续性提供可以满足课题深化的信息需求，更可以使信息内容在量的方面得以扩充，质的方面得以改善。

3. 定题服务的步骤

（1）确定课题：通过与用户或课题负责人交谈，确定要进行服务的课题，了解课题研究的具体内容，掌握用户或课题组对文献资料的具体要求。

（2）收集文献：定题服务的效果很大程度上取决于文献的选择。因此，课题一经选定，就要深入课题，了解、熟悉、掌握与该课题有关的专业知识及文献分布情况，确定检索途径，广泛收集文献，在大量的文献中选择针对性强、有价值的提供给用户，特别要注意选择那些有针对性的、新颖的、准确性强的文献给用户。另外，在选择文献的过程中，还应注意与用户的配合，得到质量最好的文献。

（3）跟踪服务：图书馆工作人员应注意同用户建立密切联系，随时了解用户需要，适时地进行跟踪，提供服务。

（4）检验效果：检验效果应该说是贯穿于定题服务整个过程中的，工作人员应在检索完一部分文献后，及时与用户联系，收集反馈意见，改进服务工作，提高服务质量。应对定题服务每一阶段的规律、特点、服务手段、效果等进行经常性的检验，对反馈的信息进行分析归纳，及时总结，使定题服务工作越做越好。

三、情报调研

1. 情报调研介绍　情报调研是指图书馆根据某一特定任务的要求，广泛收集文献，必要时在实地考察的基础上，对收集来的文献资料进行分析对比、推理判断、归纳整理，掌握其内部变化的规律与周围事物的联系，了解它的过去、现状并预测未来发展的趋势，或提出解决问题的建议和措施等的研究过程。

2. 情报调研的特点　情报调研的范围广、难度大，是一项学术性、知识性、专业性很强的信息服务工作。情报调研既有一般科学的通性，也有其自己的特点。

（1）针对性：情报调研是为解决某一特定问题而开展的，调研的成果要针对性地解决某一问题，提供决策支持。

（2）综合性：情报调研涉及社会的诸多方面，需要自然科学、社会科学的多种研究方法，多学科联合调研、多方面合作才能完成。此外，还需要综合考虑文献信息和调查情况，才能提供符合实际情况的信息。

（3）预测性：决策只有建立在预测的基础上，才是科学的决策。为决策服务的情报调研，同样具有预测性的特点。

（4）科学性：情报调研是建立在广泛深入的调查研究和大量客观事实的基础上的一项科学研究活动，必须经过科学的分析、推理、判断、综合等方法，掌握事物的内在规律，才能形成对事物的正确认识，从而指导科学实践。

3. 情报调研的方法　情报调研方法是指对与课题有关的情报、调查材料进行分析、研究，从而得出有价值的情报调研结论这一过程中所使用的各种具体方法。这些方法主要有分析与综合法、文献研究法、推理法、外推法、德尔菲法、头脑风暴法等。

四、科技查新服务

1. 科技查新介绍　科技项目查新咨询，简称查新，是指具有查新业务资质的医药卫生查新机构根据查新委托人的需要，查证医药卫生科技项目新颖性，并作出结论即查新报告的过程。科技查新是文献检索和情报调研相结合的情报研究工作，它以文献为基础，以文献检索和情报调研为手段，以检出结果为依据，通过综合分析，对查新项目的新颖性进行情报学审查，写出有依据、有分析、有对比、有结论的查新报告。也就是说查新是以通过检出文献的客观事实来对项目的新颖性做出结论。因此，查新有较严格的年限、范围和程序规定，有查全、查准的严格要求，要求给出明确的结论，查新结论具有客观性和鉴证性，但不是全面的成果评审结论。这些都是单纯的文献检索所不具备的，也有别于专家评审。

2. 科技查新的类型　按照科技查新的目的划分，主要分为科研立项、成果鉴定、申请科技成果奖励、申报专利及新产品等提供新颖性的鉴证服务。根据查新对象，主要分为以下内容：申报国家级或省部级科技奖励的；申报各级各类科技计划、各种基金项目、新产品开发计划的；各级成果的鉴定、验收、评估、转化；科研项目开题立项；技术引进；国家及地方规定要求查新的。查新过程中最常见的是科研立项与成果鉴定。

3. 科技查新的作用

（1）为科研立项提供客观依据：在正式立项前，首要的工作是全面、准确地掌握国内外的有关情报，查清科研课题在国内外是否已研究开发过。通过查新可以了解科研课题在论点、研究开发目标、技术路线、技术内容、技术指标、技术水平等方面是否具有新颖性，防止重复研究开发而造成人力、物力、财力浪费和损失。

（2）为科技成果的鉴定、评估、验收、转化、奖励等提供客观依据：科技成果的鉴定、评估、验收、转化、奖励工作中，若无查新部门提供可靠的查新报告作为文献依据，只凭专家小组的专业知识和经验，难免会有不公正之处，可能会得不出确切的结论。高质量的查新，结合专家丰富的专业知识，可防止上述现象的发生，从而保证鉴定、评估、验收、转化、奖励等的权威性和科学性。

（3）为科技人员进行研究开发提供可靠而丰富的信息：查新机构一般具有丰富的信息资源和完善的计算机检索系统，能提供从一次文献到二次文献的全面服务，可检索的数据库内容完备，保证信息的回溯性和时效性，基本能满足科研工作的信息需求。

4. 科技查新的步骤

（1）查新委托，接受课题：查新委托人（用户）首先要到查新站提出查新要求，并完整地向所选择的查新机构提供查新必需的相关材料，包括项目的科技资料、技术路线或指标、中英文检索词、参考文献、项目背景、项目的申请书、课题组成员名单等。查新机构要确认查新委托人提交的材料是否齐全，确认是否能满足委托人的查新要求、查新时间等，如果可以接受查新委托，还要与委托人签订正式查新合同，查新合同具有法律效力。

（2）分析课题，实施检索：查新员应认真分析查新课题，仔细阅读查新委托人提供的相关资料，了解查新项目的科学技术要点，明确查新要点及要求。如果有必要还可以请查新委托人当面详细介绍查新课题的内容及技术路线等，必要时向专家咨询。之后选择好需要检索的检索工具，拟订检索词，确定检索途径与方法，实施检索。

（3）查找文献，对比分析：查新员应对检索出的文献进行综合分析，将相关文献与查新课题的技术要点做比较，筛选出与查新课题内容相关的文献。如果文献未见报道，则该课题具备新颖性。

（4）分析结果，完成报告：最后，查新员把数据对比分析的结果写成证明书，即查新报告。查新报告即查新机构用书面形式就查新及其结论向查新委托人所做的正式陈述，也是体现整个查新工作质量和水平的重要标志。

五、学科化服务

1. 学科化服务介绍　学科化服务又称学科馆员服务，是指图书馆设专人即学科馆员，与某一个院系或学科专业作为对口单位建立联系，在院系、学科专业与图书馆之间架起一座桥梁，相互沟通，为用户主动地、有针对性地收集和提供文献信息的服务。学科馆员一般能有针对性地为教学、科研提供有力的帮助。

学科馆员是具有某种学科背景同时受到过文献情报专业训练，向特定学科领域的用户提供深层次、个性化信息并获取与利用服务的复合型专业人才。

2. 学科化服务的作用　图书馆提供学科化服务，可以提高图书馆的综合业务水平，主要的方面有两个：其一，学科馆员由具有一定水平的专业人才担任，他们能对图书馆的文献开发有针对性地提供给读者，使图书馆的资料得以充分利用，有助于提高文献的利用率；其二，学科馆员本身不仅对图书馆的馆藏文献资源较为熟悉，而且对其服务的院系的文献资源也比较了解，学科馆员可以根据对口院系学科设置和科研的需求，为图书馆采购图书期刊资料提出合理的建议，使图书馆的馆藏文献资源更为合理，使新的文献信息及时得到宣传、利用。

3. 学科化服务的主要工作内容　学科化服务主要是由学科馆员在对口院系或专业的相关人员的配合下完成。学科馆员的主要职责包括：①负责试用、评价图书馆采购的对口院系学科的参考工具书和电子资源，定期征求对口院系的用户对图书馆资源建设、服务内容的意见和要求，反馈给本馆相应人员以作为图书采购的科学依据；②定期编写对口院系学科的读者参考资料，包括利用图书馆的主题指南和新资源使用指南等；③负责搜集、鉴别和整理对口院系学科的网络信息资源，并在图书馆主页上按学科大类建立链接网页；④定期为对口院系进行文献信息检索知识培训；⑤协助教师进行相关课题的文献检索，提供定题服务和决策参考服务；⑥协助相应院系的教学，包括提供教学参考书、参考课件、参考数据库等；⑦协助院系资料室开展工作，提供图书文献建设方面的咨询和指导；⑧协助附属医院图书馆做某方面课题网络资源培训；⑨协助图书馆选择相关学科的图书、期刊等文献。

六、个性化导读服务

1. 个性化导读服务介绍　个性化导读服务又称阅读指导服务，简称导读，是图书馆针对各类型读者，采取各种措施主动诱导读者的阅读行为，提高其阅读意识、阅读能力和阅读效益的一种教育活动，是图书馆读者服务中一项主动性非常强的工作。

2. 个性化导读服务的原则　为保证导读服务的顺利开展，导读服务中应遵循如下原则：

（1）主动性原则：导读服务是一项主动性很强的读者服务工作，因此工作人员应该主动了解读者的需求，通过观察、统计等方法，掌握需要提供服务的读者的阅读习惯、阅读动机及其阅读需求，从而给予相应的阅读指导，在工作中注意启发、引导读者，积极主动地进行工作。

（2）双向性原则：导读服务是读者与工作人员之间的一项双向活动，因此工作人员应树立起尊重读者、热爱读者的思想，注意随时听取读者的意见和建议，理解读者的阅读行为，与读者建立起和谐、融洽的关系，才能使导读工作发挥更大的作用。

3. 个性化导读服务的方式　导读服务的方式多种多样，除最常用的语言导读外，图书馆还应注意开拓多种导读服务渠道。

（1）语言性导读：语言性导读是指图书馆工作人员借助语言来提供导读服务的方式，是通过导读工作者与读者之间的谈话完成的导读活动，是最基础的一种导读方式。主要有交谈、讲座、讨论会等形式。

（2）文字性导读：文字性导读是指通过内容丰富、形式多样的文字材料为读者提供导读服务的方式。常见的文字性导读材料包括图书馆使用的宣传简介、数据库检索指南、相关知识普及手册等。

（3）实物性导读：这是通过实物来引发读者阅读兴趣、阅读需求的一种导读方式。常见的实物性导读方式包括图书馆参观、书刊展览等。实物性导读形象、生动、直观，可以起到很好的导读效果。

（4）声像性导读：该导读方式是指利用录音、录像、电视、电影以及最新的 Flash 动画等视听资料来进行导读的一种服务方式，是对传统导读服务方式的补充。

测试题

一、名词解释

1. OPAC
2. 馆际互借
3. 代查代检
4. 科技查新
5. 定题服务
6. 情报调研

7. 学科化服务

8. 个性化导读服务

二、问答题

1. 试述 OPAC 主要功能。
2. 试述 OPAC 的一般使用步骤。
3. 试述书刊外借的两种模式及其优缺点。
4. 简述书刊阅览服务的特点。
5. 试述馆际互借的具体服务方式。
6. 简述文献传递服务与馆际互借服务的联系与区别。
7. 简述常用的文献传递服务方式。
8. 试述常见的代查代检服务项目。
9. 简述电子阅览服务的主要项目。
10. 简述定题服务的步骤。
11. 简述科技查新的作用。
12. 试述科技查新的步骤。
13. 简述学科化服务的主要工作内容。
14. 试述个性化导读服务的方式。

参考答案

一、名词解释 （答案略）

二、问答题

1. OPAC 系统根据查询内容的不同可分为以下几个方面的功能：

（1）馆藏联机公共书目查询。

（2）书刊联合目录查询。

（3）读者借阅信息查询。

（4）新书通报及教师指定参考书查询。

2. OPAC 的一般使用步骤：读者检索图书馆的 OPAC，首先需要登录到这些图书馆的网站。

（1）点击进入：在图书馆主页的显著位置找到“联机公共书目查询”、“馆藏书目数据库检索”或“馆藏目录”栏，点击有关链接进入。

（2）选择途径：书目数据库提供的检索途径一般有著者、题名、分类号、ISSN/ISBN、索取号、关键词或主题词以及出版社名称等。读者可以根据具体的检索要求选择合适的检索途径。

（3）输入检索词检索：选择检索途径后，在检索框中输入检索词，点击“检索”按钮，递交检索提问。

（4）选择相关书目信息：系统在屏幕上逐条显示满足检索要求的题名。点击检中的题名，显示该书的书目信息、馆藏信息细节和流通信息。

（5）借阅：读者可根据馆藏地址和索书号在书库或阅览室借阅需要的书刊。如果在本校图书馆的书目信息中没有找到所要的书刊，读者还可以利用联合目录检索其他图书馆的馆藏，看其他图书馆是否收藏。如果有的话，再通过馆际互借或亲自前往借阅。

需要注意的是：OPAC的检索方法，因采用图书馆管理系统（软件）的不同，会有差别，但功能大致相同。

3. 书刊外借的模式有两种，闭架方式和开架方式。

闭架方式的优点是避免了读者到书架上随意取放书刊，较少出现乱架现象，便于工作人员整架，也利于书刊的保护，便于工作人员监督书刊的使用情况，书刊较少出现损毁等现象。同时，闭架方式也存在着一些明显的缺点：借出的书刊带有很大程度的盲目性，同时增加了工作人员的工作量，不能抽出更多时间和精力开展深层次的服务工作。此外，闭架方式手续烦琐、读者等候取书的时间长。

开架方式指读者可以直接进入书库取书。开架方式简化了书刊借阅的手续，其次，读者可以自由地进行书刊的阅览和选择，便于直接选择文献。第三，扩大了文献本身的流通范围。但是，开架外借也使得读者能够随意进入书刊阅览室，造成了文献的乱架、破损、丢失，对书刊的保护造成了破坏，降低了书刊的使用年限。

4. ①阅览室一般都提供宽敞明亮的阅读空间、舒适的桌椅、安静的环境、现代化的自助复印设备等；②阅览室的书刊资料一般都有很高的使用价值，一般也较少出现缺页、损毁现象；③读者一般在阅览室阅读的时间较长，因此，工作人员接触读者的机会多，针对一些经常来阅览室的读者还可以通过观察其阅读行为、习惯，有针对性地提供阅读辅导、帮助等，针对需要为其推荐文献等。

但是，书刊阅览服务也有一定的局限性，如读者必须亲自到馆阅读，读者需要在开馆时间内才能到图书馆阅读；阅览室的座位是有限的。

5. 馆际互借的具体服务方式主要有：读者自助借阅、由馆员帮助读者获取。

6. 现代意义的文献传递是在信息技术的支撑下从馆际互借发展而来，但又优于馆际互借的一种服务。通过开展文献传递服务，不仅缓解了图书馆经费、资源不足与读者日益增长的文献需求之间的矛盾，也对教学科研起到了很好的支撑作用。文献传递服务是一种非返还式的服务，即将读者需要的期刊论文、学位论文、会议论文、科技报告、专利文献等的复制品提供给读者后，读者不再需要将这些复制品返还给图书馆。而馆际互借服务是一种返还式服务，一般提供中文书或部分外文书的外借服务，读者在规定期限内阅读完图书后，需要及时归还给图书所属的图书馆，否则将按规定处以一定的罚款。

7. 电子邮件、文献传递管理系统、传真、邮寄、FTP上传。

8. 专题文献检索服务、论文发表快速通道检索证明、论文收录与引用情况报告。

9. 文献检索、多媒体阅览、培训、视频点播、参考咨询、网络信息导航、上网浏览与文化娱乐。

10. 确定课题、收集文献、跟踪服务、检验效果。

11. ①为科研立项提供客观依据；②为科技成果的鉴定、评估、验收、转化、奖励等提供客观依据；③为科技人员进行研究开发提供可靠而丰富的信息。

12. ①查新委托，接受课题；②分析课题，实施检索；③查找文献，对比分析；④分析结果，完成报告。

13. ①负责试用、评价图书馆采购的对口院系学科的参考工具书和电子资源，定期征求对口院系的用户对图书馆资源建设、服务内容的意见和要求，反馈给本馆相应人员以作为图书采购的科学依据；②定期编写对口院系学科的读者参考资料，包括利用图书馆的主题指南和新资源使用指南等；③负责搜集、鉴别和整理对口院系学科的网络信息资源，并在图书馆主页上按学科大类建立链接网页；④定期为对口院系进行文献信息检索知识培训；⑤协助教师进行相关课题的文献检索，提供定题服务和决策参考服务；⑥协助相应院系的教学，包括提供教学参考书、参考课件、参考数据库等；⑦协助院系资料室开展工作，提供图书文献建设方面的咨询和指导；⑧协助附属医院图书馆做某方面课题网络资源培训；⑨协助图书馆选择相关学科的图书、期刊等文献。

14. ①语言性导读；②文字性导读；③实物性导读；④声像性导读。

（谢志耘　张燕蕾）

第三章　电子图书检索

学习目标

1. 掌握电子图书的概念和类型。
2. 了解电子图书的发展和特点。
3. 熟悉读秀电子图书的特点。
4. 掌握读秀电子图书的使用。
5. 掌握书生之家电子图书的使用。
6. 熟悉其他中文电子图书。
7. 掌握 NetLibrary 电子图书的使用。
8. 掌握 OVID 电子图书的使用。
9. 熟悉其他外文电子图书。

第一节　电子图书概述

随着信息技术的快速发展，越来越多的传统印刷型文献被电子型文献所取代，图书也不例外。电子图书以其多媒体形态、传播速度快、具有检索功能、再版周期短以及多用户同时阅读等诸多特点而受到人们的青睐。目前，电子图书的发展速度较快，形态和种类层出不穷，在出版物中所占比例越来越大，已成为一类重要的信息源。

一、电子图书的概念

电子图书（Electronic Book），又称数字图书或 Ebook，是随着电子出版、互联网以及现代通信电子技术的发展应运而生的一种新的图书形式。对于电子书的概念，众说纷纭，还没有一个准确的被相关行业认同的定义。《梅里亚姆·韦伯斯特大学词典》2003 年第 11 版对 Ebook 的界定是："以数字化的格式构成的或者转换成数字化格式以供计算机屏幕上或手持装置上显示的书籍"。美国开放性电子书论坛（Open Book Forum）在《电子出版生态学的基准体系》0.78 版中，给电子书下的定义是："意在向公众传播、以电子方式存取、具有数字化物体形式的作品，其中包含一种或多种标准的唯一标识符、元数据和一种专题内容"。

不过，无论对电子图书怎样的界定，电子图书都应当具备三个要素，一是电子图书的内容；二是电子图书的数字存储设备，如个人计算机、个人数字助理（PDA）、掌上电脑和其他手持阅读设备等；三是电子图书的阅读软件，如 AcrobatReader、SSReader、ApabiReader 等。简言之，任何能通过计算机、电视、掌上电子设备或其他阅读器显示和阅读的图书信息，均可称为电子图书。

二、电子图书的发展

有人认为，电子图书的概念最早出现于20世纪40年代的一本科幻小说中，书中幻想未来可以在某种特制的电子设备上阅读图书。20世纪60年代，美国犹他州立大学研究生阿伦·凯依（Alan Kay）也提出设想：一种可携带的电子计算机，有一个荧光屏，可通过无线电通讯的方式获得资讯。他把这个设想叫做“动态书”（Dynabook）。此后，人们就一直试图将这种设想变为现实，并出现一些试验性的产品。

20世纪70年代，美国布朗大学的范·丹姆教授（Andries Van Dam）最先提出并创造了电子图书“electronic book”这一术语，缩写词Ebook即从它派生出来。1971年，Michael Hart先生实施“古腾堡计划”，专门收录没有版权的经典文学作品，将其输入电脑供人们网上阅读和下载，第一次使纸质图书规模化地转化为电子图书。

随后几十年，国内外IT公司、出版社、网上书店纷纷涉足电子图书市场，开发电子图书产品。1981年出现的《The Random House Electronic Thesaurus》被认为是世界上第一本可用于商业目的的电子图书。1988年，在Comdex98展会上，Ebook作为又一个即将兴起的消费类电子产品，受到了广泛关注。1995年，最大的网上书店Amazon. com开始通过互联网销售可本地打印的图书。1998年，美国诺瓦梅地亚公司推出了手持式阅读器——“火箭书”，标志着电子图书进入了高速发展阶段。

国外电子图书发展的速度相当惊人，据美国的一项调查表明，2004年以前电子图书占到图书市场销售额的26%，消费者用于电子图书的花费可达54亿美元。而最近几年，美国电子图书销售收入也是增长强劲，2006年比2005年就增长了84.069%，2007年第二季度实际销售收入高达810万美元。所有这些电子书的销售收入还只是指批发渠道的收入，不包括图书馆、教育部门和专门的电子销售渠道销售的电子书。

我国的电子图书产品出现于20世纪80年代，最早由一些拥有计算机技术和设备的单位或个人自发组织起来，建立了软磁盘数据库。伴随着国外电子图书市场的迅猛发展，国内电子图书市场也日趋活跃。2004年，全国就约有100家出版社开始同步出版电子图书，已开展电子图书服务的省级图书馆达到了55%，全国211院校（重点高等院校）开展电子图书服务的更是达到了81%。2007年度中国数字出版产业发展报告指出，中国电子书总量已达40万种，规模稳居全球第一。该报告还对未来5年数字出版产业的发展作出大胆预测：超过30%的手机用户通过手机阅读电子书和数字报；全国80%的出版社将通过POD（Print On Demand）系统为读者提供图书的按需印刷服务；中国正版电子书总量将突破100万册；机构用户采购电子书、数字报的销售规模将达到10亿；由网民和手机用户带来的电子书、数字报销售及广告收入将达到50亿。

三、电子图书的类型

按照承载文字的载体不同，电子图书一般分为以下三种。

1. 光盘电子图书（CD-ROM）　光盘电子图书的存储载体为光盘。主要包括一些图书或工具书的随书发行或单独发行的光盘，一般只在计算机上单机阅读。这类图书一般在各图书馆都有专门的收藏和管理。

2. 网络电子图书　网络电子图书是以电子形式出版发行，以互联网为流通渠道、以数字内容为流通介质、以网上交易为主要支付手段的图书。即这类图书在利用过程中是通过网络技术来获取或检索阅读。目前网络电子图书主要包括一些图书馆、数字资源开发商和书商等设立的网站或数字图书馆，一般以纸本图书的网络版居多。如美国的 NetLibrary、国内的“书生之家”、读秀知识库等。

3. 便携式电子图书　便携式电子图书一般是特指一种存储了电子图书的手持式电子阅读器，也称为 Pocket Ebook。人们可以在这种电子阅读器的液晶显示屏上阅读各种存放在其中的图书。一个电子阅读器一般可存放成千上万页甚至更大量的图书内容，并内置上网芯片，可以从互联网上方便地购买及下载数字化的图书。

此外，按照获取方式还可以分为免费电子图书和付费电子图书；按照电子图书的免费程度还可分为完全免费电子图书、部分免费电子图书和部分章节免费阅读的电子图书。完全免费的电子图书一般由一些具有公益性的网站或网友的个人网站提供，如 E 书时空、亦凡公益图书馆、北极星书库。部分免费电子图书一般由一些数字图书馆或电子图书生产商免费提供其部分电子图书给用户，但是一般不提供最新推出的电子图书，如中国数字图书馆。部分章节免费阅读的电子图书则是一些出版社为了推销自己新出版的图书或是电子图书，而在网站上提供自己图书的电子版或电子图书部分章节的免费下载或是免费阅读。

网上的电子图书还可以根据其收录电子图书的学科范围分为综合性电子图书和专业性电子图书，前者如超星数字图书馆，后者如免费医学网站 freebooks4doctors 等。

电子图书按其产生方式还可以分为：扫描书、OCR 识别书、录入排版书、格式转换书等。

四、电子图书的特点

（一）电子图书的优势

电子图书与传统印刷型图书相比具有以下优点：

1. 信息存贮量大、密度高　电子图书是一种“无纸的书”，是以数字化形式储存信息，节省了大量的储存空间，而且体积小，信息密度高。如一张只读光盘可存储 650MB，相当于 1000 册 30 万字的纸本书籍；1G 的硬盘可以存储大约 2 万多本图书；一台笔记本电脑可以成为你的图书馆。这极大地方便了书籍的保存和阅读，也节约了我们有限的生活空间。

2. 信息形式多样　纸质图书最多只提供静态的文字、插图或精美照片。而电子图书属多元媒体，它能将字符、图形、图像、声音甚至影像等在数字状态下进行任意组合、增删、修改、移动和重新排序，从而实现多种媒体并行。电子图书的动态和语音效果，给读者增加更多的感官体验，使其阅读更加灵活和生动，从而更好地提高学习的效果。

3. 传播速度快、范围广　传统书籍从生产到消费的流程是“作者——出版者——发行者——读者”，电子书可极大地简化这个过程，成为“作者——读者”的“直销”模式。作家的作品完成后，经过简单的操作变成电子书，然后轻轻点击鼠标，电子书就可在瞬间呈现在读者眼前。互联网是电子书传播的高速公路。网络消费者可以随时地通过网络获得自己需要的各类图书资料并输入 Ebook 阅读器。

4. 易于购买、检索和利用　传统图书的购买需要读者亲自到相应的出版社和书店去购买，还要花费大量的时间和精力进行查找才能找到自己所需要的图书。既浪费时间又消耗体力。而电子图书的查找和购买只需通过网络就可完成，读者通过网络很容易就能查到自己所需要的图书或资料，然后通过网络银行支付书费后，便可将图书完完整整地下载到个人电脑中，不必再到书店购买。而且有的图书还可以分章节购买，直接购买自己所需要的那部分资料，而不必买下整本书，经济适用。在电子图书中可直接进行目录和全文检索，这为学术研究提供了极大的便利，节省了人们宝贵的时间，加速了知识的利用、加工和再生产。

5. 易保存、易携带　相对于纸质图书，电子图书的内容不易遭受到破坏，有利于资料的永久保存。对于保存那些古籍、珍版的图书文献资料具有重要的作用。此外，随着近几年数字技术的飞速发展，各种各样的存储介质也相继产生，如手机、MP4、优盘、移动硬盘等。它们不仅容量大，而且体积小，便于携带。这使普通读者拥有图书馆不再是什么新鲜事。外出时你可以十分方便地携带大量的书，甚至是一座图书馆。

6. 绿色环保　电子图书以计算机、手机、手持电子阅读器等电子设备为载体，真正告别了传统的纸张。不需要库存和纸张，省略了物流环节，既节约社会资源又不会造成环境污染。

（二）电子图书发展存在的问题

电子图书虽然具有传统图书所无法达到的诸多优势，但目前它也存在一些不足或需要改进之处，主要有：

1. 阅读视觉效果尚待改进　由于人们长期使用传统印刷图书，已习惯了翻阅印刷图书的视觉方式，并且形成了特定的阅读心理，因此目前人们一时很难适应电子图书的阅读方式，对于大多数人来说，在屏幕上阅读还是比在纸面上阅读更容易使眼睛感到疲劳，有时阅读时间稍长甚至会感到不适。电子图书要取代印刷图书，就必须在其阅读舒适感方面作较大改进。当然，随着诸如 Pocket PC 这样的手持式系统变得越来越普及以及屏幕技术的继续提高，电子图书和传统书本在阅读舒适感上的差距将会逐渐缩小。

2. 数字化标准不统一，给用户阅读带来不便　Ebook 完全解决方案的首要环节在于数字化标准的确定。国外市场上主要有 Microsoft 的 orb 和 Adobe 公司的 pad。而国内市场上，数字化的标准除了以上两大公司的标准之外，还有很多，如方正推出的 APABI 数字化信息全面解决方案，dynamos 基于字处理技术推行的数字化格式，还有如书生、超星公司之类的业界后起之秀也纷纷推出了自创的数字化格式。目前，电子图书支持的格式包括 TXT、HTML、FXF、WDR、CHP、HLP、OEB、PDF 等。这些格式彼此之间互不兼容、互不协调，基本上是各自为政。致使读者购买哪家的电子图书，就必须使用相应的阅读软硬件，而且这些软件更新很快，读者总是要花费时间和精力来了解和熟悉它们，这样必然给读者造成不必要的麻烦。没有统一的标准，便没有统一的市场。电子图书业界亟待一个统一的标准。

3. 知识产权解决方案尚不成熟　电子图书在对各类作品的收集、整理、加工过程中涉及署名权、修改权、保护作品完整权、使用权和获得报酬的权利等，而制作好的电子图书还涉及使用权、发行权、公开传播权、复制权、下载权、用户终端保护权及网络建设保护权等，这些权利都应有相应的法律作保障。传统的知识产权法显然不适用于对这些权利做恰当的保护，而现有的相关法律法规也还不够成熟完善。因此在目前形式下，数字化方式的信息很容易受到侵权，而且这种侵权具有隐蔽性、不易被发现，这对电子图书知识产权的保护是很不利的。

4. 信息安全问题得不到保障　电子图书的数据具有可变化性和流动性，电子图书出版销售之后仍需继续管理维护，其管理涉及很多因素，任何环节的失误都可能造成数据的丢失。尤其是在目前计算机病毒流行、计算机犯罪严重的情况下，一些数据库、网络系统易受到黑客袭击，造成系统被破坏或者被非法使用，造成信息数据泄露和丢失，使电子图书变得残缺不全、面目全非，甚至不复存在。如果电子图书安全问题得不到保障和解决，势必影响人们对电子图书的阅读和使用。

第二节 中文电子图书

目前互联网上提供电子图书阅读的站点数不胜数，初步估计我国就有数百个。从现有市场使用情况来看，目前被我国图书馆广泛采用的电子图书主要有读秀电子图书、方正阿帕比（Apabi）电子图书、书生之家电子图书和中国数字图书馆电子图书等。

一、读秀电子图书

（一）概况

读秀电子图书依托于读秀学术搜索服务平台来提供服务。读秀学术搜索（原名读秀知识库，本书简称读秀）是北京超星电子技术公司在2006年推出的一个面向全球的最大的中文综合文献资源服务平台，其资源分为图书、期刊、报纸、学位论文、会议论文、专利、标准、视频和信息资讯九个频道来展示。其中收录的图书文献资源最为丰富，几乎涵盖所有中文出版的图书，因此也号称是全球最大的中文图书资源查询系统。读秀可将前述九个频道的资源整合于同一平台上，用户只需要通过一个检索入口，就可以获取不同频道的资源检索结果和各种服务。读秀还集文献搜索、试读、文献传递、参考咨询等多种功能为一体，是一个可以对文献资源及其全文内容进行深度检索，并能进行引文出处查找、文献传递服务的一站式检索平台。

目前读秀中的信息资源包括：228万种中文图书题录信息（约占1949年以来全部出版中文图书的95%以上）、160万种图书全文、5000万条期刊条目、2000万条报纸条目以及各种论文条目几百万条，而且具有每年10万种以上的图书更新速度。读秀中的图书内容丰富，范围广泛，包括法律、经济、历史、文学、生物科学、医学、卫生、环境科学等20多个大类。

读秀图书搜索是一个面向全球的图书搜索引擎，但是用户需要订购才能使用。上网订购用户可以对图书的题录信息、目录、全文内容等进行搜索，方便快捷地找到自己想阅读的图书和内容。读秀可搜索的信息量超过6亿页，且这一数字还以每天约50万页的速度增长。

读秀学术搜索的网址为：http：//www.duxiu.com/。

（二）读秀的特点

1. 海量文献资源的深度检索　读秀检索采用了业界领先的搜索引擎内核，突破一般检索模式，实现全文检索、图书、期刊、报纸、学位论文和会议论文等多个专题的垂直检索，使读者在最短的时间内获得最深入、最准确、最全面的文献信息。

2. 全文检索　读秀不仅提供228万种中文图书题录数据的检索，还能更深入到70%图书的目次和全文中进行查找，能检索到某一个章节某一页中的信息元。目录检索和全文检索有效地缩小检索结果的范围，使用户在海量数据中迅速命中目标，大大提高了信息的检准效率。

3. 试读功能　读秀具有图书正文页试读功能，能够为用户提供某本图书中的若干页试读。通过试读全文，读者能够清楚地判断是否是自己所需的图书，提高了信息的检准率和检全率。

4. 文献传递　针对馆藏有限而读者需求无限的难题，读秀为用户提供了高效快捷的文献传递服务，使用户以较低成本获得海量图书资源，更好地为读者服务。作为全球最大、最完整的中文文献服务平台，读秀含有众多图书馆无馆藏的图书资源，利用文献传递服务以弥补馆藏文献资源的不足，实现真正意义上的知识资源共享，构建高度复合化的图书服务平台。

5. 参考咨询 读秀实行资源共享政策，采用实时和非实时信息交互，构建一个分布式的联合参考咨询平台，利用图书馆的参考咨询专家资源和纸质、电子馆藏资源，为广大读者提供专业的网上参考咨询服务。

6. 个性一体的整合服务 读秀为用户量身定制个性化的整合服务，建设具有自身名称及特色的资源平台。整合图书馆现有纸质图书、电子图书和其他图书异构资源于同一平台上，实现统一检索，方便读者使用。整合完成后，馆内的文献资源得以充分利用，文献资源利用率大大提高。

（三）读秀电子图书的使用

读秀提供的电子图书服务功能主要包括图书搜索、检索结果显示、图书阅读、图书获取和“我的图书馆”服务等。

1. 图书搜索 主要包括简单检索、在结果中搜索和高级检索三种检索方式。

（1）简单检索：读秀学术搜索主页上点击“图书”，进入图书搜索的简单检索页面。如图 3-1。

图 3-1 读秀学术搜索主页

检索步骤如下：①在输入框中输入关键词；②选择检索字段：可以选择全部字段、书名、作者三个字段中的一个进行图书搜索；③点击“中文文献搜索”或“外文文献搜索”，开始检索所需要的图书，检索结果将会分别显示所有与关键词相关的以中文出版的图书和以外文出版的图书。

（2）在结果中搜索：当执行简单检索之后，在检索结果页面上方检索词输入框后面会出现“在结果中搜索”，即是在上一次的检索结果中进行二次检索，进一步缩小检索范围，提高检索精确度。

（3）高级检索：高级检索页面可提供多种检索字段的组合，以便更精确地查找到相关图书。检索步骤如下：①点击简单检索页面输入框后的高级检索，进入高级检索页面，如图 3-2；②可检索的字段包括：书名、作者、主题词、出版社、ISBN 号、分类和年代。可输入一项或多项，各字段之间的关系为“AND”；③点击“高级搜索”，即检索出相关图书。高级检索默认为是中文图书搜索，只能检索出以中文出版的图书。

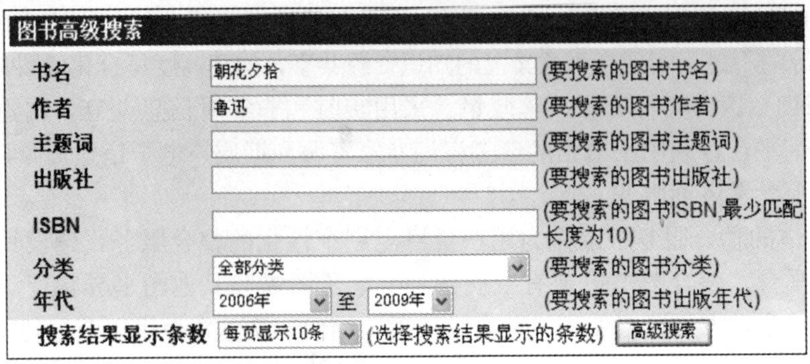

图3-2　高级检索页面

2. 检索结果显示　检索结果页面（图3-3）中间部分显示每本书的题录信息，包括标题、作者、页数、出版社、出版日期和书内容的简介。除此之外，该页面还提供了一些浏览检索结果的辅助功能。

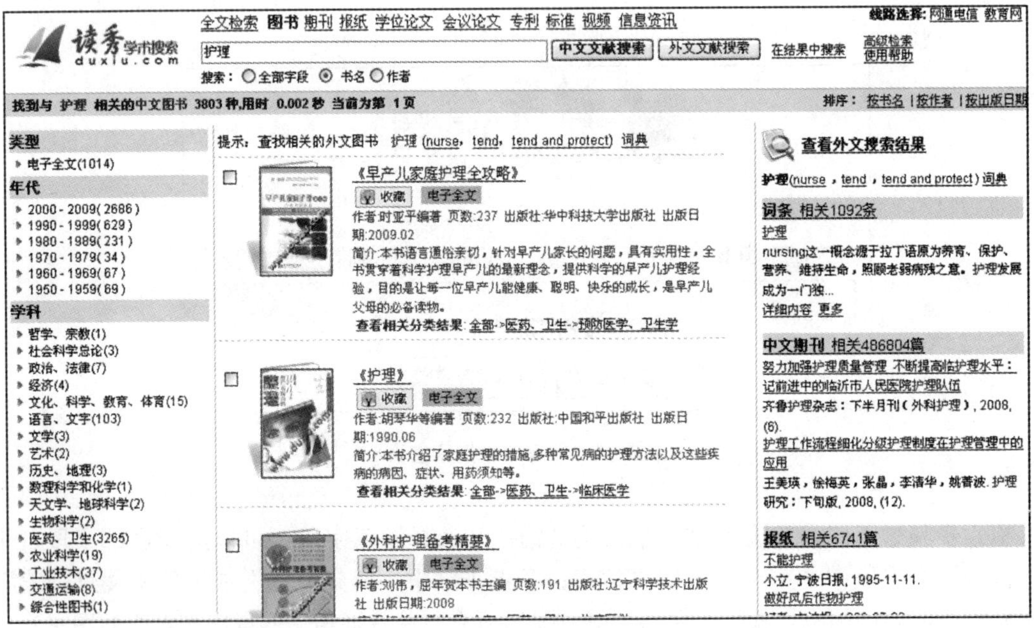

图3-3　检索结果页面

（1）检索结果排序：检索结果页面右侧上方提供了3种检索结果的排序方式，即按照书名、作者和出版日期来分别显示检索结果。

（2）查找相关的中外文图书：检索结果页面提供有相关的中文图书和外文图书的转换链接。如在检索框中输入“营养”、限定书名中，点击“中文文献搜索”后，在检索结果页面有一个“提示：查找相关的外文图书，营养（alimentation，nourishment，nutrition），查找近义词营养（养分，营养物质）”，该提示可以从与“营养”有关的几个外文检索词入手检索出相关的外文文献，也可以从“营养”的近义词入手检索出相关的中文文献。

（3）检索结果归类显示：检索结果页面左侧导航中提供了按照多种不同方式将检索结果归类进行显示。但高级检索结果页面无此功能。①电子全文显示：读秀中的图书大部分有电子全文，但也有小部分图书只收录题录信息，而没有全文内容。点击检索结果页面左侧导航中的“类型”下方的“电子全文”链接，可只显示检索结果中有电子全文的图书。同时，该链接后面括号内给出了相应的结果数量。②按年代显示：点击检索结果页面左侧导航中的“年代”下方的各个具体年代，可以只显示相应年代的检索结果。每一年代后面括号内也给出了相应的结果数量。③按学科显示：读秀将所有图书按照《中国图书馆分类法》的 22 个基本大类及其细化类目进行分类组织。检索结果页面左侧导航中的“学科”即是将检索结果按照该分类形式进行集中组织。有的类目下面还有下级类目，点击类目链接可展开下级类目。点击每个类目链接，可显示该类目的相应检索结果；点击“学科”后面的“全部”可返回到全部检索结果。每个类目后面括号内也给出了相应学科的结果数量。

（4）查看相关分类结果：在检索结果页面中间部分每本图书题录信息的下方有一项“查看相关分类结果”，后面的链接给出了该本图书所在的学科分类，点击该学科类目链接，即显示检索结果有关这一类目的结果。

（5）浏览其他频道的搜索结果：读秀是一个综合性知识服务平台，它除了提供图书之外，还涵盖期刊、报纸、学位论文、专利等信息频道。在检索结果页面右侧导航中即提供这些信息频道中的相关检索结果的链接。但高级检索结果页面无此功能。

3. 图书阅读　点击检索结果页面中图书的书名或书影，可进入到图书详细信息页面（图 3－4），关于本书的题名、作者、页数、封面、出版社、出版时间、ISBN 号、原书定价、主题词、内容简介等详细信息将一一罗列。点击链接文字，可直接在图书频道中搜索该文字，以便查找相关图书。

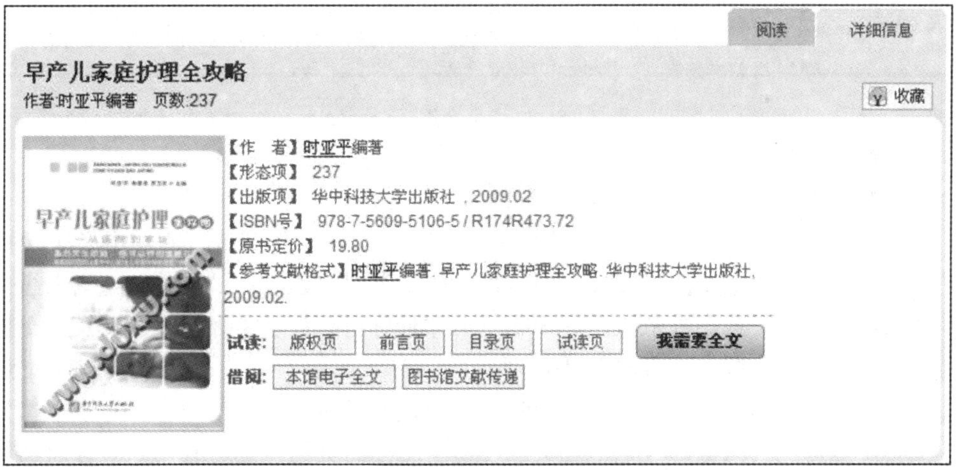

图 3－4　图书详细信息页面

详细信息页面提供的图书阅读包括图书试读和电子全文阅读。

（1）图书试读：试读原文是读秀提供的一项特色服务，是允许读者先阅读图书的部分内容，在对图书内容作一定了解之后再决定是否需要该图书的全文。试读功能提供了图书的版权页、前言页、目录页及正文 17 页的原文试读。

点击图 3-4 右上角的“阅读”按钮或“版权页”、“前言页”、“目录页”及“试读页”按钮，即进入试读页阅读。此页面可点击“上一页”或“下一页”进行翻页阅读。可以通过点击右上角的“全屏”更改阅读形式。试读页全屏阅读形式（图 3-5）允许读者通过上方的一排按钮进行各种操作，包括：①上一页：向前翻阅；②下一页：向后翻阅；③放大、缩小：调整文献的显示大小；④文字摘录：点击“文字摘录”按钮，然后用鼠标左键标示出选取的文字范围，点击“确认”，即可以将文字识别为文本进行复制粘贴；⑤截取图片：点击“截取图片”按钮，可对书中的图片、表格等进行截取，方法同“文字摘录”；⑥本页来源：查看该文献资料的出处、作者等信息；⑦保存：可将该页文献资料保存为 png 格式的图片；⑧收藏：可将该文献资料收藏进自己的个人在线图书馆，下拉框内可选择收藏页数；⑨打印：可将该文献资料在线打印，下拉框内可选择打印页数。

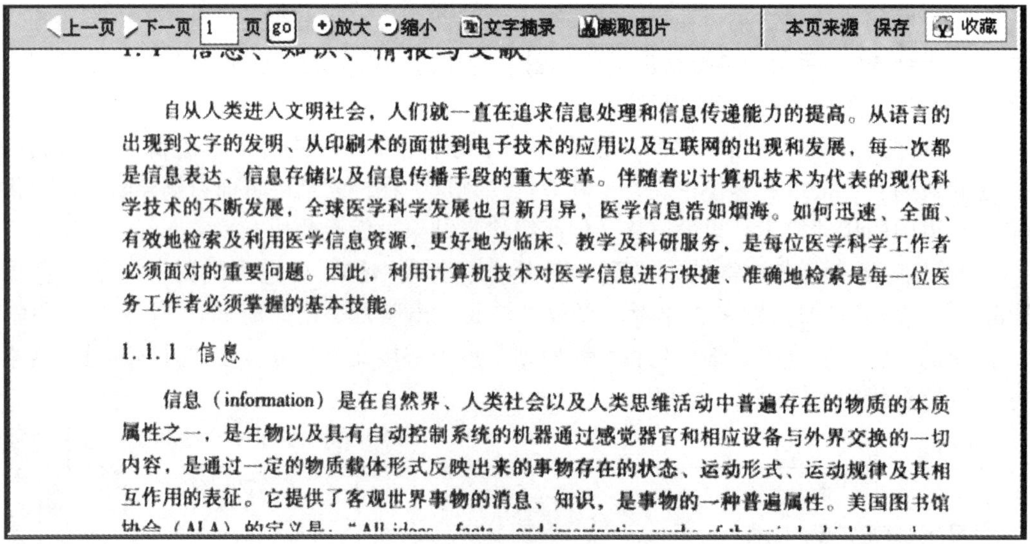

自从人类进入文明社会，人们就一直在追求信息处理和信息传递能力的提高。从语言的出现到文字的发明、从印刷术的面世到电子技术的应用以及互联网的出现和发展，每一次都是信息表达、信息存储以及信息传播手段的重大变革。伴随着以计算机技术为代表的现代科学技术的不断发展，全球医学科学发展也日新月异，医学信息浩如烟海。如何迅速、全面、有效地检索及利用医学信息资源，更好地为临床、教学及科研服务，是每位医学科学工作者必须面对的重要问题。因此，利用计算机技术对医学信息进行快捷、准确地检索是每一位医务工作者必须掌握的基本技能。

1.1.1 信息

信息（information）是在自然界、人类社会以及人类思维活动中普遍存在的物质的本质属性之一，是生物以及具有自动控制系统的机器通过感觉器官和相应设备与外界交换的一切内容，是通过一定的物质载体形式反映出来的事物存在的状态、运动形式、运动规律及其相互作用的表征。它提供了客观世界事物的消息、知识，是事物的一种普遍属性。美国图书馆

图 3-5 试读页全屏阅读页面

（2）电子全文阅读：读秀电子图书全文采用自有格式，必须安装超星图书阅览器 SSReader 才能打开图书全文。点击图 3-4 中的“我需要全文”按钮或“本馆电子全文”按钮进入超星数字图书馆该电子图书阅读页面。该页面提供“阅读”和“下载”该图书全文的链接以及“超星阅览器下载”的链接等。SSReader 阅览器目前已发展到 4.0 版本。安装好阅览器后，点击“阅读”按钮就可以打开 SSReader，进入该图书阅读状态。SSReader 是一个非常方便的电子图书阅览器，进入后系统默认以静止方式显示一页的内容。每本书也分为目录与正文，用户可逐页浏览，可上下翻页，可指定阅读的页码，也可利用章节导航功能，任意选取章节阅读特定的内容。对于某一特定页，SSReader 还具有自动滚屏浏览、放大镜浏览和旋转等功能（图 3-6）。此外，SSReader 还具有以下重要功能：

1）标注：在阅读图书时，可以对重点的字、句进行标注。选择“图书”菜单中“标注”下面的各种标注方式（如直线、圆圈等）以及所需的颜色，即可对重点字句进行标注，非常醒目。

2）书签：选择“书签”菜单中的“添加书签”，根据提示可完成添加书签的操作。书签

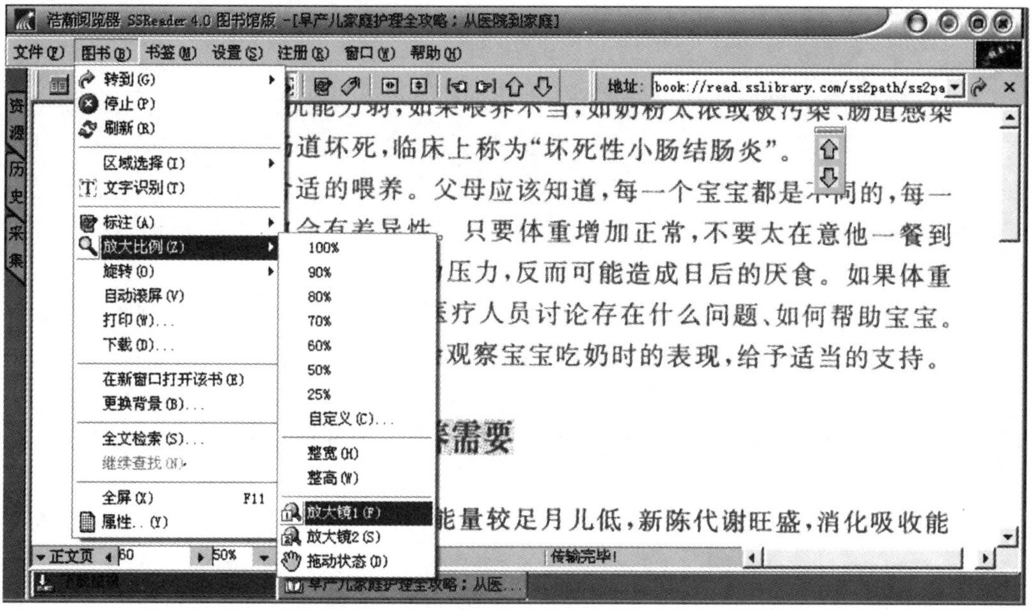

图 3-6　超星图书阅览器阅读页面

可记录书籍的书名、作者、当前阅读页数及添加时间等。可以选择“书签”菜单中的“书签管理”，在弹出的提示框中对已添加的书签进行修改。

3）文字识别和图像截取：SSReader 具有 OCR 识别功能，只要安装了完全版的阅读器就可以对书中的文字进行识别。此外，也提供图像、表格等的截取功能。文字识别和图像截取可通过点击“图书”菜单下的“文字识别”或“区域选择”工具来完成。

4. 图书获取　对于某个机构图书馆用户，如果机构订购了该电子图书，可以通过点击“本馆电子全文”阅读或下载该图书内容。如果机构未订购该图书，读者还可以通过点击图书详细信息页面右上方的“详细信息”查看该图书的其他获取方式。其他获取方式主要有文献传递、文献互助和书店购买（图 3-7）。

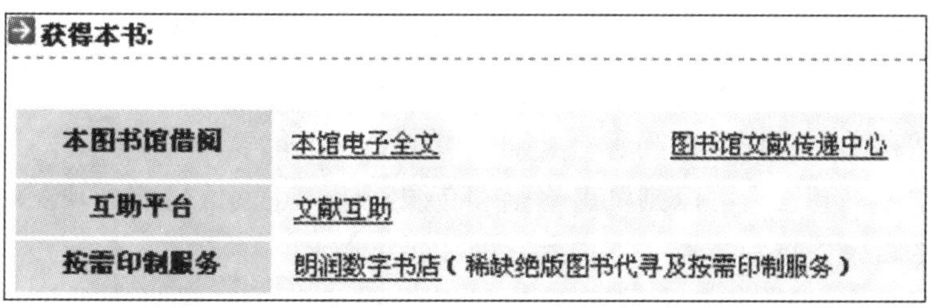

图 3-7　图书获取方式

（1）文献传递：点击“图书馆文献传递中心”，进入到“图书馆参考咨询服务页面”。在该页面，读者按照要求填写好文献传递咨询申请表单后，系统将根据该请求及时准确地把相应的文献资料或问题答案的链接地址发送到读者的 E-mail 信箱。读秀文献传递是通过机器自动进行的，目前提供了 170 多万种图书的自动文献传递；不过目前每本图书单次咨询不超过 50 页，同一图书每周的咨询量不超过全书的 20%，所有咨询内容有效期为 20 天。在图书馆参考咨询服务页面，还可以点击“我的咨询”，输入 E-mail 地址来查看以前的咨询记录。

（2）文献互助：互助平台是读秀为用户提供的一个文献资源共享的交流平台。使用该服务之前需要先进行免费注册，然后点击“文献互助”链接，输入 E-mail 地址，点击“提交”即可。用户可点击“文献互助”页面右上角的“我的主帖”和“我的回帖”来查看自己发布的记录或其他网友回复的信息，也可以为其他网友提供自己拥有的文献资源。在“已回复”的帖子列表里，大多是已有答案的文献，用户可以在此浏览资源。

（3）书店购买：对于读秀知识库里没有收录的一些稀缺或断版图书，读秀图书页面提供了其他数字书店图书购买获取的链接。目前提供购买服务的书店是朗润数字书店，该书店主要致力于对那些印数很少的短版、断版、稀缺书刊资源的收集、按需印制和发行，现在已经拥有经过授权的图书 30 多万种，其中民国时期以前出版的各种图书、期刊、资料 20 多万种等。

5. 我的图书馆　读秀对注册用户提供“我的图书馆”服务，允许读者建立自己的网上收藏空间，将自己在读秀等网站上搜索到的各种信息收藏进来，并能够在空间中发表文章、发布图片、上传文件、创建各种主题的知识库、和其他读者沟通交流、分享资源等。点击检索结果页面（图 3-3）图书题录信息中标题下面的“收藏”按钮或点击页面下方的“批量收藏”按钮，即可将各种资源收藏进“我的图书馆”。在“我的图书馆”内，可以点击右上侧的新建按钮来发表文章、发布图片和上传文件；可以新建分类标签，对收藏进行归类整理；可以选中某个分类，按住鼠标进行拖动，随意在各个分类间调序或更改级别；可以对所有收藏进行全文搜索；还可以“创建”自己的专题馆，也可以加入他人创建的专题馆等。

二、书生之家电子图书

（一）概述

书生数字图书馆由北京书生科技有限公司创办，其数字图书馆“书生之家”是一个基于互联网的全球性中文书报刊网上开架交易平台，2000 年 4 月正式上网服务。其下设图书、期刊、音频、视频、互联网信息等多个专题频道，集成了图书、期刊、报纸、论文、CD 等各种出版物的书目信息、内容提要、精彩篇章、全文等内容。其中图书专题频道现已制作了数十万种图书的数字资源，并以每年六七万种的数量递增，收录的基本是 1999 年以来中国内地出版的新书，其收录量占每年中国出版新书品种的一半以上。所收图书涉及社会科学、人文科学、自然科学和工程技术等所有类别，包括生物、化学、医学等。

书生之家网上书刊资料可以浏览、检索和在线阅读，在阅读之前必须安装其专用的图书浏览器——书生数字信息阅读器（主页上有阅读器下载）。

书生之家目前服务方式分为网络服务和镜像服务两种。网络服务网址为：http://www.21dmedia.com/。教育网镜像站点网址为：http://edu.21dmedia.com/。以下以教育网镜像站点介绍其使用方法。

（二）书生之家电子图书的使用

1. 图书分类浏览　书生之家图书频道提供按中图法和书生分类法两种分类方式显示图书。在首页左侧图书分类栏目中点击所要查询的图书学科类目，即可出现该类目的子类和该类图书，逐级点击下去，即可查到所需图书的书名、作者等信息。点击书名，可查看图书的内容摘要、相关评论及作者相关图书等详细信息，点击“全文”链接即可浏览图书全文或进行图书借阅（图 3－8）。分类浏览时还可以在相应分类中进行检索，可检索字段有书名、作者、丛书名称、主题和摘要。

图 3－8 书生之家图书频道首页

2. 图书检索 提供图书全文检索、组合检索和高级全文检索。

（1）图书全文检索：提供按图书内容和图书目录进行检索。

（2）组合检索：提供图书名称、作者、丛书名称、主题和摘要五个字段的任意组合检索。组合运算符有“与”和“或”。

（3）高级全文检索：提供从书生分类中，根据全文或者目录，进行单词、多词、位置、范围等方面进行检索（图 3－9）。

3. 图书阅读 下载并安装书生数字信息阅读器后，点击每本图书后的“全文”链接即可打开图书全文。每本书显示的内容包括书名页、版权页、目录、附录等（图 3－10）。书生数字信息阅读器忠实反映图书原貌，与传统图书的阅读十分相似。除此之外，阅读器还具有文字缩放、自动滚屏、上下翻页、跳至第几页、每页打印、拷贝文字、书签、笔记等功能。如点击页面左侧的树形目录，点击第几章，就可从第几章直接开始阅读，而不需要从头浏览；又如，点击工具菜单中基本工具下的“OCR 识别”，再用鼠标拖动选择相应区域，系统会自动弹出一个文本框，按提示进行操作，即可将该区域内容以文本形式进行复制和保存。书生阅读器的阅读与超星阅读器类似，此处不再详细介绍。

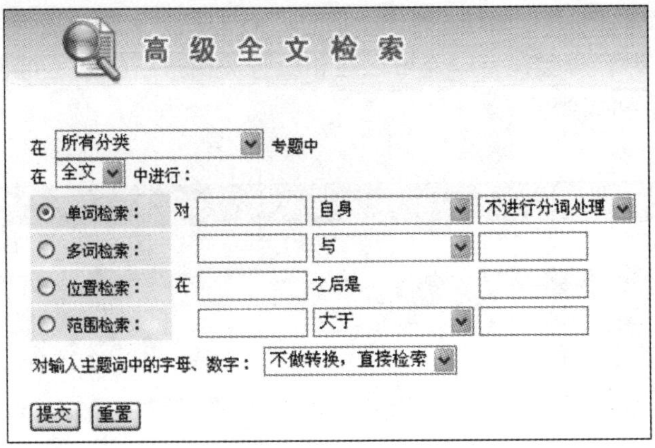

图3-9 高级全文检索界面

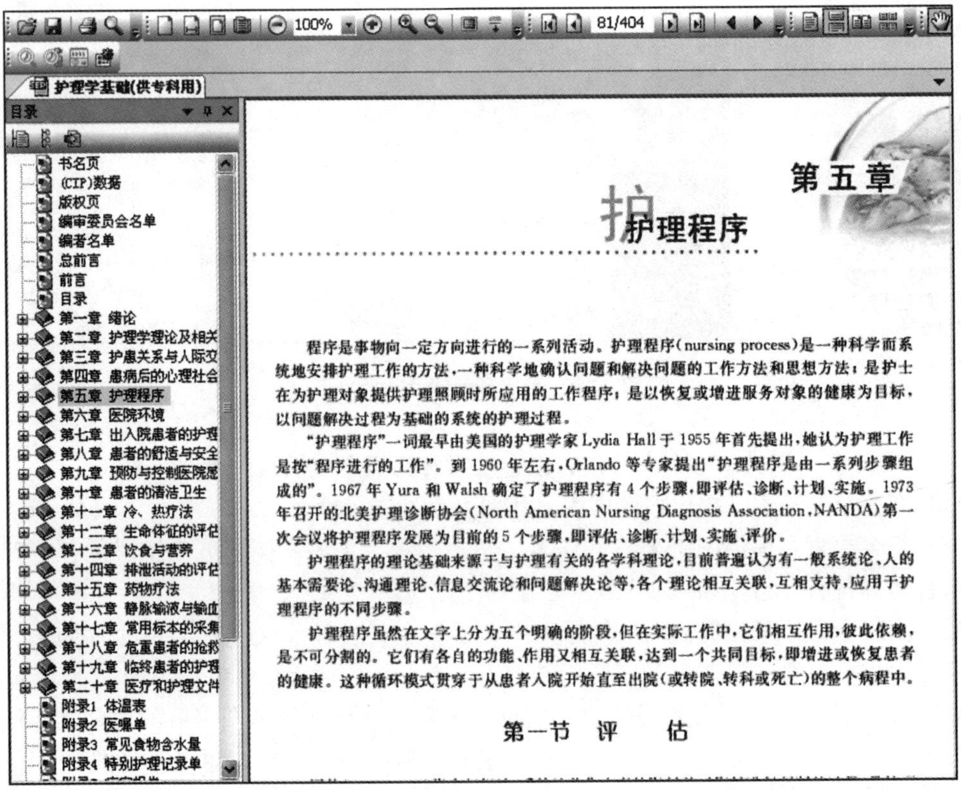

图3-10 书生阅读器图书阅读页面

三、其他中文电子图书

以下简要介绍其他几种常用中文电子图书系统。

（一）方正阿帕比电子图书

方正阿帕比（Apabi）数字图书馆由北大方正电子有限公司于2000年12月创办推出。

方正公司主要提供 Apabi 阅读软件（Apabi Reader），而由各出版社来提供其拥有的电子图书。目前方正 Apabi 数字图书馆提供国内出版的各学科精品图书已达九万多册，并且已与国内 70％的出版社进行合作，不断提供最新出版的高质量的电子图书，平均每月增书量约 3000 本左右。内容主要包括社会科学、计算机类和精品畅销书籍，学科涉及文学艺术、语言、历史、经济法律、政治、哲学、计算机、医学、生物学等多个类别，其中医药卫生方面的书籍达到 6000 多种。此外，教育部 CALIS 管理中心已与方正电子共同启动了“中国高等教育基本教材教参电子图书库”工程，以推进教育类电子图书的建设和使用。

方正 Apabi 电子图书制作精良，使用方便。主要功能有：通过书名、责任者、主题、摘要、出版社、年份、全文检索等多种途径来查找图书；通过常用分类和中国图书馆图书分类法来浏览相应类别图书；下载图书（下载到本地的电子书一般有效期限为 2 周，2 周后电子书自动失效，需要续借或到 Apabi 数字图书馆中重新下载）；建立个人图书馆；实现个人书库的分类管理；阅读页面具有版面的缩放以及翻转版面、页面笔记、全文查找、支持词典等功能，并可与 PDF 文件格式兼容等。

（二）中国数字图书馆电子图书

中国数字图书馆有限责任公司是中国数字图书馆工程建设的重要组成单位之一，自 2000 年 9 月，它推出“网上图书馆”服务。现推出的网上读书系统（Ver3.0），由图书检索引擎、中国数图浏览器、后台服务管理、后台用户管理构成，适用于公共图书馆、高校图书馆、智能化社区等局域网用户。目前可提供约 20 万种电子图书的网上查询和阅读，所有图书均按中图法严格分为 22 大类，内容覆盖经济、文学、历史、医药卫生、工业、农业、军事、法律等各个门类。系统提供有中图法分类浏览图书和图书检索功能。检索途径有书名、作者、出版社、ISBN、关键词和中图分类号。用于阅读图书的专用中国数图浏览器，在其网站上有下载。

（三）CADAL 电子图书

高等学校中英文图书数字化国际合作计划（China-America Digital Academic Library，简称 CADAL）是一个由国家投资，作为公共服务体系一部分的数字图书馆项目，同时得到“中美百万册书数字图书馆合作计划”美国合作方给予的软硬件系统支持。截至 2006 年 9 月，CADAL 数据库里有中文古籍图书 146669 册、学位论文 103012 册、民国图书 181977 册、期刊 3802 册和英文图书 130523 册，另外还有一些书法绘画、敦煌画卷等。CADAL 电子图书的阅读需要下载并安装 Djvu 插件。

（四）CALIS 高校教学参考书全文数据库

CALIS 中国高校教学参考信息中心由复旦大学《高校教学参考信息管理与服务系统》子项目组承建，51 家高校图书馆参建。系统包括教学参考信息库和教学参考书全文电子书库两部分，目前教学参考信息库共收集教参课程信息 5 万条，已在网站上提供服务的 32000 条；教学参考书全文电子书库包含全文电子教学参考书 2 万种；出版社推荐的电子教参书 4 万种。该系统电子图书的阅读目前使用方正 Apabi Reader 阅读器。

第三节　外文电子图书

自 2003 年以来，全球电子图书市场保持着高速增长的发展趋势，国内图书馆和信息机构采购的外文电子图书种类也越来越多。其中 NetLibrary、Books@Ovid 就是国内使用频率较高的外文电子图书，此外还有 Ebrary 电子图书、Safari 电子图书、SpringerLink 电子图书等。

一、NetLibrary 电子图书

（一）概况

NetLibrary 是位于美国科罗拉多州傅尔德的一家公司，创办于 1998 年 3 月，2002 年被美国 OCLC 公司收购，成为 OCLC 的一个部门。随着发展，NetLibrary 已成为当前世界上 eBook 的主要提供商，成为世界上最大的电子全文图书收藏者；目前提供来自全球 400 多家出版商的 83000 多种高质量的电子图书，并且每月增加约 2000 种。这些电子图书内容新颖，近 90%是 1990 年后出版的，约 80%的书籍是面向大学程度的读者；其学科范围广泛，覆盖有科学技术、医学、生命科学、计算机科学、经济、工商、文学、历史、艺术、社会与行为科学、哲学、教育学等。目前国内订购的 NetLibrary 电子图书选购数量达到 9000 多种（包括 3400 多种免费访问的无版权图书），另含有少量电子期刊，所有图书期刊都只购买了一个“复本”，即同一本书或刊同时只允许一个用户在线阅读。NetLibrary 电子图书采用通用的 HTML 和 PDF 格式，所以在线阅读全文无需下载特殊阅读软件。数据库网址为：http：//www.netlibrary.com/。

（二）电子图书的使用

NetLibrary 电子图书系统主要提供检索和浏览两种方式查找和阅读图书。其中检索方式又分为基本检索和高级检索两种。系统界面支持多种语言（包括简体中文），用户可以选择使用。

1. 基本检索（Basic Search） 进入系统主页后，即可见基本检索界面（图 3－11）。在输入框中键入检索词，并选择检索字段，然后点击“检索”按钮即可完成一个基本检索。可供选择的检索字段有关键词（Keyword）、书名（Title）、作者（Author）、主题（Subject）和全文（Full Text）。还可选择文献语种，主要有英语、西班牙语、法语和德语。检索词中的冠词和禁用词（如 and、of、for 等）在检索中自动去掉。若同时键入多个检索词，系统默认检索词之间是逻辑“与”关系。也可输入逻辑检索表达式进行检索，并支持截词运算。

系统规定的运算符主要有：布尔逻辑算符 AND、OR、NOT；截词符“*”，用于词尾代表 0 或多个字符；引号（“”）可用来检索固定的词组或短语。

图 3－11 基本检索界面

2. 高级检索（Advanced Search） 高级检索提供四个检索输入框，可实现书名、作者、全文、关键词、主题、出版商和 ISBN 七个字段的任意逻辑组配，并提供语种、出版年、文献格式和检索结果排序方式的限定选项（图 3－12）。

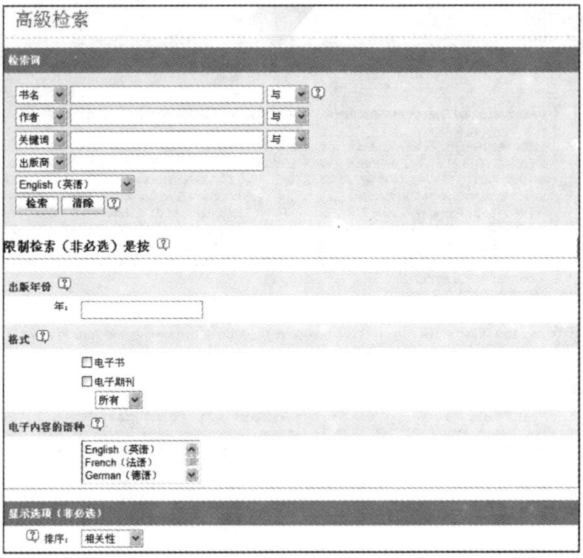

图 3－12　高级检索页面

检索字段说明如下：①书名（Title）：书名包括正题名、副题名、并列题名、交替题名等各种形式，检索词在所有书名中查找。可输入完整书名或书名中有实际意义的多个词；②作者（Author）：可按任何顺序输入姓和名，姓和名之间可加标点符号；③全文（Full Text）：是指在电子书的全文数据（包括正文）中逐字查寻所键入的检索词。可使用引号来查寻全文中的词组；④关键词（Keyword）：是指在书名、作者、美国国会图书馆主题词、出版商和 ISBN 字段中查寻检索词；⑤主题（Subject）：是指在美国国会图书馆主题词字段中查寻检索词；⑥出版商（Publisher）：用于查询特定出版商出版的图书；⑦ISBN：用印刷版或电子版图书的国际标准书号查寻。

3. 浏览图书　系统主页右侧提供了图书的浏览链接，包括“列出所有资源”、“电子书”、“免费阅读电子书”和“电子期刊”。

4. 检索结果显示和电子图书阅读　执行检索后，即进入检索结果页面（图 3－13）。页面显示内容包括检索策略、命中结果的书目信息，并提供检索结果排序方式选项，以便按不同顺序显示命中图书。

命中结果包括电子书和电子期刊。其中图书书目信息包括书名、作者、出版社和简介等信息，同时左侧还显示图书封面小彩图。

点击“显示详细书目”链接可显示该书更为详细的书目信息。

点击“阅读本电子书”链接，则可阅读电子图书全文。电子图书全文一般为 PDF 格式，所以需要安装相应的阅读器软件，如 Adobe Reader 或 DjVu。在阅读过程中，如果读者在一段时间内（约 15 分钟）没有操作计算机，系统会认为该书无人阅读，会让下一位读者阅读此书。读者不仅可以按页码顺序阅读，也可输入关键词查找书中某处进行阅读。

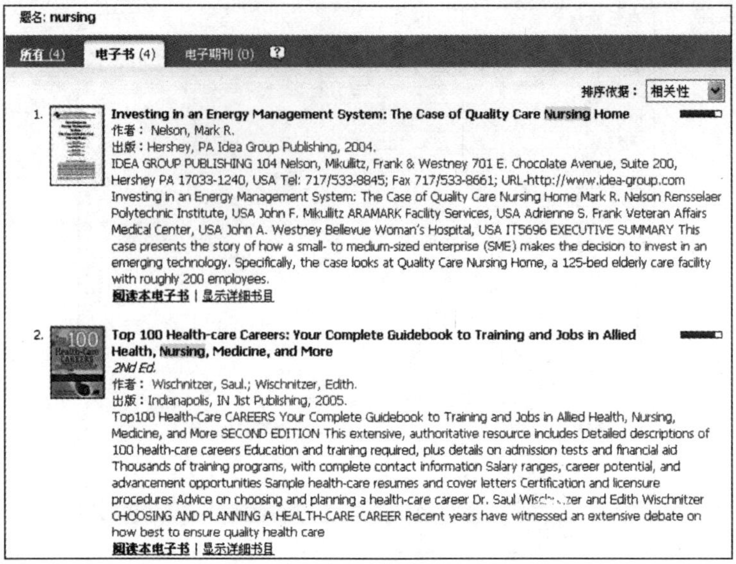

图 3-13 检索结果页面

二、OVID 电子图书（Books@Ovid）

（一）概况

美国 OVID 公司是世界著名的数据库服务提供商，其网络服务平台提供生命科学、人文、社会、科技等方面的近百种数据库，其中尤以医学见长。文献类型既有期刊文摘、全文，也有大量的电子图书。Books@Ovid 是其电子图书数据库的名称。该库以医学电子书为主，目前提供 192 种，涉及医学、护理、药学等权威重要的教科书、参考工具书等，尤以临床医学及护理学方面的书籍突出。该库电子图书的主要特点有：

（1）内容丰富、质量高：电子图书源自 Lippincott Williams & Wilkins（LWW）、McGraw Hill Professional、Oxford University Press 三大国际著名出版社的权威书籍。

（2）内容更新快：由于医学研究发展迅速，成果层出不穷，这些成果必须快速反映在各种教材和专著中，该库每本电子书内容经常更新，总是可以得到最新版本。

（3）用户只有使用权而没有拥有权：用户只能订阅电子图书在一定期限内的使用权，期限一过又不续订，则无法再阅读该书，不能像纸本图书那样永久占有它。

（二）电子图书的使用

Books@Ovid 数据库主要提供浏览和检索两种方式查询和阅读电子图书。

1. 书目浏览　进入数据库主页后，即可见电子图书浏览界面（图 3-14）。浏览界面默认按书名字顺显示所有电子书的题录信息，每本书可直接点击浏览全文。页面左侧还提供有按书名首字母字顺浏览图书以及按主题浏览图书。目前该库提供七大主题：临床医学、行为和社会科学、卫生保健、生命科学、护理学、患者教育和药理学，每个主题下又细分出若干二级和三级主题。点击主题类目前的［+］或［—］可以展开或关闭下级主题，点击任一主题则显示有关图书书目信息。

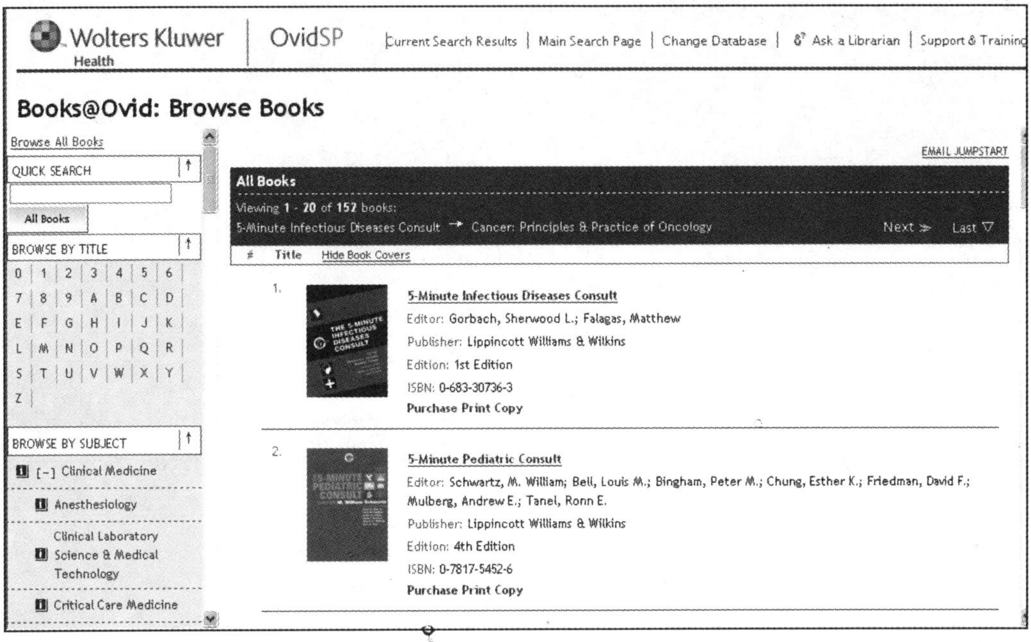

图 3－14 Books@Ovid 主页（浏览界面）

2. 检索方式 点击主页导航条中的“Main Search Page”图标，即可进入检索页面（图 3－15）。系统提供基本检索、高级检索和字段检索等检索方式。高级检索可提供关键词、著者、标题、书名和自然语言五种检索入口进行检索，字段检索除此之外，还提供语种、出版年、ISBN、章节名、全文等多种字段的单字段或多字段组合检索。主要检索字段说明如下：①关键词（Keyword）：在图书各章节的正文中查找检索词；②著者（Author）：在图书各章节作者以及图书编者等所有责任者中查找检索词；③标题（Title）：在图书各章节标题中查找检索词；④书名（Book Name）：在书名中查找检索词。可输入布尔逻辑检索表达式；⑤自然语言（Natural Language）：输入平常使用的自然语言进行查找，如输入一个问题“effects of green tea polyphenols on cancer（绿茶多酚抗癌效果）”，系统会自动提取有效词汇，在图书各段落及正文中查找。

以上几种检索途径中，检索词均可采用截词符及字段限定符。此外系统还提供有检索限定选项（Limits）、检索式组合检索（Combine Search）、检索策略保存和调用（Save Search/Alert）等功能。

3. 检索结果显示 执行检索后，点击检索界面上方的检索历史（Search History）可显示检索式和检索结果数量。点击检索式后的“DISPLAY”进入检索结果显示页面（图 3－16）。每一条记录显示的字段信息有来源（Source，实际是书名）、编者（Editors）、出版商（Publisher）、章标题（Chapter）和节标题以及检索词出现的段落（Passage），若检索途径为著者或书名，则只显示前三项。自然语言检索结果的每条记录上方还有该记录与检索条件的相关度分值“Score”，最高为五星。点击记录右侧的“Complete Reference”链接可查看该书全字段信息，点击“Ovid Full Text”链接可进入图书全文阅读状态。此外该页还设有检索结果管理和用户自定义显示等功能。

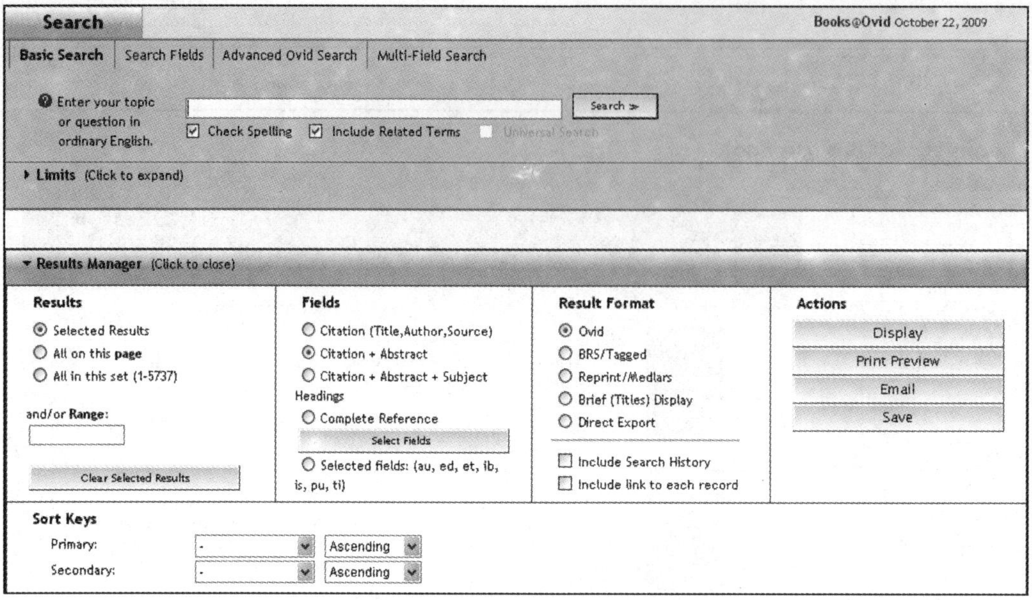

图 3-15 Books@Ovid 检索页面

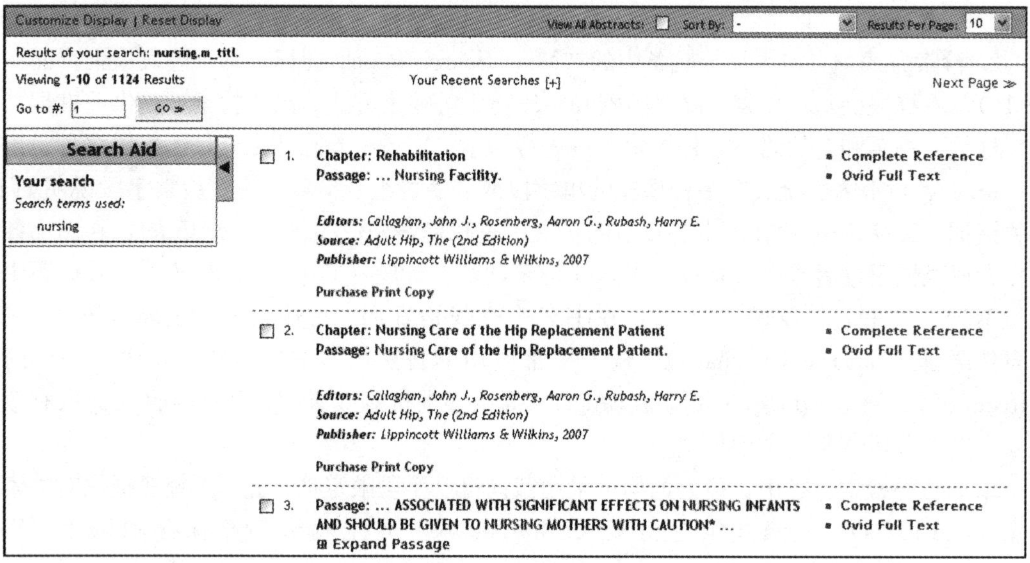

图 3-16 检索结果显示页面

4. 图书阅读　通过浏览和检索后进入到图书阅读页面（图 3-17）。页面左侧为图书内容导航窗口，分三栏：书前部（Front of book）、目次（Table of contents）和书后部（Back of book）。书前部包含编著者列表、前言和致谢等内容；目次以逐级展开式显示各级章节大小标题；书后部包含附录、术语表及各类索引等内容。通过导航窗口，可逐层点击打开相应部分内容进行阅读。各级章节标题后带有✱标记的为该部分内容最近有更新，正文中更新的具体内容以浅绿色背景显示，且内容左侧有一粗体竖线。

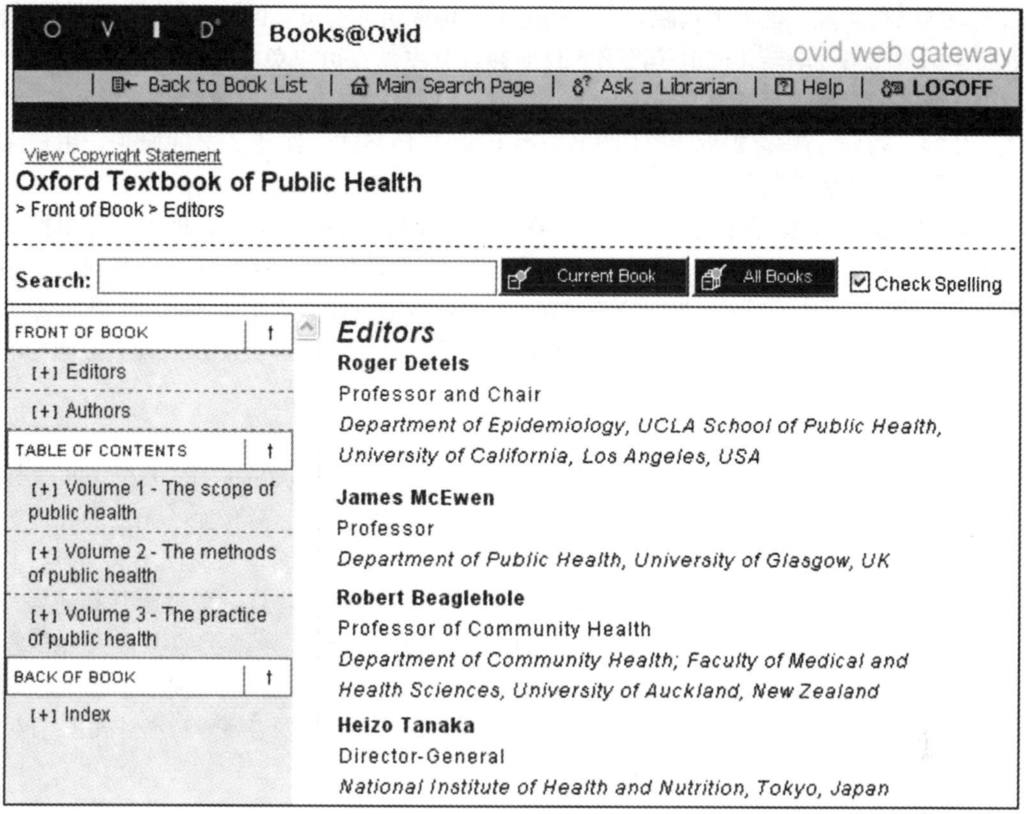

图 3-17　图书阅读页面

对于图书中的图片、表格以及参考文献，系统做了丰富链接，方便用户阅读。对于感兴趣的内容可以进行保存、打印或发送 E-mail。

在图书阅读页面的上部提供有检索框，可用于对当前阅读图书的正文进行查找，也可在所有图书中查找，其检索途径为自然语言搜索。

Books@Ovid 主页上提供有联机帮助功能，用户在使用中有疑问可通过页面上的 Help 链接进入寻求帮助。

三、其他外文电子图书

除上述电子图书系统之外，国外还有很多电子图书相关网站，这里不再一一叙述。下面仅就国外与医学有关的几个其他电子图书站点作一简单介绍。

（一）FreeBooks4Doctors

FreeBooks4Doctors 是一个免费医学图书在线网站，由 Amedeo 集团资助建设，目前在线提供 365 种重要的免费医学全文电子书。该网站将电子书按照学科主题字顺排列显示，同时还可按出版年和星级评价来查看图书，并将图书按照语种和书名字顺进行归类（包括英语、法语、德语、西班牙语等）。有的图书同时提供有 html 和 pdf 格式的显示阅读。

FreeBooks4Doctors 的国际网链接地址为：http：//www. freebooks4doctors. com/。

（二）The National Academies Press（NAP）

The National Academies Press（NAP）是美国国家科学院下属的学术出版机构，主要出版美国国家科学院、国家工程院，医学研究所和国家研究委员会的报告。从1992年开始，计划将印刷本图书逐渐转化成电子图书。目前通过其主站点可以免费在线浏览3000多种电子图书，图书内容覆盖环境科学、生物学、医学、计算机科学、地球科学，数学和统计学，物理、化学、教育等诸多领域。电子图书采用PDF文档格式，保持了书的原貌，用户无需下载电子图书专用阅读软件。

NAP的国际网链接地址为：http：//www. nap. edu/browse. html。进入后可以按学科分类浏览，也可以输入检索词，在书名或全文中检索。NAP提供网上图书免费阅读，用户只需免费注册，无需帐号和口令。在每一本书中可以像阅读印刷本图书一样按目次和章节阅读，也可输入检索词进行全文检索，然后直接点击进入有关章节或页面。对检索或阅读的图书可进行打印和下载。

（三）Ebrary电子图书

Ebrary公司于1999年2月正式成立，由McGraw-Hill Companies，Pearson plc和Random House Ventures三家出版公司共同投资组建。Ebrary提供一整套独一无二的在线数据库集合，整合了来自270多家学术、商业和专业出版商的近6万多册权威图书和文献，其中学术类收藏（Academic Collection）中包含了3万5千多册图书，且一般每个月都新增几百种图书，约70%是2000年之后出版的。数据库覆盖学科广阔，学术类收藏涉及经济管理类、计算机与信息技术类、教育类、生命科学类、医学类、护理和联合健康类、心理学和社会工作类、社会学和人类学、人文类等多个学科，其中医学及生命科学相关图书超过7000册。

（四）SpringerLink电子图书

SpringerLink是居全球领先地位的、高质量的科学技术和医学类全文数据库，目前SpringerLink数据库包含电子图书近3万多种，从书近千种。

测试题

一、名词解释

1. 电子图书
2. 网络电子图书

二、单选题

1. 电子图书“electronic book”这一术语最早出现于
   A. 20世纪40年代
   B. 20世纪60年代
   C. 20世纪70年代
   D. 20世纪80年代
   E. 20世纪90年代
2. 以下哪项不是读秀学术搜索提供的服务
   A. 图书试读
   B. 文献传递
   C. 文献互助
   D. 参考咨询
   E. 图书预约
3. 我国电子图书产品最早出现于
   A. 20世纪60年代
   B. 20世纪70年代
   C. 20世纪80年代
   D. 20世纪90年代
   E. 2004年

4. 以下哪项不是读秀学术搜索提供的检索字段
   A. 主题词
   B. 出版社
   C. 书名
   D. 图书目次
   E. ISBN 号

5. 以下哪项不是 NetLibray 提供的检索运算符
   A. AND
   B. NOT
   C. ?
   D. *
   E. “”

三、问答题

1. 简述电子图书的类型。
2. 简述电子图书的特点。

参考答案

一、名词解释 （答案略）

二、单选题

1. C 2. E 3. C 4. D 5. C

三、问答题

1. 答题要点：

（1）按照承载文字的载体不同划分为：①光盘电子图书；②网络电子图书；③便携式电子图书。

（2）按照获取方式还可以分为免费电子图书和付费电子图书。

（3）按照收录电子图书的学科范围分为综合性电子图书和专业性图书。

（4）按照电子图书产生方式分为：扫描书、OCR 识别书、录入排版书、格式转换书等。

2. 答题要点：

（1）优势：①信息存贮量大、密度高；②信息形式多样；③传播速度快、范围广；④易于购买、检索和利用；⑤易保存、易携带；⑥绿色环保。

（2）不足：①阅读视觉效果尚待改进；②数字化标准不统一；③知识产权解决方案尚不成熟；④信息安全问题得不到保障。

（高 琴）

第四章　文摘数据库检索

学习目标

1. 掌握 SinoMed、PubMed、EMBASE. com 和 CINAHL 的检索方法和技巧。
2. 熟悉 SinoMed、PubMed、EMBASE. com 和 CINAHL 的主题词、副主题词及检索结果的处理。
3. 了解 SinoMed、PubMed、EMBASE. com 和 CINAHL 的学科范围及数据来源。

第一节　中国生物医学文献服务系统（SinoMed）

一、系统概况

中国生物医学文献服务系统（SinoMed）是由中国医学科学院医学信息研究所开发研制的生物医学文摘网络数据库系统。该系统涵盖资源丰富，中西兼有。在全面涵盖中国生物医学文献数据库（CBM）的基础上，新增西文生物医学文献数据库（WBM）、日文生物医学文献数据库、俄文生物医学文献数据库、英文文集汇编文摘数据库、英文会议文摘数据库、北京协和医学院博硕学位论文数据库和中国医学科普文献数据库 7 种资源，学科范围广泛，年代跨度大。具体数据库介绍如下。

1. 中国生物医学文献数据库（CBM）　收录 1978 年以来 1600 余种中国生物医学期刊，以及汇编、会议论文的文献题录 530 余万篇，全部题录均进行主题标引和分类标引等规范化加工处理。年增文献 40 余万篇，每月更新。

2. 中国医学科普文献数据库　收录 2000 年以来国内出版的医学科普期刊近百种，文献总量 8 万余篇，重点突显养生保健、心理健康、生殖健康、运动健身、医学美容、婚姻家庭、食品营养等与医学健康有关的内容。每月更新。

3. 北京协和医学院博硕学位论文库　收录 1981 年以来协和医学院培养的博士、硕士研究生学位论文，学科范围涉及医学、药学各专业领域及其他相关专业，内容前沿、丰富，可在线浏览全文。每季更新。

4. 西文生物医学文献数据库（WBM）　收录目前世界各国出版的重要生物医学期刊文献题录 1800 余万篇，其中医科院图书馆馆藏期刊 4800 余种，免费期刊 2400 余种；年代跨度大，部分期刊可回溯至创刊年。年增文献 60 余万篇，每月更新。

5. 日文生物医学文献数据库　收录 1995 年以来日本出版的日文重要生物医学学术期刊 90 余种，部分期刊有少量回溯。每月更新。

6. 俄文生物医学文献数据库　收录 1995 年以来俄国出版的俄文重要生物医学学术期刊

30 余种，部分期刊有少量回溯。每月更新。

7. 英文会议文摘数据库　收录 2000 年以来世界各主要学协会、出版机构出版的 60 余种生物医学学术会议文献，部分文献有少量回溯。每月更新。

8. 英文文集汇编文摘数据库　收录医科院图书馆馆藏生物医学文集、汇编，以及能够从中析出单篇文献的各种参考工具书等 240 余种（册）。报道内容以最新出版的文献为主，部分文献可回溯至 2000 年。每月更新。

SinoMed 系统的网址为：http：//sinomed. imicams. ac. cn/index. jsp，其主页如图 4 - 1 所示。

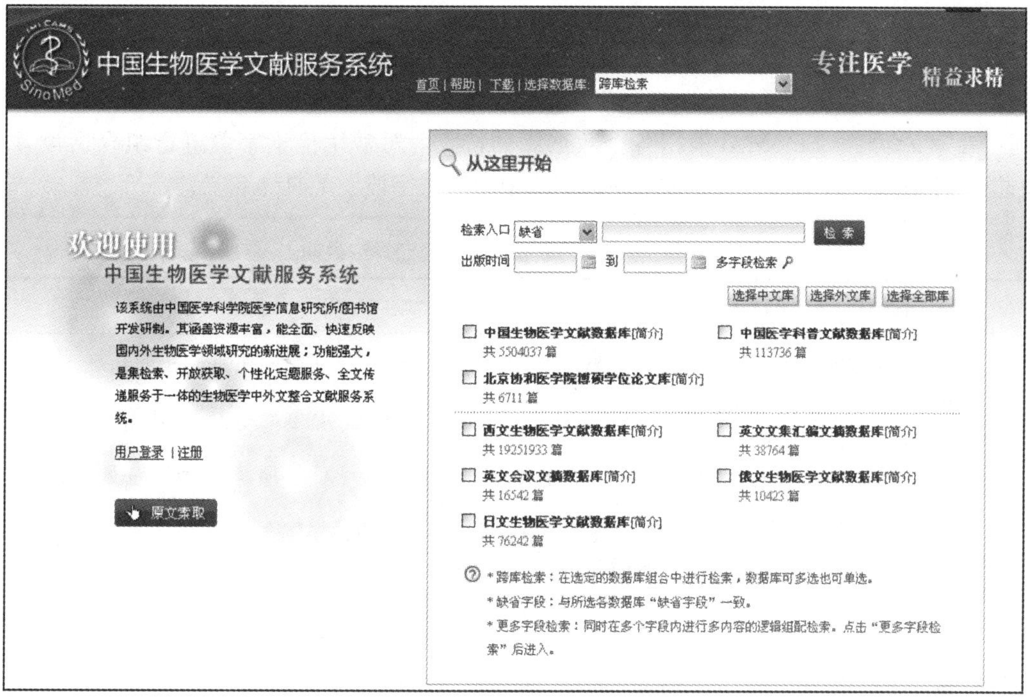

图 4 - 1　SinoMed 主页

二、系统功能特点

1. 数据深度加工，准确规范　SinoMed 一贯注重数据的深度加工和规范化处理。根据美国国立医学图书馆《医学主题词表（MeSH）》（中译本）、中国中医科学院中医药信息研究所《中国中医药学主题词表》，以及《中国图书馆分类法 · 医学专业分类表》对收录文献进行主题标引和分类标引，使文献内容揭示更加全面、准确。

2. 检索功能强大，方便易用　智能检索、多内容限定检索、主题词表辅助检索、主题与副主题扩展检索、分类表辅助检索、定题检索、作者机构限定、多知识点链接检索、检出结果统计分析等功能，使检索过程更快、更高效，使检索结果更细化、更精确。

3. 原文服务方式多样，快捷高效　学位论文在线阅读、免费原文直接获取、非免费原文多渠道链接及在线索取等服务，为用户提供经济、便捷的全文获取途径。

三、检索技巧和方法

（一）基本检索

1. 跨库检索　在跨库检索时，根据需要可以选择一个数据库，也可以选择多个数据库；可以选择单一字段进行检索，也可以同时选择多个字段进行检索（即“多字段检索”）；最后查看检索结果时，可以选择浏览几个库的合并检索结果，也可以只选择某个感兴趣的数据库进行浏览。

跨库检索一般需要进行以下操作：①选择数据库；②选择“单字段检索”或“多字段检索”；③输入检索词或构建逻辑组配检索式；④限定时间范围，默认是全部年代；⑤点击“检索”按钮，检索完成；⑥选择检索结果集进行浏览。

2. 检索字段说明　“全部字段”表示输入的检索词同时在所有可检索的字符型字段中查找。“指定字段”表示输入的检索词仅在某一指定字段内检索，如中文标题、作者、地址、期刊、参考文献等。SinoMed根据各个数据库的特点，对常用检索字段进行组合后设置了“缺省字段”检索入口。表4-1是不同数据库中“缺省字段”的具体含义。

表4-1　各库中“缺省字段”内涵详细说明

数据库	“缺省字段”内涵
中国生物医学文献数据库（CBM）	中文标题、摘要、作者、关键词、主题词和刊名的组合
中国医学科普文献数据库	中文标题、摘要、作者、关键词、主题词和刊名的组合
北京协和医学院硕博学位论文库	中文标题、中文摘要、研究生姓名、导师、关键词、主题词的组合
西文生物医学文献数据库（WBM）	英文标题、英文摘要、作者［缩写/全称］、主题词［中/英］和刊名的组合
英文会议文摘数据库	标题、摘要、作者、母体名称的组合
俄文生物医学文献数据库	标题、摘要、关键词、作者、刊名的组合
日文生物医学文献数据库	标题、摘要、关键词、作者、刊名的组合
英文文集汇编文摘数据库	标题、摘要、关键词、作者、刊名的组合
跨库检索	与所选各数据库“缺省字段”一致

3. 逻辑组配检索指利用布尔逻辑算符进行检索词或代码的逻辑组配检索。常用的逻辑运算符有三种，分别为“AND”（逻辑与）、“OR”（逻辑或）和“NOT”（逻辑非），三者间的优先级顺序为：NOT＞AND＞OR。AND表示检出记录中同时含有检索词A和检索词B；OR表示检出记录中含有检索词A或检索词B；NOT表示在含检索词A的记录中，去掉含检索词B的记录。

4. 通配符检索　即“截词检索”，指在检索词中使用通配符的一种检索方式，可用于提高检索效率。SinoMed系统支持两种通配符检索，分别为单字通配符（?）和任意通配符（%）。单字通配符（?）替代一个字符，如输入“血?动力”，可检索出含有以下字符串的文献：血液动力、血流动力等；任意通配符（%）替代任意个字符，如输入“肝炎%疫苗”，可检索出含有以下字符串的文献：肝炎疫苗、肝炎病毒基因疫苗、肝炎减毒活疫苗、肝炎灭活疫苗等。

5. 短语检索　检索词中常会含有“-”、“（”、“,”等特殊符号。此时，可以使用半角双引号来标识检索词，表明这些特殊符号也是检索词的一部分。如要查找“中文标题”中含有“1,25-（OH）$_2$D$_3$”的文献。在进入基本检索界面后，选择“中文标题”检索入口，然后输入“1,25-（OH）$_2$D$_3$”，并点击“检索”按钮，这时系统便返回所有中文标题中含有“1,25-（OH）$_2$D$_3$”的文献。

6. 模糊检索　亦称包含检索，即在返回的检索结果中会发现输入的检索词包含在命中文献的检索字符串中。例：检索作者“张明”的文献，在不勾选“精确检索”的情况下可检出作者为“张明”、“刘张明”、“张明丽”等的文献。

7. 二次检索　二次检索是指在已有检索结果的基础上再检索，逐步缩小检索范围。检索输入框键入新的检索词，点击“二次检索”按钮，表示在上一个检索结果范围内进一步查询，与上一个检索词之间的关系为“AND”。

8. 限定检索　限定检索实际是把年代、文献类型、研究对象、性别等在基本检索窗口可实现的常用限定条件整合到一个表单中供选择，目标是减少二次检索操作，提高检索效率。

9. 智能检索　为进一步提高检索效率，提升 SinoMed 系统的易用性，中国生物医学文献数据库（CBM）和西文生物医学文献数据库（WBM）在“缺省字段”支持智能检索功能，即能够自动实现检索词、检索词对应主题词及该主题词所含下位词的同步检索。如在中国生物医学文献库（CBM）的缺省字段输入“艾滋病”，勾选“智能主题”后点击检索按钮，系统自动检出中文标题、摘要、关键词、主题词等字段中含“艾滋病”、“AIDS”和“获得性免疫缺陷综合征”的所有文献。注意智能检索不支持逻辑组配检索。若想通过智能检索查找同时关于“AIDS”和“乙肝”方面的文献，需要分步进行，然后对两者的结果进行逻辑与运算。

（二）主题检索

主题检索是指采取规范化的主题词基于主题概念进行检索，与关键词检索相比，主题检索能有效提高查全率和查准率。

在 SinoMed 中，CBM、WBM 和北京协和医学院博硕学位论文库均支持主题检索。下面以 CBM 为例说明主题途径查找文献信息的操作步骤：①在中/英文主题词检索入口键入完整检索词或片段，查找浏览相关主题词注释信息和树形结构，选择确定所需要的恰当主题词；②在选定主题词的注释信息显示界面，选择是否加权、是否扩展，添加相应副主题词后，点击主题检索即可。

1. 主题词标引与主题词检索　主题词是自然语言的规范化用语，如主题词“获得性免疫缺陷综合征”涵盖了“艾滋病”、“AIDS”、“爱滋病”等词语。在检索课题时，应尽可能采用规范化的主题词进行检索，以提高查全率和查准率。为准确揭示某一篇文章的内容特征，标引人员根据文章的需要，给出多个主题词，以确切描述一篇文章内容的重点，最能反映文章主要内容的主题词用星号加以标识。SinoMed 依据《中文医学主题词表》进行主题检索。《中文医学主题词表》包括两部分：美国国立医学图书馆《医学主题词表（MeSH）》中译本（由中国医学科学院医学信息研究所翻译出版）和《中医药学主题词表》（中国中医科学院中医药信息研究所出版）。

2. 主题词表检索窗口　主题词表检索窗口包括主题词轮排表和主题词注释表。在主题词轮排表检索窗口选择“中文主题词”或“英文主题词”检索方式，在输入框键入检索词，点“查找”按钮，系统显示含有该主题词的主题词轮排表。轮排表显示主题词和同义词（款目词），词条中带有“见”字时，表示前面的词为主题词的同义词，后面的词为正式主题词；词条中无“见”时，前后均为主题词，见图 4-2。

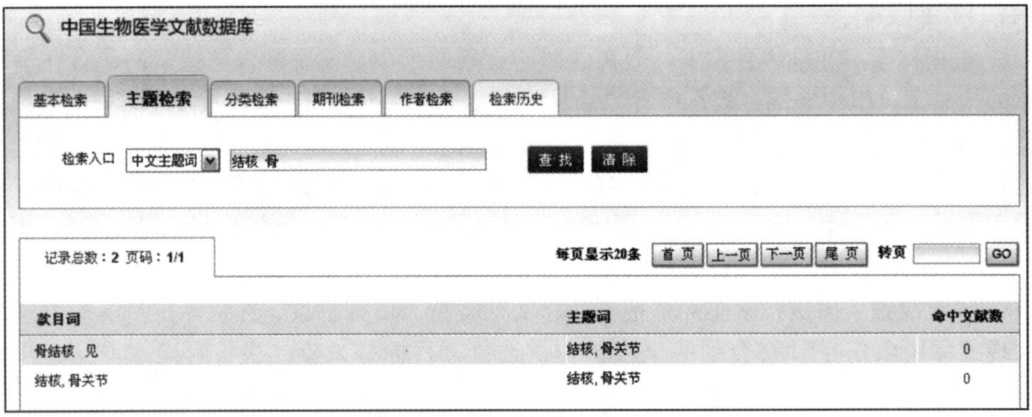

图 4-2　主题词表检索窗口

3. 主题词表注释窗口　选择恰当的主题词后，点击进入该主题词的注释信息显示界面，全面了解该主题词的各种注释信息和树形结构，以确认是否和检索主题一致。同时在该页面选择该主题词可组配的副主题词，见图 4-3。

4. 主题词/副主题词组配检索　副主题词用于对主题词的某一特定方面加以限定，强调主题概念的某些专指方面。如：“肝/药物作用”表明文章并非讨论肝脏的所有方面，而是讨论药物对肝脏的影响。

5. 主题词加权检索　加权检索表示仅对加星号（*）主题词（主要概念主题词）检索，非加权检索表示对加星号和非加星号主题词（非主要概念主题词）均进行检索。系统默认状态为非加权检索，若进行加权检索请勾选“加权检索”选框。

6. 扩展检索　扩展检索包括主题词扩展检索和副主题词扩展检索。主题词扩展检索指对当前主题词及其下位主题词进行检索；主题词非扩展检索则仅限于对当前主题词进行检索。系统默认状态为扩展检索，若不进行扩展检索请选择“不扩展”选项。部分副主题词之间也存在上下位关系，如副主题词“副作用”的下位词有“毒性”、“中毒”。副主题词扩展检索指对当前副主题词及其下位副主题词进行检索；副主题词非扩展检索则仅限于对当前副主题词进行检索。系统默认状态为扩展。

（三）分类检索

SinoMed 依据《中国图书馆分类法·医学专业分类表》进行分类检索，其中部分类目根据需要依《中国图书馆分类法》第四版进行了仿分。

分类检索是从文献所属的学科角度进行检索，有利于提高族性检索。在 SinoMed 中查找某学科主题文献时，可以通过两种方式实现：①在类名、类号输入框输入学科类名或类号来实现；②通过分类导航逐级展开来实现。

1. 分类号扩展检索　进入分类检索界面，选择“类名”检索字段并输入检索词；从系

图 4-3 主题词表注释窗口

统返回的命中类名列表中选择准确类名；根据需要选择是否扩展检索，扩展检索表示对该类号及其下位类号进行查找；对于可复分的类号，选择复分组配检索（可选择多个复分号）；最后点击“分类检索”按钮。

2. 通过分类导航 依据分类树逐级展开，直至浏览到所需要的类目后点击进入。后面的步骤与上同。

（四）期刊检索

在科研工作中，我们所关注的焦点常常是某种或某几种期刊，可以通过 SinoMed 来查找“焦点期刊”上发表的关于某课题或领域方面的论文。

一般通过两个步骤便可实现：①目标期刊定位：可通过检索入口处选择刊名、出版地、出版单位、期刊主题词或者 ISSN 直接查找期刊；也可通过“期刊分类导航”或“首字母导航”逐级查找浏览期刊；②期刊文献查找：可以直接指定年、卷、期进行浏览，也可以输入欲检索的内容后在指定的年、卷、期中查找浏览具体文献。

同时也可以通过“期刊主题词”检索或“分类导航”来获取涵盖或涉及该学科领域的所有期刊信息。

1. 期刊注释信息　包括期刊名称、国际期刊代码、国内期刊代码、期刊内部代码、邮发代码、创刊年、主办单位地址、邮编、电话、期刊变更注释、期刊子集，以及主题词、分类号等内容。

2. 利用期刊代码检索已更名的期刊　医科院信息所为每种期刊分配了内部编码，期刊更名时内部编码不变。选择“含更名期刊”检索，可检索出指定期刊及其更名期刊。

（五）作者检索

SinoMed 提供了两种检索某一机构的某位作者发表论文情况的解决方案：二次检索法和作者机构限定检索法。

1. 二次检索法　在基本检索中，通过作者检索和作者单位检索结合来实现。①进入基本检索界面，选择作者检索入口，输入作者姓名，点击检索按钮；②在返回的检索结果界面，选择作者单位检索入口，输入该作者所在机构名称，勾选“二次检索”后点击检索按钮，便可以得到检索结果。

2. 作者机构限定检索法　在作者检索中，通过指定著者单位或机构进行检索。①作者检索界面，输入作者姓名，点击“下一步”按钮；②从系统返回的命中作者列表中选择作者姓名，并点击“下一步”按钮；③从系统显示的作者机构列表中选择该作者所在机构，然后点击“完成”按钮。与二次检索法相比，作者机构限定检索支持作者精确定位，能够比较有效地解决“同名著者”、“同构异名”问题，提高查准率与查全率。

（六）我的空间

1. 定题检索　在开展某项课题研究时，我们需要及时跟踪国内外在该领域的研究进展，把握最新研究动态和成果。在 SinoMed 平台可以通过以下几个步骤来实现此目的。

（1）登录“我的空间”：SinoMed 的“个人用户”无需二次注册，直接使用系统注册时所用的用户名和密码即可登录“我的空间”；但“集团用户”下的子用户则需要单独注册“我的空间”后才可登录使用。成功登录后，系统右上方会同时显示您所在的集团用户名和您个人用户名信息。

（2）检索策略保存：详细步骤为：①进入检索历史界面；②点击“保存策略”按钮；③勾选需要保存的检索策略序号；④在“策略名”后输入框内输入此次保存的策略名称；⑤点击“策略名”下方的“存储”按钮。保存成功后，系统会提示“策略保存成功”。

（3）检索策略的激活：进入“我的检索策略”，勾选定制的检索策略，并选择需要的检索操作。“重新检索”是对数据库中的所有文献进行再次检索；“最新文献检索”是对末次检索后数据库更新添加的文献进行检索。

2. 创建个人数据库来保存感兴趣的检索结果　通过 SinoMed 的“我的数据库”，可以对感兴趣的文献进行保存、管理与再利用。“我的数据库”创建与使用，需要先注册并登录“我的空间”。

（1）文献在线保存：在检索结果界面，点击“我的数据库”便可将当前文献题录添加到用户个人的在线数据库中。

（2）文献在线管理：通过标签和备注，可以从课题、项目、学科、主题等角度，对收藏的文献进行分类组织和标注。

(3) 收藏文献的查找与利用：为方便对历史存储文献的查找和利用，“我的数据库”设置了“标题”、“作者”和“标签”三个检索字段，不仅可以查阅相关文献题录信息，还可根据需要进行原文浏览或索取。

四、检索结果的处理

(一) 检索结果的分析

SinoMed 提供强大的检索结果分析功能，可以从不同角度（作者、出版时间、作者单位、来源期刊、加星主题词和文献类型）对检索出来的文献进行分析，以了解该领域的主要研究人员、领域研究热点、领域学科发展轨迹和趋势、领域核心期刊等信息。目前，SinoMed 系统中 CBM、WBM 均提供在线文献分析功能。

在检索结果界面，点击滑动窗口右上角的“结果分析”按钮，进入结果分析界面（图 4-4）。根据个人的需要，进行相关参数设置。参数设置包括分析内容、分析数量、分析结果显示和排序。

图 4-4 SinoMed 结果分析界面

(二) 检索结果显示、打印和保存

1. 单页记录显示条数　可自主设置每页显示的命中记录数，系统默认每页显示 20 条。

2. 排序方式　支持“年代”、“作者”、“期刊”和“相关度”4 种排序方式，系统支持的最大排序记录数为 65 000 条。

3. 检索结果显示格式　支持“题录格式”、“文摘格式”和“详细格式”3 种。

4. 检索结果输出方式　支持打印、保存和 E-mail 3 种检索结果输出方式。单次打印、保存的最大记录数为 500 条，单次 E-mail 发送的最大记录数为 50 条。

5. 可对全部检索结果记录进行显示浏览或输出，也可只对感兴趣的记录进行显示浏览或输出。

6. 全文获取　中国医学科学院信息研究所与重庆维普公司合作，实现了 CBM 数据库与维普科技期刊全文数据库的链接，只要用户订购了维普中文数据库，可以通过点击标题后方的 PDF 图标直接获取全文；提供北京协和医学院博硕学位论文的在线原文阅读功能，点击标题下方的“原文阅读”图标，即可在线阅读学位论文全文；系统对网络生物医学免费期刊及其文献进行了全面系统的整理，通过在西文生物医学文献数据库（WBM）中进行“免费期刊”限定检索，可以快速、准确地查找免费期刊文献线索并获取全文。在检索结果页面，每条检索结果的标题前方会有一个“Free”图标，用来标识这条记录有免费全文；提供便捷的用户馆藏西文电子期刊调用功能，在西文生物医学文献数据库（WBM）检索结果页面，点击题录信息中的“原文链接”，从数据库服务商列表中选择用户拥有的电子馆藏直接获取外文原文。

7. 原文索取　原文索取是SinoMed提供的一项特色服务。可以对感兴趣的检索结果直接进行原文索取，也可以通过填写“全文申请表”、“文件导入”等方式申请所需要的文献。SinoMed将在用户发出原文请求后2个工作日内，以电子邮件、普通信函、平信挂号、传真或特快专递方式，为用户提供所需原文。

五、检索举例

例1. 在《中国生物医学文献数据库（CBM）》中利用主题途径检索有关“黄芪治疗肺心病”的文献。

检索步骤：

1. 分析课题，根据课题内容要求而确定主题概念，本题有两个主题概念，即黄芪和肺心病，并确定相应的副主题词，为黄芪/治疗应用、肺心病/中药疗法。

2. 在CBM主题检索界面，选择“中文主题词”检索入口后，在检索输入框中键入“黄芪”进行查找，系统显示“黄芪”、“黄芪△”的主题词列表供选择。查看主题词的标引注释可知，“黄芪”和“黄芪△”有区别。此例中黄芪是作为药物使用，因此应选择“黄芪△”。选择恰当的主题词后，点击进入该主题词的注释信息显示界面，在该页面选择“黄芪△”的副主题词“治疗应用”，点击“主题检索”完成“黄芪△/治疗应用”的检索。

3. 同理在CBM主题检索界面，完成“肺心病/中药疗法”的检索。

4. 在检索结果页面，点击“检索史”打开“检索史”显示页面，勾选检索史中两次检索的序号1和2，点击“AND”，将检索式1和2加入到检索框中；然后点击“检索”，得到最终的检索结果。

例2. 在《中国生物医学文献数据库（CBM）》中查找“中国医学科学院基础医学研究所沈岩教授”以第一著者身份发表的论文情况。

对于查找某机构某位作者发表文献的情况，SinoMed提供了两种解决方案：二次检索法和作者机构限定检索法，下面分别来介绍一下各自的检索步骤。

1. 二次检索

检索步骤：

（1）进入CBM基本检索界面，选择“第一作者”检索入口，输入“沈岩”，点击“检索”按钮。

（2）在返回的检索结果界面，选择“作者单位”检索入口，输入该作者所在机构名称“中国医学科学院基础医学研究所”，勾选“二次检索”后点击“检索”按钮，便可以浏览到中国医学科学院基础医学研究所沈岩教授以第一著者身份发表的论文情况。

2. 作者机构限定检索法

检索步骤：

（1）进入作者检索界面，输入“沈岩”，勾选“第一作者”，点击“下一步”按钮。

（2）从系统返回的命中作者列表中选择作者“沈岩”，并点击“下一步”按钮。

（3）从系统显示的作者机构列表中选择该作者所在机构，然后点击“完成”按钮，即可同样完成检索。

第二节 PubMed 数据库

PubMed 是美国国家医学图书馆（National Library of Medicine，NLM）下属的国家生物技术信息中心（National Center for Biotechnology Information，NCBI）于 1997 年推出的全球免费的基于因特网的生物医学文献数据库，是综合性检索系统 Entrez 的一部分。PubMed 包含生命科学领域主要期刊的摘要和部分全文，数据实时更新，与 PubMed 挂钩的出版商会自动向 PubMed 提供最新的文献摘要，而往往在这个时候文献还没有正式出版。所以尽管生物医学的文章从被期刊接受到出版通常要好几个月的时间，但借助于 PubMed，我们仍旧可以随时掌握最新的动向，从而大大有利于自己的临床和研究工作。还有些出版商通过 PubMed 提供文献的全文，有时甚至是免费的。

目前该库已成为因特网上最受欢迎的生命科学期刊文献数据库。本节主要介绍其检索方法与技巧。PubMed 数据库网址为：http：//pubmed. gov。

一、概况

（一）数据库内容构成

PubMed 数据库作为 NCBI 的 Entrez 综合信息检索系统的一个组成部分，主要提供医学期刊文献的检索。该数据库内容包括 MEDLINE、In process citations 和 Publisher-supplied citations 三个部分。

1. MEDLINE　由 NLM 编辑出版的书目型数据库，内容包括医学、护理学、牙科学、兽医学、卫生保健和基础医学等。该库主要收录了 1949 年以来世界上 70 多个国家和地区近 5000 余种生物医学期刊文献，同时也有回溯到更早的文献。文献大多选自英文期刊或带有英文摘要的期刊。该库中的记录都经过医学主题词标引。

2. In process citations　一个临时性的医学文献数据库，它每天都在不断地接受新数据，为用户提供基本的文献条目和文摘。其文献条目带有［PubMed-in process］标识。

3. Publisher-supplied citations　是由期刊出版商将电子版本文摘直接发送给 PubMed 形成的数据库。每条记录均标有［PubMed-as supplied by publisher］的标识，这些记录中大部分每天都在不停地向 In process citations 数据库传送，标引加工之后即成为 MEDLINE 正式记录。

（二）数据库结构

数据库结构是指一篇文献的字段组成。在 PubMed 数据库中共有 70 个显示字段，并不是每篇文献都包括所有的字段，而且有些字段也是不常用的，记录无相应字段内容则不显示该字段。但是检索字段有 42 个，PubMed 数据库常用的检索字段及其标识符详见表 4－2。

表4-2 PubMed数据库常用的检索字段及其标识符

标识符	字段名称（字段名称的解释）
AB	Abstract（摘要）
AD	Affiliation（第一作者的研究机构和通讯地址）
ALL	All Fields（除音译题名及出版国家之外的所有字段）
AU	Author（作者）
CN	Corporate Author（合作者）
DP	PMCID & MIDPublication Date（文章出版日期）
EDAT	Entrez Date（文献录入 PubMed 的日期）
1AU	First Author Name（第一作者）
FAU	Full Author Name（作者全称）
GR	Grant Number（资金资助号、合同号或由美国国家卫生研究院财政支持项目）
LA	Language（文章出版的语种）
LASTAU	Last Author（最后一位作者，责任作者）
MH	MeSH Terms（NLM 受控词汇）
MHDA	MeSH Date（文章添加 MeSH 词的日期）
PA	Pharmacological Action MeSH Terms（药理作用主题词）
PL	Place of Publication（出版国家）
PMID	PubMed Unique Identifier（PubMed 唯一标识码）
PS	Personal Name as Subject（人名作为文章的主题词）
PT	Publication Type（文章出版类型）
RN	EC/RN Number（酶号或化学物质登记号）
SB	Subset（子集）
SI	Secondary Source Identifier（第二来源标识符）
TA	Journal Title（期刊的全称、简称、ISSN 号）
TI	Title（文章英文题目）
TIAB	Title/Abstract（题目/文摘）
TT	Transliterated Title（音译题目）
TW	Text Words（自由文本词）
VI	Volume（期刊卷）

二、检索运算符及检索规则

1. 布尔逻辑运算符　包括逻辑“与”（AND）、逻辑“或”（OR）、逻辑“非”（NOT）。如果在一个检索式中同时运用三种运算符，那么 PubMed 规定按从左至右的顺序执行运算，但括号“（）”可以改变这个顺序，即先运算括号内的。运算符一般用大小写均可。

2. 截词符　“*”代表零个或多个字符，如 chem * 可检索出包含 chemistry、chemical 等词的文献。

3. 短语检索　系统规定词组或短语必须加上引号才能实现词组或短语的检索，否则将自动拆分成独立的单词或词组进行逻辑“与”检索。

4. 检索序号　可以输入以前的检索式序号进行检索，如#6。

5. 字段标识符　在限定字段检索中，用方括号“[]”括起字段标识符来表示某一特定字段的检索，如 [ti]、[tiab]、[pt] 等。

6. 自动转换匹配检索（Automatic Term Mapping）　对于输入的检索词，PubMed 先按一定的词表顺序进行对照匹配和转换，再进行检索。词表匹配转换顺序是 MeSH 表（MeSH Translation Table）、期刊刊名表（Journal Translation Table）、短语表（Phrase List）、作者索引（Author Index）。如果在以上 4 个表中都找不到相匹配的词，PubMed 将把短语拆分，以单词或词组为单位，分别重复以上的过程，检索时各个词之间是 AND 的逻辑关系。如果仍找不到相匹配的词，则用单个词或词组在所有字段查找（或作为文本词检索），各个词之间也是 AND 的逻辑关系。

三、检索方法与技巧

（一）基本检索

进入 PubMed 检索系统的首页面即是基本检索页面，如图 4－5 所示。

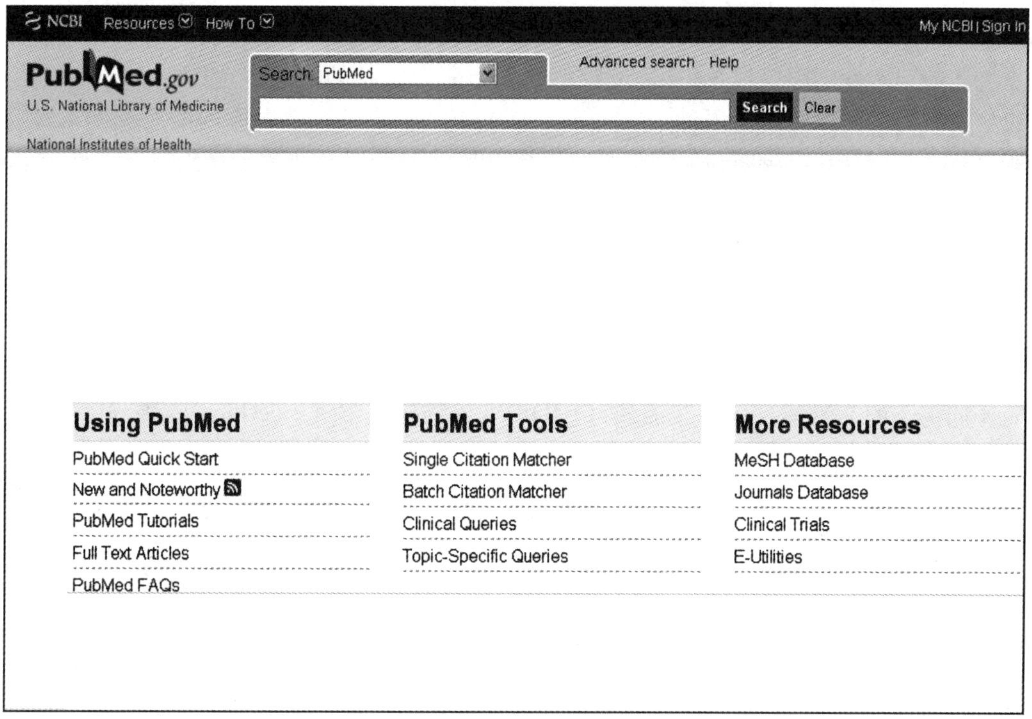

图 4－5　PubMed 首页面

1. 作者检索　当所要查询的是作者时，在检索框中输入著者姓氏全称和名字的首字母缩写，格式为：“著者姓　空格　名字首字母缩写”，例如 smith ja，然后回车或点击

“Search”，系统会自动到著者字段去检索，并显示检索结果。注意如果只用姓来检索，则须加上作者字段标识符［au］。但是2002年以后的文献如果在文章中有作者全称则可用作者的全称进行检索，如Joshua Lederberg。

2. 刊名检索　在检索框中输入刊名全称或PubMed形式的刊名简称、ISSN号，然后回车或点击“Search”，PubMed开始检索并将检索结果显示出来。注意如果刊名中有特殊字符：如括号、& 等，输入刊名及缩写时要去掉这些特殊字符，如J HAND SURG［AM］输入格式为J HAND SURG AM。

3. 关键词检索　输入任意关键词或检索式，如果没有加任何限定符号，则首先进行自动转换匹配检索。

（二）高级检索

高级检索界面下可进行多种检索条件的限定。同时可显示检索历史，允许使用检索史序号进行组配检索。该检索形式更加灵活自由。

1. 输入检索式　高级检索界面默认提供3个检索行，每行提供检索词输入框及检索词所在字段的选择框，通过点击Add More Search Fields可添加新的检索行。注意如果选择Publication Date这一字段，可以输入要查阅的文献的日期范围，但是日期的输入要遵循一定的格式，即YYYY/MM/DD，其中月和日是可省略的。

每个检索行后面都有Index按钮，点击该按钮，可根据用户选择的字段自动显示以其在该检索行中输入的字符开头的索引词表，方便用户浏览并选择词条，完善检索策略。

2. 限定检索条件　我们可以通过“Limits”功能来实现PubMed数据库的限制。限制内容包括：①设定只搜索包含摘要、全文或免费全文的文献。②设定研究对象为人类或动物。③年龄组和性别限定：Ages是设置那些人类研究文献的年龄组范围。Gender（性别）是设定研究对象的性别。④语种（Languages）限定：PubMed数据库内的所有题录和文摘必须是英文，但是它收录期刊的原文语种约有40种，这里的语种限定是指原文语种的限定。⑤文献类型（Type of Article）限定：众所周知，正式的学术文献形式多种多样，如临床试验报告、社论、通信、综述等。可以在此进行设置，选择特定的文章类型。⑥子集限定：在Subsets（子集）中，可以将检索的文献限制于某个特定的子集，而避免其他无用信息的干扰。不同期刊子集包括核心临床期刊（Core clinical journals）、牙科学期刊（Dental journals）、护理学期刊（Nursing journals），其中核心临床期刊包括120种重要的英文临床期刊；不同主题的文献集合包括艾滋病（AIDS）、生物伦理学（Bioethics）、肿瘤（Cancer）、辅助医学（Complementary）、医学史（History of Medicine）、空间生命科学（Space Life Sciences）、毒理学（Toxicology）。可以根据检索课题的不同，选择相应的专题限定，默认状态时包括全部主题。

3. 索引浏览（Index of Fields and Field Values）　可以通过索引查找词条，一次添加数个词条，优化检索策略进行预检索，节省检索时间。

4. 预检索功能（Preview）　它的功能主要是在显示检索结果条目之前先显示所查到的文献数，从而有利于根据检索结果数量调整检索策略。

5. 检索史的管理　PubMed将用户每次的检索策略和结果自动保存在“Search History（检索史）”中。“Search History”部分将会显示：用户的查询方案、查询时间、查询到的文献数量。如果两次查询内容相同，PubMed会将头一次的去除。当然也可以点击“Clear History”键清除“Search History”中的所有条目。此外，如果用户打开的PubMed（或者

Entrez 提供的其他数据库）有 8 个小时都没有任何检索动作，系统也会自动清空历史。

首先，显而易见的是，通过“Search History”，可以对本次检索过程一目了然，只要点击每个条目后面的“Results”，就可以直接看到该条目的检索结果。

更重要的是，可以根据“Search History”所提供的信息，决定如何进一步调整检索策略，以便得到尽可能满意的结果。当用户检索的主题词有很多的别名、定义或缩写时，或者要检索多个领域交叉的文章时，如果单单在检索框里输入检索词和逻辑运算符，将显得非常累赘、容易出错并且不易查全、查准。这时可以使用“Search History”功能：每次检索时只要输入最简单的检索式，然后进入“Search History”，这时发现刚才所有的检索结果都在里面，而且还编上了序号，这样用户就可以随心所欲地排列组合各自的检索式了，如：#1 AND #2，#2 OR #3 NOT #4。

6. 其他资源的链接　在高级检索界面同时提供临床咨询（Clinial Queries）、特定主题咨询（Topic-Specific Queries）、主题检索（MeSH）、期刊检索（Journals）、单篇文献匹配器（Single Citation Matcher）等其他检索资源的链接。

（三）主题检索

MeSH 其实是 Medical Subject Headings 的缩略词，即医学主题词，是用规范化的医学术语来描述生物医学概念。NIH 的工作人员按 MeSH 词表规定，浏览生物医学期刊全文后标引出每篇文献中的 MeSH 主题词，其中论述文献中心的主题词称主要主题词（major topic headings），论述主题某一方面内容的词称为副主题词。因为主题语言本身的特点以及 MEDLINE 数据库主题标引的规范性，使 MEDLINE 数据库的主题检索功能成为提高检索效率的有力工具，尤其对提高查全率、查准率会有相当的帮助。

在 PubMed 首页点击“More Resources”下方的“MeSH Database”即可进入主题检索界面。在 MeSH 词提示框中输入检索需要的主题词、主题词片断或款目词，点击“Go”，在得到的检索结果列表中选择需要的主题词，点击其链接，打开该词的注释信息、树状结构表、可以组配的副主题词等。在这里，可选择特定的副主题词，也可进行主要主题词或单个主题词检索，其选项如下：

（1）subheadings：点击副主题词前的方框，表示选中该副主题词，可连续选择多个词，它们之间的逻辑关系为 OR。

（2）Restrict Search to Major Topic headings only：若将检出结果限定在主要主题词（Major Topic Heading）则可提高查准率。

（3）Do Not Explode this term：系统要检索某一主题词时，会自动扩展检索（Explode），即将该主题词的下位词一并检出。如果只需检索单个主题词，可点击此按钮。

完成上述选项后，选择页面右上方的“Sent to Search Box”下拉列表框，稍后在下一屏 Current Query 的方框中将显示所选的主题词与组配的副主题词。最后点击 Search PubMed 按钮即开始检索，查询出用主题词与副主题词组配的文献检索结果。

总而言之，主题词检索法虽然稍嫌繁琐，但其检索结果的准确性高，遗漏率低，是最佳的检索方法，一旦熟练掌握，将使得我们的检索工作事半功倍。

（四）其他辅助检索功能

1. 临床咨询和系统评价　在 PubMed 首页“PubMed Tools”下方，点击“Clinical Queries”进入。这是专门为临床医生设计的搜索引擎，在“Clinical Queries”的主页上列有临床医生常用的类目，如 therapy（治疗）、diagnosis（诊断）etiology、（病因）和 prog-

nosis（预后）。检索的方法并没有什么特殊之处，只需在检索框内输入检索词，然后点击上述类目即可。也可以用它来检索临床实践过程中遇到的一些具体问题，如系统性综述、元分析、临床试验、循证医学、实践指导以及有关遗传学方面的问题等。

2. 文献匹配 在PubMed首页“PubMed Tools”下方，还有“Single Citation Matcher（单篇文献匹配器）”和“Batch Citation Matcher（多篇文献匹配器）”。如果要查找某一篇文献，点击单篇引文匹配器，输入刊名、日期、卷、期、页码、作者、题目中的一项或多项内容进行检索，系统返回文献记录结果。如果要同时查找多篇文献，则点击多篇引文匹配器，然后在输入框内分行输入每篇文献的查询项目。这些项目的输入顺序为：journal _ title | year | volume | first _ page | author _ name | your _ key |，其中刊名为必需项，其他项目没有时可省略，但“|”保留；“your key”为用户自己拟定的任意字符。同时用户还要填写自己的E-mail地址，系统通过电子邮件返回检索结果的PMID号。

3. 特定主题咨询 在PubMed首页“PubMed Tools”下方，点击“Topic-Specific Queries”进入。该界面提供了各种特定主题的咨询链接，可方便用户检索特定的文献信息。

4. 期刊检索 在PubMed首页“More Resources”下方，点击“Journals Database”按钮即进入期刊浏览器的界面。在检索框中可输入主题、刊名全称、MEDLINE的期刊缩写或国际标准期刊号（ISSN），然后点击“Go”按钮，便可获得期刊的详细信息，包括期刊全称、缩写、ISSN号、出版社、出版国、NLM期刊唯一标识。也可以通过分类浏览得到所需要的期刊。此外通过links to full-text web sites，便可链接入所有与PubMed建立链接的生物医学期刊列表。这一期刊列表不断更新，每一期刊后面列出其相应的MEDLINE标准缩写形式，还提供期刊全文所在的数据库链接，只是大多是收费的。

5. 定题检索 “My NCBI”主要为用户提供两个方面的个性化服务功能的设置。一是检索策略储存，即用它实现对检索策略的保存、调用和管理，方便随时获取最新的文献或自动邮寄最新的文献。二是设置过滤标识（Search Filters），通过过滤标识可将检索结果文献按照用户自己所需的主题分类集中显示，如显示综述文献、有免费全文的文献等。使用“My NCBI”之前先要登记注册。免费注册成功后才可使用“My NCBI”功能。

6. 详细检索策略（Search details） 在检索结果页面的右侧显示。“Search details”可帮助用户查看PubMed的检索策略。即在提问框中输入的检索词被PubMed自动地转换成了哪些词，并使用了什么样的检索规则和检索语法。此外，使用“Search details”可以对检索策略进行编辑，然后再一次进行检索。在Query Translation框内显示的是PubMed实际使用的检索策略和语法。该框下有4个区域：Result区显示检索结果的记录总数，点击这个数字，可回到检索结果显示屏；Translations区显示检索词转换的详细情况；Database区显示检索的数据库；User Query区显示用户输入的检索词或检索式。

四、检索结果的处理

（一）检索结果的显示与标记

检索结果页面的左侧为结果显示部分，右侧提供对检索结果的管理功能，包括根据文献类型区分检索结果（Filter your results）、题目中出现检索词的文献（Titles with your search terms）、在PubMed Central中有免费全文的检索结果（free full-text articles in PubMed Central）、详细检索策略（Search details）。

在检索结果显示状态下，可以通过点击页面上方的Display Settings后面的箭头打开显示格式的选择窗口，对记录显示格式、显示顺序及每页显示记录数进行设置。

1. 显示格式　系统提供的显示格式有 7 种，一般较常用的有以下几种：

(1) Summary：为默认显示格式。显示的信息包括文献的标题、著者、出处、PMID、综述出版类型、非英文文献的原文语种等。此外在每条记录下边有“Related Articles”链接可以显示与检出结果相关的文献，PubMed 自动把数据库中的文献与该条目的标题、摘要和医学主题词进行比较，从而得出与该条目相关的文献条目，并且按照相关系数由高到低的顺序排序。

(2) Summary (text)：以文本形式在浏览器中显示文献的著者、标题、出处、PMID。

(3) Abstract：显示信息除了文献标题、著者、出处等基本信息外，还包括摘要信息，以便用户了解文献详细内容。在该格式下，可提供文献的全文链接。

(4) Abstract (text)：以文本形式在浏览器中显示文献的标题、著者、出处、摘要信息。

(5) MEDLINE：以 MEDLINE 数据库的记录格式来显示检索结果。字段内容主要包括 PMID、题目、摘要、作者、作者地址、语种、出版类型、出处、MeSH、文献 ID、出版状态等。

(6) XML：以 XML 格式给出了记录的题目、摘要、作者、作者地址、语种、出版类型、出处、MeSH、文献 ID、出版状态、PMID 等。

2. 显示顺序　系统默认将检索结果以文献录入 PubMed 系统的日期进行降序排列后显示出来。若用户改变排列顺序，可供选择的顺序有出版日期、作者、刊名和标题。

3. 每页显示记录数　提供每页显示的记录数的选择，最少 5 条，最多 200 条。

4. 标记记录　通过点击记录左边的小方框“□”，可对记录进行标记和取消标记。

(二) 检索结果的保存及定购

如果需要保存查询结果，先在“Display Settings”下拉菜单中选择所需显示格式，选择所需保存的条目，然后再进行保存等操作。而如果用户没有标记选定任何一个条目，直接进行保存等操作，系统将保存所有检索得到的条目，但至多不超过10 000条，一旦想保存超过这个数目的内容，PubMed 将显示一条提示用户修改查询的信息。如果要将检索结果导入参考文献管理软件，必须在保存成文件前，设定其显示格式为 MEDLINE。

1. 保存记录　在“send to”下拉菜单中选择“File”，可将记录保存为文件。选择“E-mail”，则可将结果发送至邮箱。在检索结果显示页面可将某一次检索的全部记录或标记记录保存；而“Clipboard”页面可用于保存一次或多次检索的结果记录。而选择“Collections”，则可将结果发送至个人在服务器中定制的“My NCBI”空间中。

2. 定购原文　定购文献原文需要事先与能提供文献外借（Loansome Doc）服务的成员馆签定有关协议，付一定的费用后获得其使用权。授权用户则可在“send to”下拉菜单中选择“Order”，通过授权帐号和密码来获得全文。

五、检索举例

例 1. 利用 PubMed 主题途径检索有关“医院水净化水管理”方面的文献。

1. 分析课题，本课题涉及的主题概念为“医院管理”和“水净化”。

2. 通过“MeSH Database”按钮来进行检索，根据主题概念拟定的检索表达式如下：“Hospital Administration”[Mesh] 和“Water Purification”[Mesh]。

3. 在高级检索页面，通过查看检索史（Search History），利用逻辑运算符"AND"将两个检索式组合起来，得到检索结果。

例2. 利用PubMed检索有关"80岁以上老人腹泻的护理"方面的文献。

1. 分析课题，本课题涉及的主题概念为"腹泻"，"护理"作为限定词对"腹泻"加以限定，"80岁以上老人"表示研究人群年龄的限定。

2. 选择检索途径，拟定检索式进行检索：

（1）检索策略1：通过高级检索界面运行检索，在两个检索行选择检索词所在字段为All Fields，分别在检索词输入框内输入diarrhea和nursing，同时在"Limits"部分的Age（年龄组）内选择"80 and over：80＋ years"，点击"Search"完成高级检索。

（2）检索策略2：通过"MeSH Database"按钮来进行检索，根据主题概念拟定的检索表达式如下："Diarrhea/nursing"［Mesh］，得到主题检索结果后在高级检索页面的Age（年龄组）内选择"80 and over：80＋ years"，点击"Search"完成检索。

3. 将两个检索策略进行对比发现，用高级或基本检索途径在PubMed检索时，可以实现主题词和文本词的检索匹配（即自动转换匹配），因而不容易造成漏检，但用主题词检索得到的文献比较精确。

4. 为了不漏检文献，我们可以在高级检索页面，通过查看检索史，利用逻辑运算符"OR"将两个检索式组合起来，这样会保障我们得到的检索结果比较全面。

第三节　EMBASE. com数据库

一、概况

EMBASE. com是荷兰Elsevier公司于2003年推出的针对生物医学和药理学领域信息所提供的基于网络的数据检索服务，综合了EMBASE《荷兰医学文摘》（1947年至今）与MEDLINE数据库（1966年至今）的内容，是目前世界上最大的综合性生物医学数据库。该库收录有累计来自70多个国家的7000多种生物医学及相关期刊，特别是涵盖大量的欧洲和亚洲的医学刊物。

EMBASE. com的学科覆盖范围不仅包括基础和临床医学，还包括与医学相关的许多领域，如药物研究、药理学、配药学、药剂学、药物副作用、毒物学、生物工艺学、保健策略与管理、药物经济学、医疗公共政策管理、公共职业与环境卫生、药物依赖性及滥用、精神科学、替代与补充医学、法医学和生物医学工程等。可以说EMBASE是获取权威的高质量以及最新的生物医学和药理学信息的专业检索工具。

EMBASE. com提供如下功能：①同步检索EMBASE＋MEDLINE记录，且结果无重复；②提供了Search Forms、EMTREE Tool、Journals和Authors四项检索功能，满足读者不同的检索要求；③EMTREE包含超过54 000条药物与医学术语和大约210 000条同义词（完全集成了MEDLINE的MeSH术语）；④通过主要STM出版商如Elsevier Science、Springer-Verlag、Cell Press、CatchWord等直接链接至全文；⑤提供从分子序列号到NCBI（美国国立生物技术研究中心）的信息链接。

EMBASE. com数据库网址为：http：//www. embase. com。

EMBASE. com提供了43个字段，与PubMed相比略有所差异。除了AU（著者）、AD（地址）、AB（摘要）、TI（题名）、JT（期刊名称）、TA（期刊名称缩写）、LA（原文语种）、CA（著者国籍）、CY（期刊出版国家）、IT（文献类型）、RN（化学物质登记号）、IS（期刊号）、CT（参考文献）、CODEN（期刊代码）、AN（EMBASE 登记号）、DE（索引词表）等一些常规字段之外，还提供了一些特殊字段，如 Device manufacturer（DF，器械制造商）、Device tradename（DN，器械商品名称）、Drug manufacturer（MN，药物生产商）、Drug trade name（TN，药物商品名称）、EMBASE classification（CL，EM 分类号）、Molecular sequence number（MS，分子序列号）。这些字段反映了 EMBASE. com 检索功能的特色，特别是在检索有关药物、医疗器械等方面的文献时非常有用。

二、检索运算符及运算规则

1. 布尔逻辑运算符　主要有 AND、OR、NOT，其操作方法与 PubMed 相同。

2. 截词符 * 和通配符？　在检索词的末尾加上星号（*）表示检索词的派生检索或完全词检索。如 inflam * 可检出 inflamed、inflammation、inflammatory。在检索词的中间或末尾加上问号（?）表示一个可变字符，如 sulf? nyl 可检出 sulfonyl、sulfinyl 等。

3. 邻近度算符（NEAR/n）　表示两个检索词之间可间隔数词。例："acute NEAR/3 pancreatitis" 可检索包含 acute 和 pancreatitis 的短语，且前后顺序固定，两词之间最多可插入 3 个单词，可以检出 acute pancreatitis、acute hemorrhagic pancreatitis 等。

4. 短语检索　系统规定对输入的词组或短语必须加上引号（单引或双引均可）才能实现词组或短语的检索，否则系统会将构成词组或短语的单词拆分并进行逻辑与（AND）运算，但带有连字符 "-" 的词组或短语不在此列，如 "clinical-trial" 可做词组进行检索；由数字和字母混合构成的单词或词组比较特殊，如 "IL2"、"IL2"、"IL - 2" 或 "IL 2" 均能检出包含 IL2 或 IL 2 的文献。

5. 字段限制检索　字段限制检索的运算符为半角冒号（:），格式为 "检索词:字段标识符"，来表示某一特定字段的检索，如刊名为新英格兰杂志，new engl j med: ta；文献题目中含有生物恐怖，bioterrorism: ti。

三、检索方法与技巧

EMBASE. com 有 4 个检索选项，分别为 Search forms、EMTREE Tool、Journals 和 Authors。

（一）Search forms 检索

1. 快速检索（Quick Search）　默认为在所有字段进行检索，检索时使用自然语言，可用单词或词组进行检索。在检索框内输入检索词、词组（需加单、双引号）或检索式，词序无关，且检索不分大小写。在该界面的检索框内若输入多个检索词，则系统会自动在这些词前后加上引号，作为一个词组进行检索（Enclose multi-word phrases in quotation marks）；对输入的第一个词还会自动匹配其 EMTREE 主题词（autocomplete function）。通过精确选定检索词，结合布尔逻辑运算符、截词符等编制检索表达式进行检索。

如果勾选了 Extensive search 选项，系统将对检索式进行扩词检索，即系统会根据用户输入的检索词自动在 EMTREE 词表中找到相关的主题词及其下位词，并将这些词在主题词字段中进行检索，最后将检索结果与用户输入检索词进行全文检索的检索结果进行逻辑或（OR）运算，总的结果就是用户需要的命中文献。在快速检索界面，系统还提供数据库时间范围的选择。

2. 高级检索（Advanced Search） 高级检索方式实现的检索功能更加强大，提供了多种对检索式进行修饰或限定的方法，其界面如图 4-6 所示。为了提高查全率或查准率，EMBASE. com 提供了 5 项对检索式进行扩展与限制检索的选项。

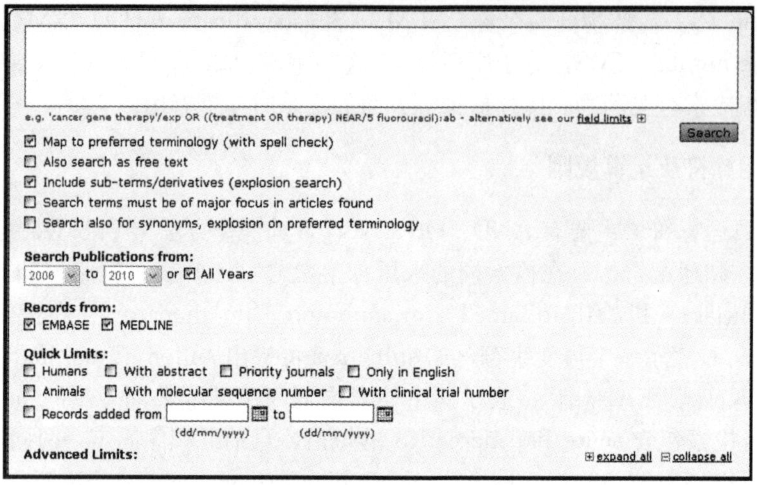

图 4-6 EMBASE. com 高级检索

（1）转换主题词（Map to preferred terminology）：为默认选项，将表达式中的检索词转换为 EMTREE 中的主题词进行检索，如检索“mad cow disease”，其相应的 EMTREE 主题词为“bovine spongiform encephalopathy”。选择后系统将检索词自动转换成 EMTREE 主题词进行检索，提高查全率和查准率。

（2）还作自由词检索（Also search as free text）：在上一个选项的基础上选中该项，则同时将检索词作为自由词在全部字段中进行检索，提高查全率。

（3）包括下位词（Include sub-terms/derivatives）：在勾选“Map to preferred terminology”的基础上再选中此项，则对检索词转换后的 EMTREE 主题词及其下位词或派生词进行检索，进一步扩大检索范围，提高查全率。例如检索“kidney failure”，系统自动转换为“kidney failure”/exp，可检出包含 acute kidney tubule necrosis、anuria、chronic kidney failure、Frasier syndrome、oliguria 等在内的所有 kidney failure 下位词的文献。

（4）主题词加权检索（Search terms must be of major focus in articles found）：基于主要 EMTREE 药物或医学主题词字段，对文章的主要或者重点内容进行检索，检索词必须作为文章的主要主题词。

（5）同义词及主题词扩展检索（Search also for synonyms，explosion on preferred terminology）：既对检索词进行 EMTREE 主题词匹配检索，又作为自由词在全部字段中进行检索，同时也检索其同义词。

高级检索界面还提供了比“快速检索”更多的限制选项。可选择是否只限制在 EMBASE 中进行检索，点击 field limits 限制检索词所在的字段，以及限制文献类型、专业领域、语种、性别、年龄及动物研究类型等。

3. 药物检索（Drug Search） 药物检索是通过药物名称字段进行检索，输入的检索词会自动转换匹配 EMTREE 主题词进行检索。EMBASE. com 提供了 17 个药物副主题词（Drug

Subheadings）和 47 个投药途径（Routes of Drug Administration）来增强检索的深度，如药物不良反应、禁忌证、剂量、相互作用等。检索时还可通过 Shift 或 Ctrl 键选中多个链接，并且选择它们之间的布尔逻辑符 AND 或者 OR。例如检索“抗蠕虫药阿苯达唑（albendazole）药物分析及应用剂量”方面的文献，可在药物名称框中输入“albendazole”，然后选择药物副主题词 Drug analysis，再按住 Ctrl 键选择 Drug dose，最后点击 Search。

4. 疾病检索（Disease Search）　疾病检索是在疾病名称字段中进行检索。EMBASE. com 提供了 14 个疾病副主题词（Disease Subheadings），帮助读者更精确地检索疾病的某一类或几类分支的相关文献，从而提高查准率，如疾病并发症、诊断、病因、不良反应、治疗等，相当于 PubMed 中的主题词与副主题词的组配。同时也可通过是否选自主要期刊以及作为文献的研究重点（人类或动物、成人或儿童、性别）等进行限制检索。例如检索“预防自杀”的文献，可在疾病名称框中输入“suicide”，然后选择疾病副主题词 Prevention，最后点击 Search 即可。

5. 文章检索（Article Search）　提供了具体一篇文章的检索功能。检索字段包括作者、期刊名称、期刊缩写、期刊分类编号、ISSN 号码、期刊卷、期号及文章首页数或是出版日期等。

作者检索时要求姓在前用全称，名在后用首字母。也可只输入作者的姓或“姓＋第一个名首字母”进行检索。输入时姓与名之间空一格，名与名之间用“.”或空格分隔，如检索韩冬季（Han Dongji）的文章，可输入“Han D. J”、“Han D J”、“Han D.”或“Han”。

（二）EMTREE 词表检索（EMTREE Tool）

EMBASE 提供不同于 MEDLINE 的独立主题词表系统（EMTREE）。EMTREE 词库是 EMBASE. com 最强大的检索工具之一，是一种比较先进的分类表和可控词汇表，EMTREE 由 54 000 多个受控叙词（也可以称为优先词）组成等级体系，共 15 个大类。从一般到专指，层层划分。EMTREE 还包含了近 210 000 个同义词（完全集成了 MeSH 术语），并配以 17 个核心的药物副主题词、47 个投药途径关联词和 14 个疾病副主题词，是用户可在 EMBASE 和 MEDLINE 间同时检索的辞典，优化学科检索的相关性和精确性，特别是在疾病与药理学方面。

点击页面上方的 EMTREE Tool 按钮进入 EMTREE 词表检索界面（图 4－7），用户可以直接输入任意检索词或 EMTREE 主题词，或者从分类途径进行浏览查找。层层点击所需浏览的主题词，显示该主题词的树状分支结构及同义词，最终结束于最小的不再分的主题词。例如检索有关“肝移植”的文献，在框中直接输入检索词“liver transplantation”，点击 Find Term 按钮后可以查看“肝移植”的诸多同义词。继续点击“liver transplantation”可查看“肝移植”的树状结构。

对选定的主题词可点击词后的 Records 链接直接察看有关的记录；点击 Add to Query Builder 按钮可将该主题词添加到检索框中。

（三）期刊浏览

EMBASE. com 提供了收录期刊的浏览功能，但仅限于 EMBASE 收录的期刊，MEDLINE 独有刊除外。收录的期刊可以按照刊名字顺进行浏览。层层点击期刊名称，可以查看到期刊被收录的具体卷期情况和相应的文章。

（四）作者检索

EMBASE. com 系统将所有作者按照姓名字顺排列组成作者索引（即作者词典），提供

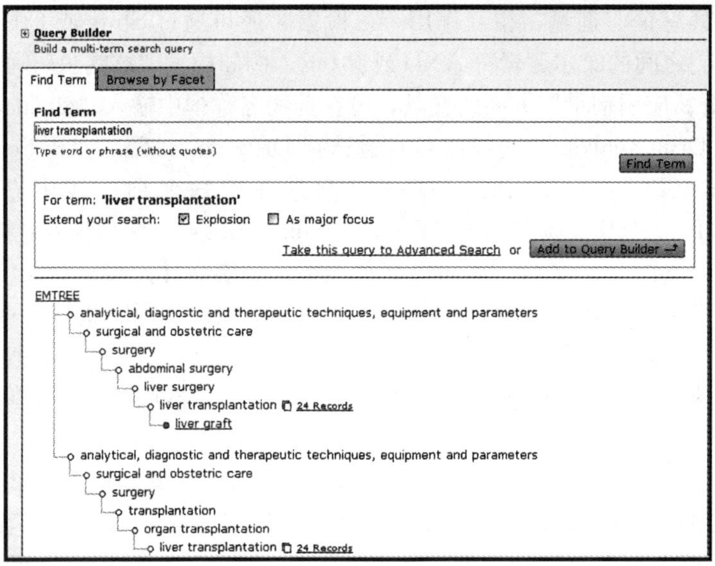

图 4-7　EMTREE 词表检索

作者姓名辅助检索。当作者名称较长或不确定时，可检索前半部分主要词根，以获得更多的作者姓名复选框的提示。

四、其他功能

1. Scirus 搜索引擎　在检索结果的界面下端，可运用 Elsevier 的科学搜索引擎 Scirus 来搜索整个网络。

2. 全文链接　在每条检索结果的题录后面，点击“View Full Text”可链接至 ScienceDirect、Springer 等数据库中的电子期刊全文。

五、检索结果的显示与输出

执行检索后，在检索结果页面（图 4-8）首先显示检索史、命中结果数及命中记录。

在检索史区可以勾选检索式前的复选框，选择检索式之间的逻辑关系“AND”或“OR”，最后点击“Combine”按钮，完成检索式之间的逻辑运算，从而得到最终的检索结果。也可以点击每个检索式后面的“Edit”链接，对检索式进行重新编辑。

命中记录首先以引文格式显示，包括篇名、作者和出处（刊名缩写、出版年、卷、期、页码），并显示数据来源（MEDLINE 或 EMBASE）。点击“Preview Abstract”链接，可显示记录的文摘部分，点击“Preview Index Terms”将显示记录的药物和医学主题词。

EMBASE. com 提供了相关度（Relevance）、出版年（Publication Year）两种检索结果排序功能，还提供了直接显示、打印、输出至参考文献管理软件、Email、原文订购、粘贴至剪贴板等处理功能。在检索结果页面标记要输出的检索结果，根据需要，然后选择点击显示、打印或输出等。

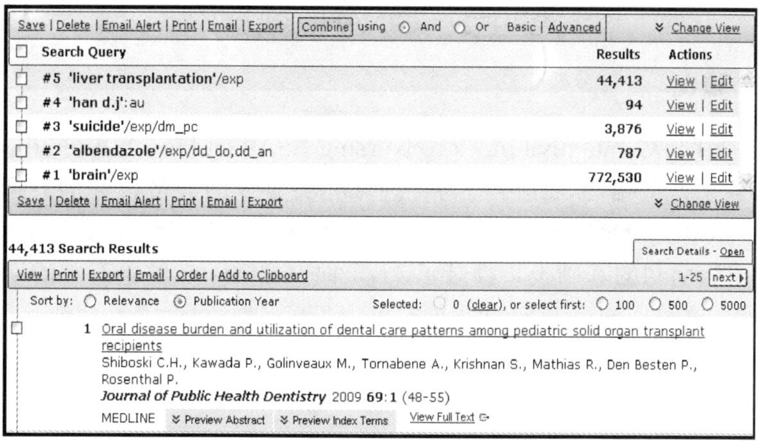

图 4-8 EMBASE.com 检索结果界面

六、检索举例

例 1. 利用 EMBASE. com 检索主要研究有关“2008 年以前青少年（13～17 岁）横纹肌溶解症（rhabdomyolysis）流行病学”方面的文章。

1. 分析课题，确定本课题涉及的主题概念为“横纹肌溶解症（rhabdomyolysis)”，“流行病学”是其研究范围，“2008 年以前”要求对文献发表日期作一限定，同时要限定年龄组为“青少年（13～17 岁)”。

2. 点击“Disease Search”选择疾病检索途径，输入关键词“rhabdomyolysis”；设置进行扩展检索（即包括被检索词及其所有下位词的检索）、仅检索以关键字为重点内容的文章；选择疾病副主题词“Epidemiology（流行病学)”；在日期限定内选择“1966—2008”；在年龄组限定内选择“adolescent：13－17 years”；点击“search”完成检索。

例 2. 利用 EMBASE. com 检索主要研究有关“优选期刊上发表的服用药物万络（Vioxx）可能导致心脏病（Heart attack)”的文献。

1. 分析课题，确定本课题涉及的主题概念为万络（Vioxx）和心脏病（Heart attack），并确定要采用药物检索与疾病检索相结合的方式进行。根据题意，万络（Vioxx）可组配的副主题词为副反应（Adverse drug reaction）和药物毒性（drug toxicity），而心脏病（Heart attack）组配的副主题词为副作用（Side effect）。同时要限定为优选期刊（Priority Journals）上发表的文献。

2. 点击“Drug Search”进入药物检索的页面，输入关键字 vioxx；勾选“进行扩展检索”及“仅检索以关键字为重点内容的文章”；在药物副主题词选择框内选中“Adverse drug reaction”及“drug toxicity”；在限制选项中勾选“Priority Journals”，点击检索按钮。

3. 点击“Disease Search”进入疾病检索的页面，输入关键字“heart attack”；在药物副主题词选择框内选中“Side effect”；在限制选项中勾选“Priority Journals”。

4. 在检索结果页面，勾选两次检索的检索式，选择“AND”的逻辑运算符，再点击“Combine”按钮合并两次检索结果得到最终所求文献。

第四节 CINAHL 数据库

一、数据库概况

CINAHL 是 The Cumulative Index to Nursing & Allied Health Literature（护理及相关专业文献累积索引）的缩写，是专门为护理和相关专业的人员设计的数据库。CINAHL Plus with Full Text 完全覆盖了 CINAHL 数据库的内容，在完整收录了国际护理联盟和美国护士协会所出版期刊的基础上，收录了 4175 种护理学和与健康有关的期刊，累计文献 100 余万条记录，文献回溯至 1981 年；同时可为 750 多种期刊、240 多种专著提供全文，全文文献最早回溯至 1937 年；此外，CINAHL Plus with Full Text 还收录有卫生保健类图书、护理学论文、会议论文、标准、教育软件、视听资料和图书章节等，有 1300 多种期刊还提供参考文献的检索。

CINAHL 覆盖的学科领域包括：护理、运动训练、听力学、与心肺有关的技术、口腔卫生、急诊服务、卫生信息管理、医疗援助、医学实验室技术、营养学、职业治疗法、理疗和康复、医助、应用辐射技术、呼吸治疗、卫生保健社会公益服务、语音-语言病理学、外科技术等领域。除上述领域外，还包括与生物医学、教育、行为科学、管理学有关的文献，这些领域的参考书目在其他数据库中少见。

从 2009 年起，CINAHL Plus with Full Text 数据库通过 EBSCO 平台提供服务，其网址为：http：//search. ebscohost. com。

二、数据库检索规则

1. 布尔逻辑运算符　包括 AND（逻辑与）、OR（逻辑或）、NOT（逻辑非）三种，输入大小写均可。

2. 通配符　对不确定的字母可使用“?”来查询。如键入“Re? d”可找到“read”、“Reid”、“Reed”。

3. 截词符　“*”代表零个或多个字符，如键入“Walk *”可找到“Walk”、“Walked”、“Walking”、“Walkway”等。

4. 位置算符　包括“Nn”和“Wn”，位置算符表示两个检索词之间的位置邻近关系。“Nn”表示检索词之间最多相隔 n 个单词，而它们在文章中的出现顺序与输入的顺序无关；“Wn”表示检索词之间最多相隔 n 个单词，且它们在文章中出现的顺序必须与输入的顺序相符。

三、检索技巧和方法

（一）高级检索

进入该系统，默认的检索界面是高级检索，提供了多种对检索式进行修饰或限定的方法，其界面如图 4-9 所示。

1. 输入检索词　在检索词输入框里输入单词、词组或检索表达式。

2. 选择检索项　在字段的下拉框里选取要进行检索的字段，这些字段共有 49 个，主要有 TX（all text，所有文本字段）、TI（title，标题）、AU（author，作者）、AB（abstract，文摘）、MW（word in subject heading，主题词中的词）、MH（exact subject heading，主题

词)、MJ (word in major subject heading，主要主题词中的词)、MM (exact major subject heading，主要主题词)、SO (publication name，刊名)、AF (author affiliation，作者单位)、AG (age group，年龄组)、CA (corporate author，合作者)、DT (publication date，出版日期)、PT (publication type，文献类型)、PY (publication year，出版年) 等。

3. 增删检索行 点击“添加行”、“删除行”可增减逻辑检索行，可以输入多个检索项和检索词。多个检索项可以实现“AND”、“OR”、“NOT”的逻辑组配。

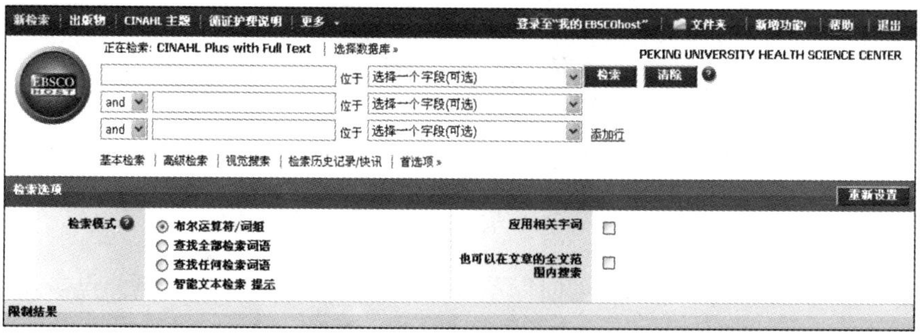

图 4-9 CINAHL 高级检索界面

4. 检索模式 CINAHL 高级检索提供 4 种检索模式，“布尔运算符/词组”支持布尔逻辑运算及精确短语检索；“查找全部检索词语”指在输入的检索词之间加入 AND 的逻辑运算；“查找任何检索词语”指在输入的检索词之间加入 OR 的逻辑运算；“智能文本检索”是指用户可输入文章中的文本片断（5000 个字符以下）来查找文献。

同时也提供 2 种扩展检索的选项，即应用相关字词也可以在文章的全文范围内搜索。应用相关字词，指同时检索同义字或单复数；也可以在文章的全文范围内搜索，是指系统会检索每篇全文文章，只要该篇文章的全文中有用户所输入的检索词，就会被纳入检索结果清单。

5. 设置限定条件 可选择将检索范围限定于：有全文或文献、出版日期、期刊分类、临床查询、文献类型、出版物种类、语种、图像快速查看类型、年龄组等。

（二）基本检索

CINAHL 的基本检索界面与高级检索类似，区别在于基本检索界面仅提供了一个检索行，其他检索模式与限定条件与高级检索基本相同。

（三）视觉搜索

视觉搜索是 EBSCOhost 的新搜索功能。在查找字段中输入搜索词语，然后单击搜索。这时会显示一个视觉导航图，增加多个选择项，可以根据看到的内容直接选择相关内容限定进行检索，提高检索准确率。注意系统要求安装 Adobe Flash Player 8.0 或更新版本。

1. 输入检索词 点击“视觉搜索”进入检索界面（图 4-10），并在检索词输入框中输入检索字串。

2. 检索限制 用户可限制检索结果为“全文”或“有参考”，同时点击“检索选项”打开更多的限制条件，参见高级检索。

3. 设置检索结果的显示模式 用户可以在“Display Style”中选择以视窗方块或是栏位显示搜索的结果，系统默认为栏位。

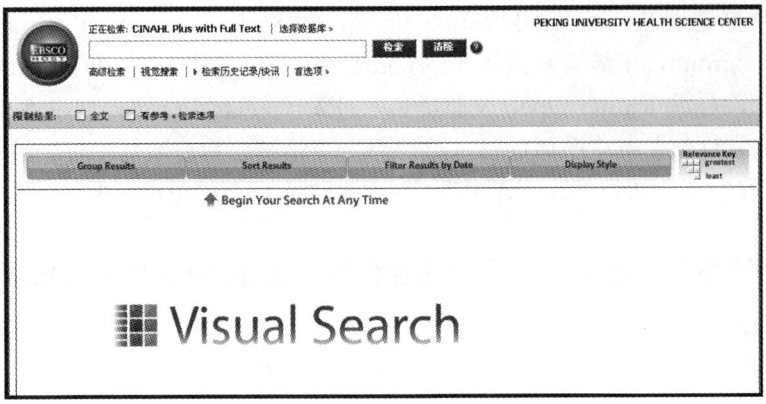

图 4-10 CINAHL 视觉搜索界面

4. 选择检索结果的分类方式　下面以系统默认的栏位显示方式为例。点击左侧“Group Results”选择按照主题（By Subject）或是刊名（By Publication）对结果进行分类。若按照主题（By Subject）对结果进行分类，可在左侧点击需要的主题，在随后其右侧出现的主题选择栏中再点击限制的主题内容，依次类推，这样最终使检索结果进一步缩小，直至与用户的检索需求一致；而按照刊名（By Publication）对结果进行分类时则相对简单，可在左侧点击刊名，随后其右侧即出现该刊中的检索结果。

5. 选择检索结果的排序方式　点击“Sort Results”更改排序方式，能以日期排序检索结果（从最近时间开始排列），或是以关联性排列（与搜索使用的字符串有最大关联性的将会显示在最上方）。

6. 按照日期过滤结果（Filter Results by Date）　可限制检索结果的出版日期。

（四）主题词检索

1. 主题词　CINAHL 主题词包括疾病、药物、解剖学/生理学主题词，这些词主要从 MeSH 中抽取，另外还增加了许多护理及相关学科的专业词汇。每个 CINAHL 记录包括两个主题词字段，一个包含主要主题词；另一个包含次要主题词。用户在检索时可设置是否仅在主要主题词字段中进行查找。

2. 副标题词　CINAHL 副标题词一共有 68 个。与 PubMed 一样，不同的主题词组配的副标题词也不同，根据检索需要选择。

3. CINAHL 的主题词检索步骤　点击页面上方的“CINAHL 主题”打开主题词检索页面（图 4-11）。可设置检索词的匹配模式，词语的开始字母、词语包含、相关性排序，默认为相关性排序。在检索词输入框中输入关键词，如键入 Lung cancer，点击“浏览”按钮打开主题词选择界面（图 4-12）。在该界面可勾选“展开”设置是否扩展检索，或是勾选“主要概念”限制在主要主题词字段中检索，并可点击选择的主题词查看结构树视图及副标题（类同 PubMed 的树状结构及副主题词，图 4-13）。完成相关的设置后在主题词选择界面点击页面上方的“检索数据库”按钮即可完成主题检索。

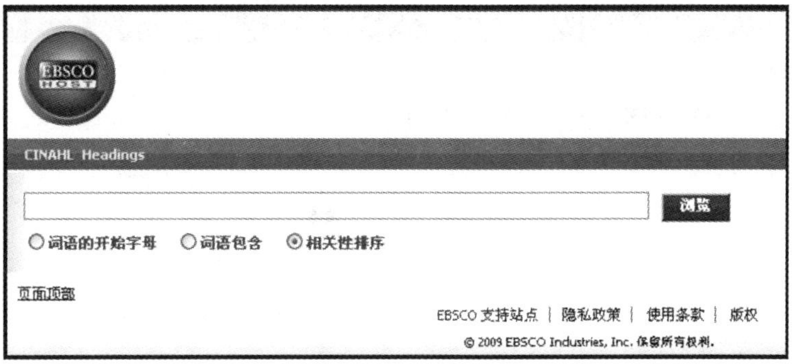

图 4-11 CINAHL 主题查找界面

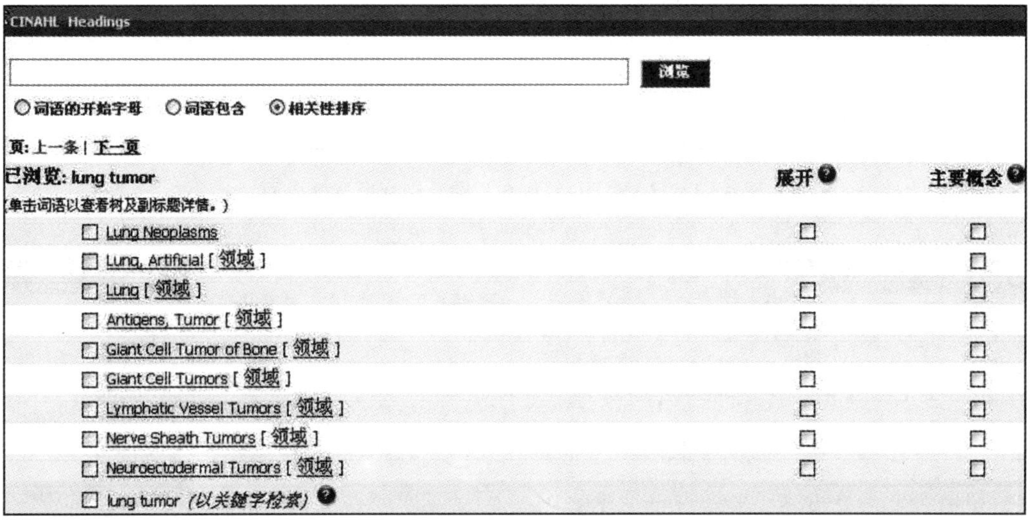

图 4-12 CINAHL 主题词选择界面

（五）其他检索功能

1. 出版物检索　可以按照字顺浏览数据库收录的所有期刊，也可输入关键词查找所需的期刊。每种期刊都提供了出版者信息、收录文献的起止年份、全文记录的起止年份、出版物类型、所属科目等资料，并在右侧提供具体卷、期的链接。

2. 循证护理说明　为护理人员提供了循证护理的相关资料。

四、检索结果的显示与输出

检索结果页面（图 4-14）分为 3 个区域，左侧为缩写结果方式区域，中间为结果显示区域，右侧为限制结果区域。

1. 缩写结果方式区域　该区域可通过来源类型（期刊、论文、CEUs）、主题、出版物、年龄、性别、出版物类型对检索结果进行限定，点击相应的链接即可缩小检索结果。

2. 限制结果区域　可限制结果是否为全文、有参考、有文摘，也可按发行日期过滤文献，点击“检索选项”可打开更多的限制条件。完成限制后可通过点击“更新结果”缩小检索结果。

图 4-13　CINAHL 结构树视图及副标题选择界面

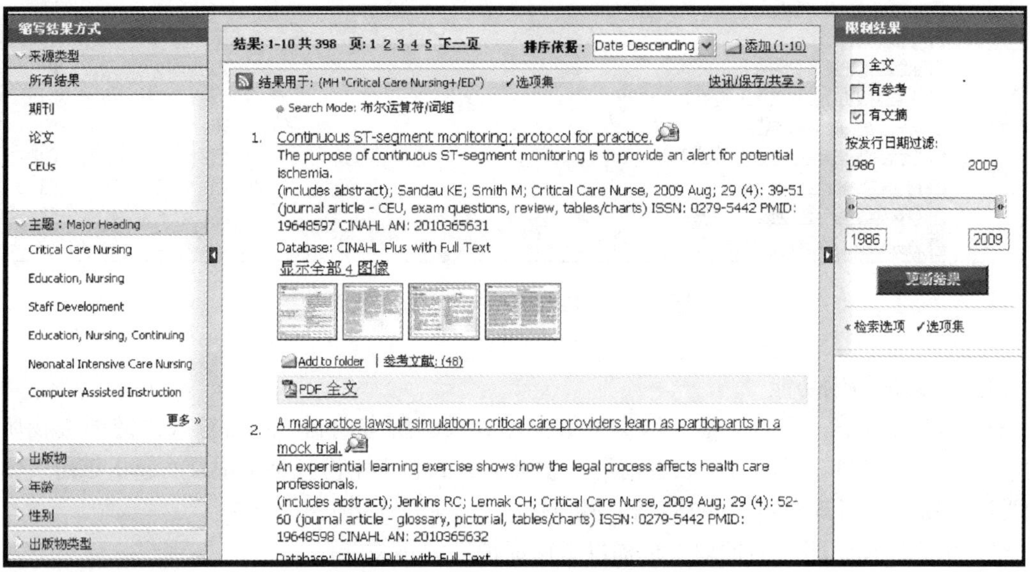

图 4-14　CINAHL 检索结果界面

3. 结果显示区域　检索结果的显示、排序、保存都在该区域实现。

（1）检索结果显示：在页面的最下方，可设置检索结果的显示格式，默认为标准格式，显示标题、摘要的一部分、作者、出处、数据库来源等信息；仅限于标题格式显示标题、数据库来源；简介格式可显示标题、作者、出处、数据库来源等信息；详细格式可显示全部摘要；这四种格式均提供文中图像、参考文献、全文的链接。同时也可设置每页显示的结果条数（5～50）。

（2）检索结果排序：排序方式有五种，即按日期升序、日期降序、来源、作者、相关性，在排序依据后的下拉列表中选择相应的方式即可实现。

（3）检索结果的保存：在检索结果显示区域的上方可点击"添加"将检索结果添加到文件夹中，也可在每条检索结果的下方点击"Add to folder"将结果添加到文件夹中，完成该操作后，在右侧限制结果区域的下方出现文件夹的链接，打开该链接进入文件夹的显示页面，在该页面可对检索结果进行保存、打印、Email、导入到参考文献管理软件等操作。

五、检索举例

例 1. 利用 CINAHL 的高级检索途径查找有关"6～12 岁儿童湿疹护理"方面的文献。

1. 分析课题，确定本课题涉及的关键词为"湿疹（eczema）"、"护理（nursing）"，同时要限定年龄组为"child，6－12 years"。

2. 在系统默认的高级检索页面，分别在两个检索词输入框中输入 eczema、nursing，同时在年龄组选择框中选择"child，6－12 years"，点击"检索"完成操作，得到检索结果。

例 2. 利用 CINAHL 的主题检索途径查找有关"急症护理教育学方面的研究"在 2002 年发表的带文摘的文献。

1. 分析课题，确定本课题涉及的主题概念为"重症监护护理（Critical Care Nursing）"，"教育（Education）"是其研究范围，"2002 年"要求对文献发表日期作一限定，同时要限定为"带文摘"的文献。

2. 点击页面上方的"CINAHL 主题"打开主题词检索页面，在检索词输入框中键入"Critical Care Nursing"，点击"浏览"按钮，在打开的主题词选择页面点击"Critical Care Nursing"的链接，在副标题限定页面选择副标题"Education"，并勾选"展开"的复选框，点击页面上方的"检索数据库"按钮，完成主题检索。

3. 在检索结果页面的右侧，限制结果的区域内，勾选"有文摘"，并按发行日期过滤为 2002 年，点击"更新结果"得到最终检索结果。

测试题

一、问答题

1. 简述 SinoMed 系统涵盖的数据库。
2. 简述 SinoMed 系统提供的检索途径。
3. 简述 SinoMed 提供的两种检索某一机构的某位作者发表论文情况的解决方案。
4. 简述 PubMed 数据库提供的检索途径。
5. 简述 PubMed 数据库自动转换匹配检索的含义。
6. 简述 EMBASE. com 提供的检索途径。
7. 简述 EMBASE. com 的高级检索界面提供的五项扩展与限制检索功能。
8. 简述 CINAHL 数据库提供的检索途径。

二、案例题

1. 在"中国生物医学文献数据库（CBM）"中利用主题途径检索有关"用中药女贞子治

疗老年便秘”的文献。

2. 在“中国生物医学文献数据库（CBM）”中查找“北京大学韩济生教授 2005 年发表的论文情况”。

3. 在 PubMed 数据库中利用主题途径查找有关“学龄前儿童哮喘的护理的带文摘并且文献类型是综述的英文文献”。

4. 在 PubMed 数据库中查找“2000—2001 年发表的中年人糖尿病预防和控制方面的英文文献”。

5. 在 EMBASE. com 检索主要研究有关“西布曲明（Sibutramine）副作用循证医学（Evidence-based Medicine）”方面的文章。

6. 在 EMBASE. com 中检索研究重点为“叶酸（‘folic acid’）预防神经管畸形（‘neural tube defects’）”方面的文献。

7. 在 CINAHL 数据库中查找产前保健的饮食方面的综述文献。

参考答案

一、问答题

1. 答案要点：中国生物医学文献数据库（CBM）的基础上，新增西文生物医学文献数据库（WBM）、日文生物医学文献数据库、俄文生物医学文献数据库、英文文集汇编文摘数据库、英文会议文摘数据库、北京协和医学院博硕学位论文数据库、中国医学科普文献数据库。

2. 答案要点：基本、主题、分类、期刊、作者检索。

3. 答案要点：二次检索法和作者机构限定检索法。

4. 答案要点：基本、高级、主题、其他（期刊、临床咨询、文献匹配、特定主题咨询）。

5. 答案要点：对于输入的检索词，PubMed 先按一定的词表顺序进行对照匹配和转换，再进行检索。词表匹配转换顺序是：MeSH 表（MeSH Translation Table）、期刊刊名表（Journal Translation Table）、短语表（Phrase List）、作者索引（Author Index）。如果在以上 4 个表中都找不到相匹配的词，PubMed 将把短语拆分，以单词或词组为单位，分别重复以上的过程，检索时各个词之间是 AND 的逻辑关系。如果仍找不到相匹配的词，则用单个词或词组在所有字段查找（或作为文本词检索），各个词之间也是 AND 的逻辑关系。

6. 答案要点：Search forms、EMTREE Tool、Journals 和 Authors，Search forms 又分为快速、高级、疾病、药物、文章检索。

7. 答案要点：转换主题词、同时作为关键词、包括下位词、主题词加权检索、同义词及主题词扩展检索。

8. 答案要点：高级检索、基本检索、主题检索、视觉搜索、出版物检索、作者检索。

二、案例题

1. 答案提示：主题概念有两个："女贞子△"组配"治疗应用"；"便秘"组配"中药疗法"。同时要限定为"老年"。

2. 答案提示：作者姓名为：韩济生；作者单位为：北京大学；限定文献发表年份为：2005。

3. 答案提示：主题词"asthma（哮喘）"；副主题词"nursing（护理）"；限定带文摘、年龄组为学龄前儿童（Preschool Child：2－5 years）、语种为英文（English）、文献类型为综述（Review）。

4. 答案提示：主题词"Diabetes Mellitus（糖尿病）"；副主题词"Prevention and Control（预防和控制）"；限定出版年为"2000—2001"、年龄组为中年人（Middle Aged：45－64 years）、语种为英文（English）。

5. 答案提示：选择药物检索途径，主题概念为"西布曲明（Sibutramine）"，"副作用"是其研究范围，同时要限定为"循证医学（Evidence-based Medicine）"。

6. 答案提示：

（1）采用药物检索途径，主题概念为"叶酸（'folic acid'）"。

（2）采用疾病检索途径，主题概念为"神经管畸形（'neural tube defects'）"，疾病副主题词选择为"预防（Prevention）"。

（3）在检索结果页面合并两次结果。

7. 答案提示：采用高级检索方式，关键词为产前保健（prenatal care）、饮食（diet），同时限定出版物类型为综述（Review）。

（刘春艳）

第五章　电子期刊全文数据库检索

学习目标

1. 掌握《中国期刊全文数据库》的初级检索、高级检索、二次检索的方法和技巧；掌握《中华医学会期刊电子版》的快速检索、简单检索、二次检索的方法和技巧；掌握《Elsevier 电子期刊》的快速检索、高级检索、二次检索的方法和技巧。
2. 熟悉《中国期刊全文数据库》的期刊导航、检索结果的处理；熟悉《中华医学会期刊电子版》的高级检索、检索结果的处理方法；熟悉《中文科技期刊数据库》的快速检索、高级检索、二次检索的方法和技巧。熟悉《Elsevier 电子期刊》的个性化服务。
3. 了解《中国期刊全文数据库》、《中华医学会期刊电子版》的专业检索方法及数据收录范围；了解《Ovid 电子期刊全文数据库》、《ProQuest 电子期刊全文数据库》、《Wiley InterScience 电子期刊全文数据库》的检索方法与技巧。

第一节　中国期刊全文数据库

中国知识基础设施工程（China National Knowledge infrastructure，CNKI）是采用现代信息技术进行知识整合、生产、网络化传播扩散和互动式交流合作的一种社会化知识基础设施的国家级大规模信息化工程，由清华同方光盘股份有限公司、清华大学光盘国家工程研究中心和中国学术期刊（光盘版）电子杂志社等多家单位共同承担建设任务。目前，建设内容已初具规模，并在全国各层次的用户中产生了深远的影响。

《中国期刊全文数据库》（CJFD）是 CNKI 源数据库建设的一个子项目，是目前世界上最大的连续动态更新的期刊全文数据库，收录国内 8200 多种重要期刊，以学术、技术、政策指导、高等科普及教育类为主，同时收录部分基础教育、大众科普、大众文化和文艺作品类刊物，内容覆盖自然科学、工程技术、农业、哲学、医学、人文社会科学等各个领域。

一、数据库概况

《中国期刊全文数据库》以“专题数据库”的形式设计 CNKI 知识仓库分类导航体系，将各学科、各门类的知识分为 168 个专题，并兼顾各学科之间的内在联系、交叉渗透，分层次对知识按其属性及相互从属关系进行并行或树状排列，逐级展开到最小知识单元。根据各篇论文所涉及的学科知识属性，将它们分别编入 168 个专题数据库的各相应知识单元。

《中国期刊全文数据库》收录了从 1994 年至今（部分刊物回溯至创刊）的 8200 种国内公开出版的核心期刊与专业特色期刊的全文，全部内容共分为理工 A、理工 B、理工 C、农业、医药卫生、文史哲、政治军事与法律、教育与社会科学综合、电子技术与信息科学、经济与管理十大专辑。十专辑下分为 168 个专题和近 3600 个子栏目。

数据库网址为：http：//dlib2. edu. cnki. net，其主页如图 5 - 1 所示。

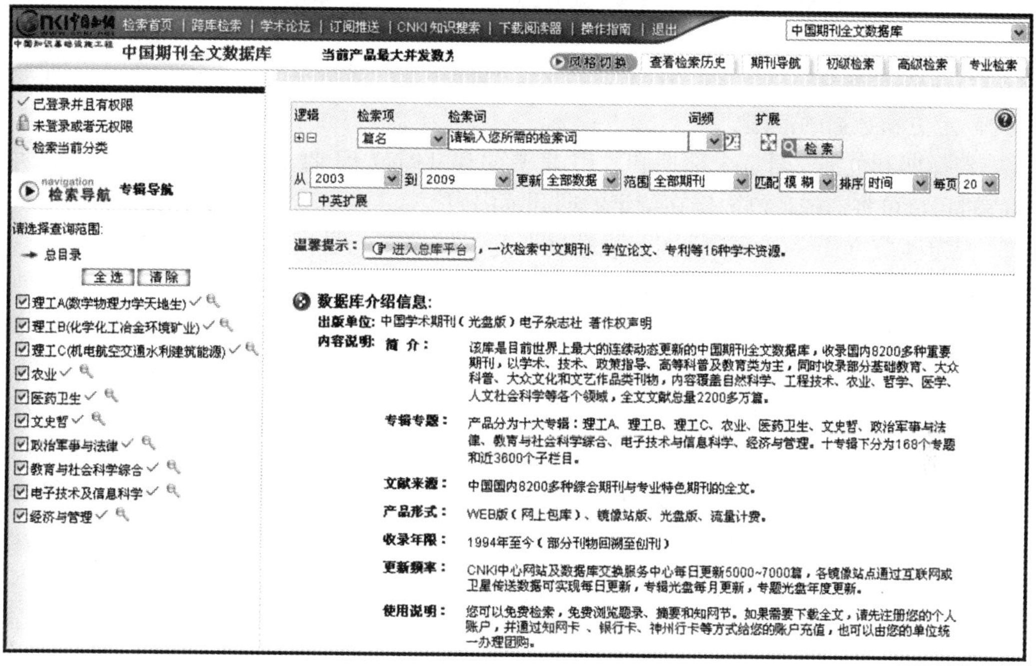

图 5 - 1　《中国期刊全文数据库》主页界面

二、检索方法与技巧

（一）初级检索

登录后默认的检索方式就是初级检索。

1. 在左侧检索导航中勾选查询范围　在进行下列操作前务必先选择所需主题目录，否则检索策略一律清空，需要重新选定。首级专业类目为理工 A 辑、理工 B 辑、理工 C 辑、农业辑、医药卫生辑、文史哲辑、经济政治与法律辑、教育与社会科学辑、电子技术及信息科学辑，各目录下细分类目级别不同，可以逐级点击进行更小范围的主题限定。点击“全选”，则每个目录都被选择；点击“清除”，清空所选；默认状态是“全选”。

2. 选择检索项　在字段的下拉框里选取要进行检索的字段，这些字段有主题、篇名、关键词、摘要、作者、第一作者、单位、刊名、参考文献、全文、年、期、基金、ISSN、中图分类号、统一刊号等。其中“主题”项是将“篇名、关键词、摘要”三个检索项合而为一。

3. 输入检索词　在检索词文本框里输入关键词。关键词为检索字段中出现的关键单词，当按相关度排列时，其出现的词频越高，数据越靠前排列。同时可在全文、主题、篇名、摘要、参考文献等字段中限定该检索词出现的词频。点击图标，将弹出一个窗口，记录最近输入的10个检索词，点击您所需要的检索词，则该检索词自动进入检索框中。点击“扩展”按钮，可以查看与关键词相关的主题词，点击相关主题词，将与关键词形成组配关系，缩小检索范围。

4. 增删检索行　点击“逻辑”下方的“+”或“-”可增减逻辑检索行，可以输入多个检索项和检索词。多个检索项可以实现“并且”、“或者”、“不包含”等组配。

5. 日期限定　目前全文数据最早追溯至1911年，用户检索时可在1911年至现在年间任意限定。

6. 更新数据范围　更新全部数据（推荐）、最近一周、最近一月、最近三月、最近半年等，可限定更新数据的范围。

7. 选择期刊范围　可选全部期刊、EI来源期刊（即被EI收录的期刊）、SCI来源期刊或核心期刊，可将选择范围限定在特定的期刊范围内。

8. 限定匹配方式　包括模糊匹配或精确匹配。模糊匹配是指无论词的位置怎样，只要出现该词即可。精确匹配是指只有整个字段与检索词相同才匹配。精确匹配是指将输入的检索词当固定词组进行检索，而模糊匹配则会自动拆分检索词为单元概念，并进行逻辑与运算。如输入“肝炎治疗”，在精确匹配模式下按“肝炎治疗”这个词组去检索，而在模糊匹配下则会拆分成“肝炎”和“治疗”两个词，并进行逻辑与运算，相当于“肝炎 and 治疗”的检索结果。在有些字段中，如作者字段，模糊匹配可起到片断检索的作用，如检索“刘力”这个作者的文献，在模糊匹配模式下会检出“刘力伟”、“刘力量”、“刘力气”等的文献，而精确匹配则只检出“刘力”的文献。

9. 排序方式　检索结果的排列方式有：无、相关性、时间三个选项。无，按文献入库时间顺序输出。相关度，按词频、位置的相关程度从高到低顺序输出。时间，按文献入库时间逆序输出。

10. 设置每页显示的记录数　可设置每页显示10～50条。

（二）高级检索

点击数据库主页顶端的“高级检索”链接，即可进入高级检索页面（图5-2）。高级检索是一种比初级检索要复杂一些的检索方式，其检索步骤基本同于初级检索，不同的是，高级检索具有以下独特功能供选择使用。

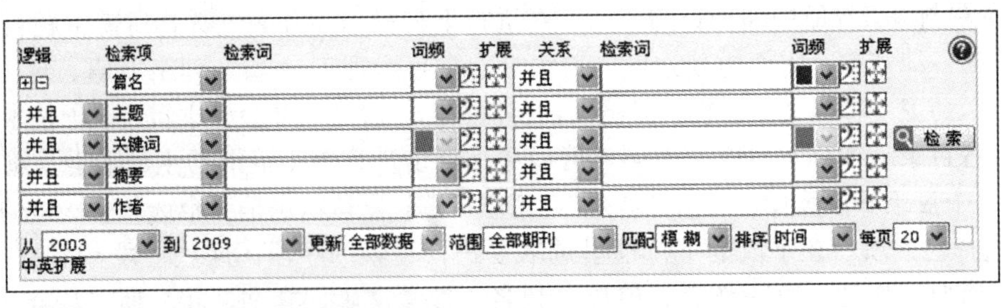

图5-2　《中国期刊全文数据库》高级检索界面

1. 多项双词逻辑组合检索　多项是指可选择多个检索项；双词是指一个检索项中可输入两个检索词（在两个输入框中输入），每个检索项中的两个词之间可进行五种组合：并且、或者、不包含、同句、同段，每个检索项中的两个检索词可分别使用词频、最近词、扩展词；逻辑是指各检索项之间可使用逻辑与、逻辑或、逻辑非进行项间组合。

2. 双词频控制检索　是指对一个检索项中的两检索词分别实行词频控制，也就是一个检索项使用了两次词频控制。是针对单项双词组合检索而设置的。

利用高级检索系统能进行快速有效的组合查询，优点是查询结果冗余少，命中率高，提高检索效率。

（三）专业检索

点击数据库主页顶端的“专业检索”链接，即可进入专业检索页面（图 5－3）。专业检索比高级检索具有更多的功能，如：前方一致检索、字距/词距检索、序位检索等功能。但是，需要检索人员根据系统的检索语法编制检索式进行检索，适用于熟练掌握检索技术的专业检索人员。

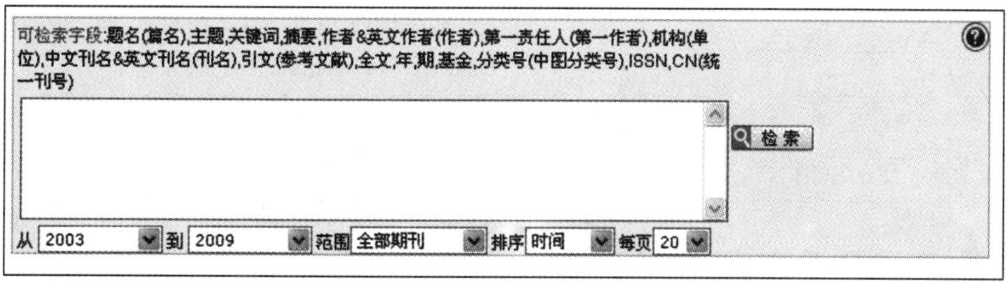

图 5－3　《中国期刊全文数据库》专业检索界面

1. 专业检索中的主要功能　①前方一致检索，也称之为后截断检索，是指在某一检索项内容中，检索前方与检索字/词完全一致的文献。前方一致检索适用于数值索引的检索项；②字距检索是指在一个检索项中可检索两个字或字符之间相隔一定距离的文献。字距检索适用于采用词索引的检索项以外的所有检索项；③词距检索是指在一个检索项中可检索两个词之间相隔一定词距的文献。词距检索适用于采用词索引的检索项；④序位检索是指当一个检索项中存在多个元素或值时，可指定检索位于一定序列上的元素或值，比如，第一位、第二位。包括序位精确检索和序位模糊检索，其中“精确”、“模糊”的定义同“检索控制项”中的“匹配”。

2. 专业检索的检索项　专业检索表达式中可用的检索项名称见检索框上方的“可检索字段”，构造检索式时请采用“()”前的检索项名称，而不要用“()”括起来的名称。“()”内的名称是在初级检索、高级检索的下拉检索框中出现的检索项名称。即是用 17 个检索项构造检索表达式：主题、题名、关键词、摘要、作者、第一责任人、机构、中英文刊名、引文、全文、年、期、基金、分类号、ISSN、CN。例：中文刊名 & 英文刊名（刊名），代表含义：检索项“刊名”实际检索使用的检索字段为两个字段，“中文刊名”或者“英文刊名”。读者使用初级检索“刊名”为“南京社会科学”，等同于使用专业检索“中文刊名＝南京社会科学 or 英文刊名＝南京社会科学”。

3. 专业检索的逻辑运算符　检索项的检索表达式使用“and”、“or”、“not”进行组合；三种逻辑运算符的优先级相同；如要改变组合的顺序，请使用英文半角圆括号“()”将条件括起。

4. 专业检索符号　专业检索符号是指用户在构造专业检索式时所要用到的符号，检索表达式对符号的使用有严格的要求（表5-1）。

表5-1　《中国期刊全文数据库》专业检索语法表

<table>
<tr><th>检索项</th><th>运算符/式</th><th>检索功能</th><th>检索含义</th><th>备注</th></tr>
<tr><td rowspan="5">年、期、ISSN、CN、分类号</td><td>=Value</td><td>精确</td><td>与检索字/词完全相同，不区分大小写</td><td rowspan="5">运算符=前后不能空格</td></tr>
<tr><td>=Value?</td><td>前方一致</td><td>与检索字/词前方一致</td></tr>
<tr><td>=Value1? Value2</td><td rowspan="3">前方一致字距</td><td>与检索字/词1前方一致，并且检索字/词1与检索字/词2间隔1个字</td></tr>
<tr><td>=Value1? ...? Value2</td><td>与检索字/词1前方一致，检索字/词1与检索字/词2间的?表示其间隔的字数</td></tr>
<tr><td>=Value1 * Value2</td><td>与检索字/词1前方一致，检索字/词1与检索字/词2间隔任意字数</td></tr>
<tr><td rowspan="4">作者、机构、中文刊名、英文刊名、基金、第一负责人</td><td>=Str</td><td>精确</td><td>与检索字/词完全相同</td><td rowspan="4">运算符/SUB大写，前后各空一格</td></tr>
<tr><td>= 'Str/SUB N'</td><td>序位精确</td><td>第N位与检索字/词完全相同</td></tr>
<tr><td>=%Str</td><td>包含</td><td>包含检索字/词</td></tr>
<tr><td>=% 'Str/SUB N'</td><td>序位包含</td><td>第N位包含检索字/词</td></tr>
<tr><td rowspan="10">主题、题名、关键词、摘要、引文、全文</td><td>=Str</td><td>包含</td><td>包含检索词</td><td rowspan="10">运算符$、/NEAR、/PREV、/SEN大写，前后各空一格</td></tr>
<tr><td>=%Str</td><td>模糊</td><td>包含检索词及其词素</td></tr>
<tr><td>= 'Str1#Str2'</td><td rowspan="7">词距</td><td>同句</td></tr>
<tr><td>= 'Str1%Str2'</td><td>同句，按词序出现</td></tr>
<tr><td>= 'Str1/NEAR N Str2'</td><td>同句，间隔小于N词</td></tr>
<tr><td>= 'Str1/PREV N Str2'</td><td>同句，按词序出现，间隔小于N词</td></tr>
<tr><td>= 'Str1/AFT N Str2'</td><td>同句，按词序出现，间隔大于N词</td></tr>
<tr><td>= 'Str1/SEN N Str2'</td><td>同段，按词序出现，间隔小于N句</td></tr>
<tr><td>= 'Str1/PEG N Str2'</td><td>全文，词间隔小于N段</td></tr>
<tr><td>= 'Str1 $N'</td><td>词频</td><td>检索词出现的次数</td></tr>
</table>

（四）在结果中检索（二次检索）

如果执行一次检索后命中文献数量过多，可重新在检索词输入框内输入限制的关键词，勾选其后的“在结果中检索”复选框，再点击“检索”，在检索结果范围内进行重新查找。

（五）期刊导航

进入《中国期刊全文数据库》后，点击页面右上方的“期刊导航”进入期刊导航界面。期刊导航中提供了多种导航方式：期刊检索、专辑导航、数据库刊源、刊期、地区、主办单位、发行系统、期刊荣誉榜、世纪期刊、核心期刊、中国高校科技精品期刊。用户可直接浏览期刊基本信息，按期查找期刊文章。

1. 专辑导航　按照期刊内容知识进行分类，分为10个专辑，74个专栏。

2. 数据库刊源 按收录到国内外其他数据库情况分类，可分为 CA 化学文摘（美）、SA 科学文摘（英）、SCI 科学引文索引（美）、CBST 科学技术文献速报（日）、Рж（AJ）文摘杂志（俄）、EI 工程索引（美）、中国科学引文数据库（CSCD）、中国人文社会科学引文数据库（CHSSCD）。

3. 刊期 按出版周期分类，可分为年刊、半年刊、季刊、双月刊、月刊、半月刊、旬刊、周刊。

4. 地区 按期刊出版地分类，大体按照华北、华东、华南、东北、西北、西南、华中来划分，其下具体到省份。

5. 主办单位 按期刊主办单位分类。依据出版社、大学、科研院所、学会的分类具体到各期刊的出版单位。

6. 发行系统 按期刊发行方式分为邮发期刊、非邮发期刊、国际发行期刊。

7. 期刊荣誉榜 按期刊获奖情况分类。

8. 世纪期刊 回溯 1994 年之前出版的期刊。

9. 核心期刊 将中国期刊全文数据库收录的、2004 年被《中文核心期刊要目总览》收录的期刊按核心期刊表进行分类排序。

10. 中国高校科技精品期刊 提供中国高校发行的科技精品期刊。

三、检索结果的处理

（一）检索结果的显示与浏览

执行检索后，系统进入检索结果显示界面（图 5-4）。检索结果显示窗口首先显示本次检索所用检索词、范围及命中文献的总数。同时，命中文章会在其下详细列出，显示字段包括文章篇名、作者、刊名、年/期。点击每篇文献左边的磁盘小图标可以直接阅读 CAJ 格式的全文。若在此窗口中直接点击任一篇名，其详细内容显示在打开的新浏览器窗口中，显示字段包括篇名、作者、刊名、机构、关键词、摘要、参考文献等内容，没有摘要则显示原文的前 300 字。同时还提供 CAJ 和 PDF 格式原文的链接，以及“引证文献（引用本文的文献）”、“同被引文献（与本文同时被作为参考文献引用的文献）”、读者推荐文章、相似文献的聚类检索链接。

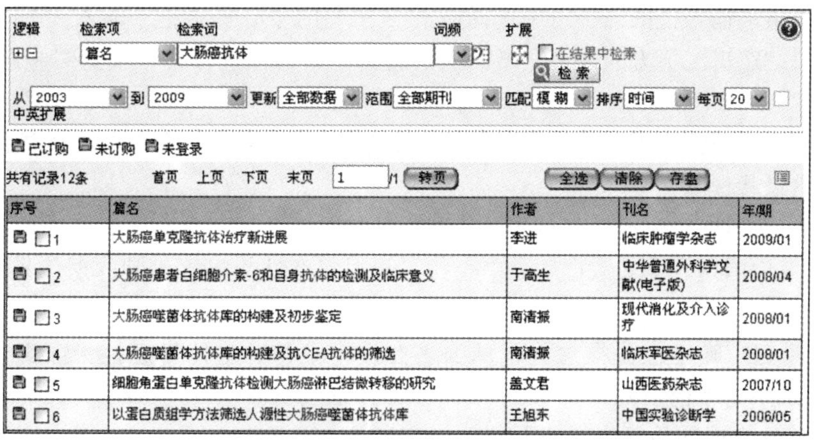

图 5-4 《中国期刊全文数据库》结果显示页面

（二）检索结果的下载和打印

1. 题录保存　题录保存操作全过程在检索结果简单页面完成。系统允许在一个题录文件中最多保存50条题录。保存题录操作步骤：选择题录（全选、单选）→存盘→选择输出格式（简单、详细、引文、自定义）→预览→打印（或复制保存）。

选择题录可采取“全选”和“单选”。点击检索结果右上方的“全选”按钮，将当前页面上显示的文献记录全部选中，点击“清除”按钮，将取消前次所选文献记录；在当前页分别勾选所要保存的文献记录，点击题名前的复选框，系统允许在一次检索页面中连续勾选50条题录。

存盘：点击“存盘”按钮，系统弹出一个窗口将选中的文献记录以默认格式显示，并提供简单、详细、引文格式、自定义四种格式供选择：当选择“自定义”时，系统提供题名、作者、关键词、单位、摘要、基金、刊名、ISSN、年、期、第一责任人等信息项供选择。

预览：点击不同的保存格式，再点击“预览”按钮，可分别查看样式是否符合需求。

打印：点击“打印”按钮将所选中的题录保存格式输出到纸载体上；如要复制保存，则将页面复制另存文件。

清除设定：只是对“自定义”起作用。点击“清除设定”，将清除原先所选择的题录信息保存项，可重新勾选自定义信息项。

2. 导入参考文献管理软件　在选择好输出格式之后，点击RefWorks链接，则打开文件下载窗口，保存一个RefWorks格式的文本文件。打开参考文献管理软件，在导入题录的过程中将过滤器选择为RefWorks即可。

3. 全文下载及浏览　CJFD的全文格式分为CAJ和PDF两种格式，分别需要专门的阅读器软件才能打开原文文件阅读。它们分别是Cajviewer和Acrobat Reader。这两个软件都可从CNKI网站上免费下载安装和使用。文献全文不可批量下载，只能在文献的详细显示窗口单篇下载所需的文献。

四、检索举例

例1. 在《中国期刊全文数据库》中查找“医院病案的质量管理”方面的文献。

1. 分析课题，确定主要概念为：医院、病案、质量管理，并确定采用初级检索方式。

2. 初级检索页面的检索步骤如下：

（1）在检索词输入栏的第一行中选择检索项为“主题”，检索框中输入“医院”；

（2）点击“逻辑”下方的“+”增加一个逻辑检索行，选择检索项为“主题”，检索框中输入“病案”；

（3）再点击“逻辑”下方的“+”增加一个逻辑检索行，选择检索项为“主题”，检索框中输入“质量管理”；

（4）点击“检索”，完成检索过程。

例2. 在《中国期刊全文数据库》中查找“基因多态性与煤工尘肺的遗传易感性之间关系”的文献。

1. 分析课题，确定主要概念为：基因多态性、尘肺、遗传易感性、煤工（或煤炭工人），并确定采用高级检索方式。

2. 高级检索页面的检索步骤如下：

（1）在检索词输入栏的第一行中选择检索项为“主题”，第一个检索框中输入“基因多态性”，第二个检索框中输入“遗传易感性”，两个词之间的关系为“并且”；

（2）在检索词输入栏的第二行中选择检索项为“主题”，第一个检索框中输入“尘肺”；

（3）在检索词输入栏的第三行中选择检索项为“主题”，第一个检索框中输入“煤工”，第二个检索框中输入“煤炭工人”，两个词之间的关系为“或者”；

（4）点击“检索”，完成检索过程。

第二节　中华医学会期刊全文数据库

一、数据库概况

万方数据资源系统是由中国科技信息研究所万方数据股份有限公司开发的综合信息服务系统，包括会议论文全文、西文会议论文全文、数字化期刊、科技信息和商务信息等数据库。

中国数字化期刊群是万方数据资源系统中的一个数据库，是该系统的重要组成部分。该库集纳了理、工、农、医、哲学、人文、社会科学、经济管理与教科文艺等 8 大类 100 多个类目的 6000 余种期刊，实现全文上网，论文引文关联检索和指标统计。从 2001 年开始，数字化期刊已经囊括我国所有科技统计源期刊和重要社科类核心期刊，数据最早回溯到 1984 年。尤其是从 2007 年起中华医学会出版的一系列医学核心期刊的电子版仅在万方数据专业的文献检索平台上提供检索。

《中华医学会期刊电子版》是由中华医学会独家授权北京万方数据股份有限公司制作的专题期刊数据库。系统是以中华医学会授权提供的 115 本刊为主体，结合万方数据专业的文献检索平台的一套全文医学专题资源库。数据库网址为：http：//wanfang. calis. edu. cn：8100/。本节主要介绍《中华医学会期刊电子版》的检索方法与技巧。

二、检索方法与技巧

（一）快速检索

进入《中华医学会期刊电子版》主页，默认的检索方式为快速检索（图 5－5）。检索范围默认在全部字段中检索。检索结果默认按相关度排序。如果用户输入多个词，那么多个词之间为“或”的关系。

（二）简单检索

在《中华医学会期刊电子版》主页导航条点击“文献检索”，进入文献检索界面，文献检索页面提供对期刊论文的简单检索、高级检索和专业检索功能以及对检索历史和浏览历史的查看。默认的是简单检索界面（图 5－6）。

进行检索前，需要添加相应检索条件，选择不同检索条件会得到不同检索结果，根据实际需求选择；还可以通过点击“＋”或“－”号来添加或删除一组检索条件框（默认为两组，最多五组）。

1. 选择检索字段　点击检索项的下拉列表，选择按哪一个字段（如：论文标题、关键词、作者、作者单位、刊名、期、摘要）来检索。系统默认为全部字段，即包括所有可检索的字段。

2. 输入检索词　在文本框中输入所需的检索词。

3. 选择逻辑运算符　用于确定两个检索关键词之间的关系。选项有“与”、“或”、

图 5-5 《中华医学会期刊电子版》主页

图 5-6 《中华医学会期刊电子版》简单检索界面

“非”。“与”：检索结果中同时包含所输入的两个关键词。“或”：检索结果中包含所输入的两个关键词或者其中的任意一个。“非”：检索结果中包含第一个关键词但不包含所输入的第二个关键词。

4. 选择年限　勾选限定年度范围前的复选框，点击年限下拉列表框，选择查询年份，使其在限定的年份范围内检索（只有当数据库中有“年”这个字段时，选择年限的复选框才可用）。最早可选择的检索年代为 1982 年初。

5. 选择显示条数　可以选择在检索结果页面每页显示的文章数，系统提供 10～30 条记录的选择。

6. 选择排序方式　系统提供按相关度、时间、被引次数 3 种检索结果的排序方式。

7. 执行检索　当所有的检索信息都填写完毕后，点击“检索”按钮，执行检索。

（三）高级检索

期刊论文高级检索是一种比初级检索更为详细的检索方式。高级检索的功能是在指定的范围内，通过增加检索条件满足用户更加复杂的要求，检索到满意的信息。如图 5-7 所示。

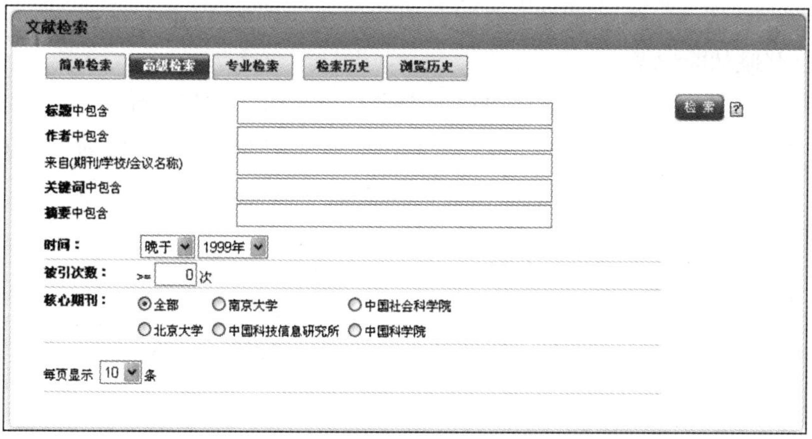

图 5－7　《中华医学会期刊电子版》高级检索界面

1. 填写检索信息　高级检索区域列出了标题、作者、来源、关键词、摘要等检索信息供选择，填写的检索信息越详细检索得到的结果就会越准确。

2. 选择时间范围　通过选择年份，使其在限定的年份范围内检索。

3. 被引次数　指文章被其他人引用的次数，可以通过设置被引用数查找到领域内普遍关注的文章。

4. 核心期刊　包括南京大学、中国社会科学院、北京大学、中国科技信息研究所、中国科学院的五种核心期刊目录，可以选择一种也可以通过点选“全部”同时选择五种。

5. 选择显示条数　可以选择在检索结果页面每页显示的文章数。

6. 执行检索　当所有的检索信息都填写完毕后，点击“检索”按钮，执行检索。

（四）专业检索

专业检索比其他检索功能更强，但需要检索人员根据系统的检索语法编制检索式进行检索。适用于熟练掌握检索技术的专业检索人员。专业检索界面如图 5－8 所示。

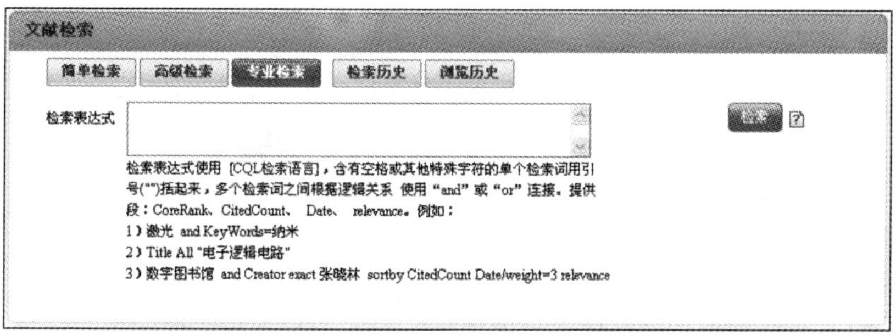

图 5－8　《中华医学会期刊电子版》专业检索界面

1. 可检索字段　《中华医学会期刊电子版》可检索字段主要有 title（论文标题）、creator（作者）、keywords（关键词）、abstract（文摘）、source（刊名）等。

2. 字段限定符“＝”　相当于模糊匹配，用于查找匹配一定条件的记录。例如：title＝“脑外科手术”，表示查找论文标题是“脑外科手术”这个字符串或是包括“脑外科手术”的一串字符串。

3. 字段限定符“exact” 能精确匹配一串字符串。例如：creator exact“张晓林”，是指查找作者是张晓林的记录。

4. 字段限定符“all” 当检索词中包含有多重分类时，它们分别可以被扩展成布尔运算符“and”的表达式。例如：title all“北京 上海 广州”，可扩展为：title=“北京”and title=“上海”and title=“广州”，表示查找论文题名中包括“北京、上海、广州”的记录。

5. 字段限定符“any” 当检索词中包含有多重分类时，它们分别可以被扩展成布尔运算符“or”的表达式。例如：title any“北京 上海 广州”，可扩展为：title=“北京”or title=“上海”or title=“广州”，表示查找论文题名中包括“北京、上海、广州”或其中之一的记录。

6. 通配符“*” 表示匹配任意0个或多个字符。例如：计算机*研究，表示查找包括“计算机研究”、“计算机软件研究”、“计算机辅助设计研究”等的记录。

7. 布尔逻辑运算符 支持布尔逻辑运算符 and、or、not。

（五）二次检索

在检索结果页面的上方点击“继续检索”，可打开二次检索的窗口（图5-9）。可重新在检索词输入框内输入限制的关键词，勾选其后的“在结果中检索”复选框，再点击“检索”，在检索结果范围内进行重新查找。

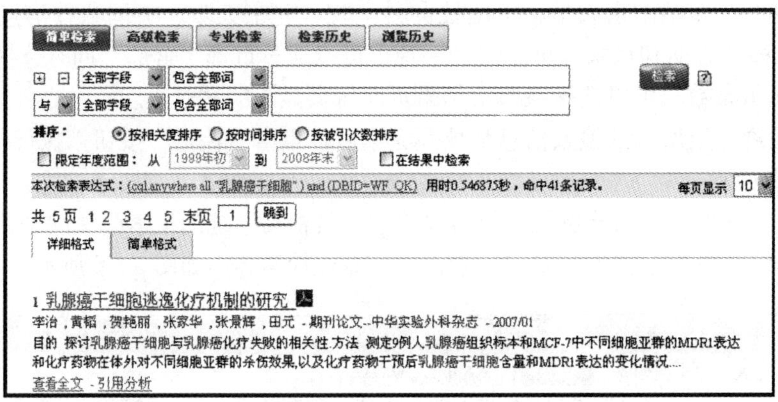

图5-9 《中华医学会期刊电子版》二次检索界面

（六）检索历史和浏览历史

1. 检索历史 系统会记录用户每个会话的检索历史，用户点击“检索历史”链接，可以查看用户最近的检索历史。检索历史页面包括：检索表达式和数据库名。用户可以点击检索历史中的检索表达式，查看该表达式对应的检索结果。

2. 浏览历史 系统会记录用户每个会话的浏览历史，用户点击“浏览历史”链接，可以查看用户最近的浏览历史。浏览历史页面包括：论文标题和数据库名。用户可以点击浏览历史中的标题，查看标题对应的信息页面。

三、检索结果的处理

检索结果显示页面分成3个区域，左侧为检索结果的聚类导航区；右侧上部为检索结果列表，下部为检索结果显示区（图5-10）。

1. 检索结果聚类导航区　该部分按照文献类型、学科分类、按刊分类、日期对检索结果分别提供了聚类导航，可缩小检索结果。

2. 检索结果列表　用户查看本次检索表达式、用时、命中记录数和按页显示的结果列表信息的区域。用户可以在此使用翻页功能查看其他页面的检索结果。

3. 结果显示区　可按照详细格式和简单格式两种方式来显示检索结果。默认为详细格式，显示标题、作者、出处、摘要部分，可通过点击每条结果下的“查看全文”链接打开文献的全文。简单格式仅显示标题、作者、数据来源、年、期等信息。

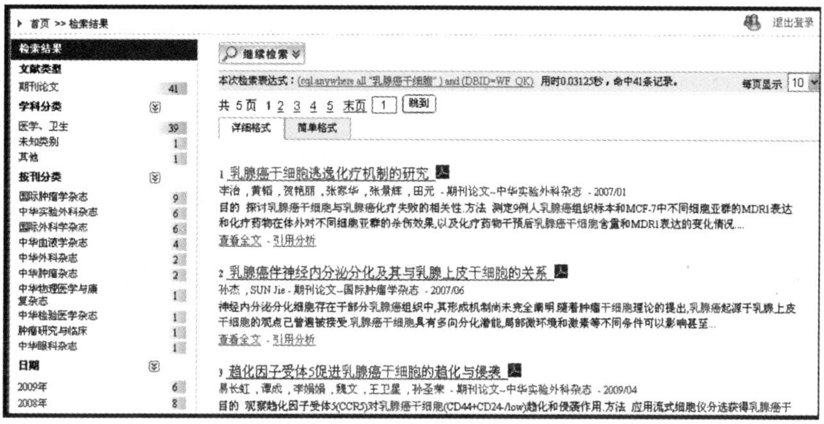

图5-10　《中华医学会期刊电子版》检索结果界面

4. 在检索结果页面上点击论文标题链接，进入细览页（图5-11）。细览页包含了单篇文献的详细信息如数据库名、题名、作者、刊名、摘要等，还提供了相似文献、引用分析和添加到不同收藏夹等服务。

（1）详细信息显示区：显示单篇文献信息，包括中英题（刊）名、作者、刊名、时间和数据库名等信息，以及查看全文、下载全文、法律状态等链接。

（2）相似文献和引用分析：相似文献是指与本文相关文章的列举；引用分析是指本文参考文献和引证文献。用户可以点击“相似文献”和“引用分析”按钮跳到页面相关区域查看。

（3）添加到不同收藏夹：平台在详细信息页面上列举了添加到本地浏览器收藏夹、添加到雅虎收藏+和添加到百度收藏3种收藏夹便于用户收录文章。

四、检索举例

在《中华医学会期刊电子版》中检索有关“禽流感的流行病学分析”方面的文献。

1. 分析课题，确定主要概念为：禽流感、流行病学，并确定采用简单检索方式。

2. 简单检索页面的检索步骤如下：

图 5－11 《中华医学会期刊电子版》检索结果细览页

（1）在检索词输入栏的第一行中选择检索项为“全部字段”，检索框中输入“禽流感”；

（2）在检索词输入栏的第二行中选择检索项为“全部字段”，检索框中输入“流行病学”；

（3）点击“检索”，完成检索过程。

第三节 Elsevier 电子期刊

一、数据库概况

Elsevier（爱思唯尔）公司是一家经营科学、技术和医学信息产品及出版服务的世界著名出版公司，隶属于 Reed Elsevier 集团，该公司总部设在荷兰的阿姆斯特丹。通过与全球科技与医学机构的合作，Elsevier 公司每年出版 2000 多种学术期刊和 1900 种新书，以及一系列的电子产品，如 ScienceDirect、Scopus、MD Consult、在线参考书目等。

Elsevier 公司出版的期刊、图书是业界公认的高质量学术出版物，其出版的期刊大多数为同行评审的核心期刊，被许多著名的二次文献数据库所收录，其中约 1400 种期刊被 ISI 收录。期刊涉及 24 个学科，包括数学、物理、生命科学、化学、计算机科学、临床医学、环境科学、材料科学、航空航天、工程与能源技术、地球科学、天文学及经济、商业管理、社会科学等学科。

1997 年，Elsevier 公司将其 1995 年以来出版的所有期刊及图书系列转化为电子版，推出了 ScienceDirect 全文数据库。通过 ScienceDirect 可以链接到 Elsevier 出版社丰富的电子资源，包括期刊全文、单行本电子书、参考工具书、手册以及图书系列等。2000 年，中国高等教育文献保障系统（CALIS）工程中心组织集团购买，在清华大学图书馆和上海交通大学图书馆设立 Elsevier ScienceDirect OnSite（SDOS）镜像站，向国内高校集体用户提供

Elsevier 数据库服务。2006 年 9 月，Elsevier 公司关闭了国内镜像站点 SDOS，将用户转至国外主站点，即 ScienceDirect Online（SDOL）（图 5－12）。与原有的 SDOS 平台相比，更新版的 SDOL 检索平台在内容更新速度和范围、检索模式、检索技巧和个性化服务等方面都有很大的提高。

SDOL 数据库的访问地址是：http：//www. sciencedirect. com。

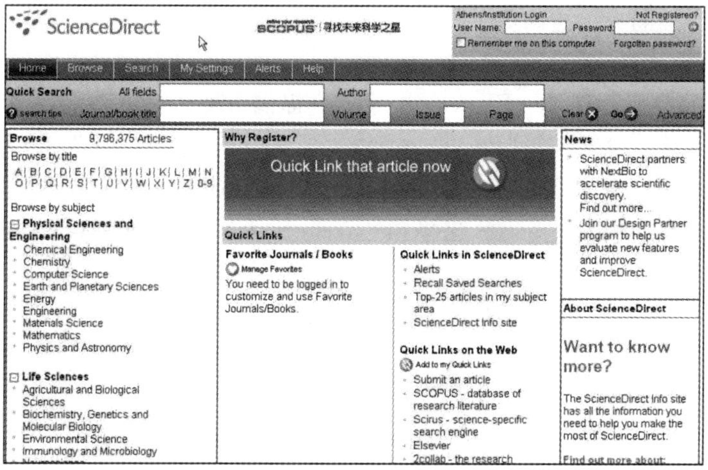

图 5－12 Elsevier 电子期刊主页

二、检索方法与技巧

Elsevier 电子期刊提供浏览（Browse）和检索（Search）两种文献查询功能，其中检索又包括快速检索（Quick Search）、高级检索（Advanced Search）和专家检索（Expert Search）三种检索方式。

（一）浏览

浏览功能提供按字顺（Journals/Books Alphabetically）、按学科主题（Journals/Books by Subject）、按喜好期刊（Favorite Journals/Books）浏览。

1. 按名称字顺浏览　将所有期刊按字母顺序排列，期刊名称后面显示该刊的订购状态（Subscription Details）、文献类型（Content Type）、是否有“在版文章”，以及订制 RSS 提示（Article Feed）、喜好期刊（Favorites）、最新卷期报道（Vol/Issue Alerts）等功能。订购状态为绿色标识代表用户所在单位已订购该刊，可以浏览全文；白色标识为非订购，只能浏览文摘。“在版文章（Articles In Press）”是指已经被出版社接受，但尚未正式出版的文章。文章被编辑部接受后 15 天即作为在版文章出现在 ScienceDirect 平台。同时读者也可以勾选页面左侧的全文（Full-text available）和/或文摘（Abstract only）选项，查看全文期刊和/或只能看文摘的期刊。

2. 按学科主题浏览　提供物理学与工程学（Physical Sciences and Engineering）、生命科学（Life Sciences）、医学（Health Sciences）以及社会学与人文学科（Social Sciences and Humanities）四大一级类目，下设若干二级类目，点击每个类目前的＋号可展开各分支主题，勾选单个或多个主题，通过 Apply 按钮可以浏览所选主题的期刊信息。

3. 按喜好期刊浏览　该浏览方式需在读者免费注册后，将自己感兴趣的期刊加入该列表后才能使用。

以上三种方式浏览选中期刊后，点击刊名链接，则进入该期刊详细信息页面，显示期刊的封面、版权信息、刊名变更情况，出版的卷、期、页码和出版日期的列表。点击相应卷期链接，可逐期浏览文献。点击页面左上方的期刊封面图标，可链接到Elsevier公司网站上该期刊的主页，从而可以查看该期刊其他信息，如简介、主编、订购信息、期刊影响因子，以及为作者提供的详细的投稿指南等。

（二）检索

1. 检索运算符及运算规则　Elsevier电子期刊提供多种运算符和运算规则。

（1）逻辑运算符：逻辑“与”AND、逻辑“或”OR、逻辑“非”AND NOT。在一个字段中，如果输入的检索词之间没有运算符或引号，系统默认各检索词之间的逻辑关系为AND。如输入cancer diagnosis，系统将执行cancer AND diagnosis，且两词前后顺序不固定。

（2）通配符：“*”表示零个或多个字符，可进行词根检索。如输入nurs*可检出包含nursing、nurse、nurses等单词的文献。“?”表示一个字符，如输入wom? n可检出包含woman、women的文献。

（3）邻近度算符：包括W/n和PRE/n。使用邻近度算符连接的两个词，词与词之间间隔不超过n个词，PRE/n要求两词前后顺序固定。如输入flu w/3 drug可检出包含flu和drug的文献，且flu和drug两词相隔不超过3个词，前后顺序不固定。

在一个复合检索式中，系统按照OR、W/n或PRE/n、AND、AND NOT的优先级顺序来执行多个运算符的运算，可通过括号来改变这个顺序。如pain W/15 morphine AND ganglia OR tumor，表示先检索ganglia OR tumor，再检索pain W/15 morphine，最后将前两步检索结果进行AND运算。

（4）短语检索：检索两个或两个以上的单词组成的短语（phrase）时，必须使用引号检索。如检索骨髓移植文献，则应该输入“bone marrow transplantation”；如果不加引号，系统将自动拆分短语为单词，并进行逻辑与运算，即bone AND marrow AND transplantation。短语检索时标点符号、连字符等会被自动忽略。

（5）其他：当英式与美式拼写方式不同时，可使用任何一种形式检索。使用名词单数形式可同时检索出复数形式。支持希腊字母α、β、γ、Ω检索（或英文拼写方式）。

2. 快速检索　ScienceDirect任一页面上方都设有检索区，可快速检索某文章或期刊内容，可供选择的检索字段包括所有字段（All fields）、著者（Author）、刊名/书名（Journal/book title）、卷（Volume）、期（Issue）、页码（Page）等。可选择其中一项或几项内容进行检索，不同字段之间的关系为AND。快速检索的结果包括两类信息，一类是期刊目录信息，另一类是期刊论文题录信息。

3. 高级检索　高级检索增加了对特定作者（Specific Author）、论文题目（Title）、关键词（Keywords）、参考文献（References）、ISSN、机构名称（Affiliation）、全文（Full Text）等多个检索字段的检索，同时还增加学科分类、文献来源、出版时间等限定条件供选择，以获得更精确的检索结果。

作者检索时先输入名的全称或缩写，然后输入姓，如y shang。Authors字段与Specific Author字段的检索不同，即限定Authors字段，则检索词可以出现在不同人的名字之中；

限定Specific Author字段，则检索词必须出现在同一个人的名字中。如输入Authors（Smith w/2 R），既可以检索到R Smith，也可以检索到TP Smith，R Jones，而Specific author（Smith w/2 R）不会检索到TP Smith，R Jones。

4. 专家检索 专家检索需要利用运算符和检索字段组合构建表达式输入到检索框进行检索。该检索模式适合于熟悉检索式构造、对所检文献有特殊需求的专业科研工作者。用户在快速检索或高级检索所检结果篇数较多的情况下，也可选择Expert Search进行精确检索，提高查准率。常用的检索字段有Title-Abstr-Key、Abstract、Authors、Affiliation、Keywords、References、Title、Srctitle等，其他字段限定与高级检索相同。输入格式为字段名（检索词），如输入title-abstr-key（renal failure），可检出题目、摘要或关键词字段中出现renal failure的文章。

5. 二次检索（Search Within Results） 检索结果显示页面左边提供有“Search within Results”（在检索结果中检索）的检索输入框，在此可输入一个检索词进行检索，检索将在现有的检索结果范围内的所有字段进行，即二次检索。二次检索可以进一步限制检索结果，从而缩小检索范围，提高查准率。二次检索框内输入的检索词与上一个检索式之间的关系为AND。可以勾选系统给出的Content Type、Journal/Book Title、Year等限定内容，然后选择在所选限定范围之内（limit to）或之外（exclude）精炼检索结果（Refine Results）。

三、检索结果的处理与个性化服务

（一）检索结果的处理

1. 检索结果列表 执行检索后，首先在检索结果页面上方显示命中结果数量、检索式。命中记录信息包括论文题目、刊名、卷期、出版日期、页码、作者，以及内容预览、PDF全文或HTML全文、相关论文（Related Articles）的链接。点击 Preview预览按钮，则在该条记录下方显示论文的摘要、大纲、图表，以及参考文献等信息，供用户快速浏览论文的主要内容。也可以点击 Open All Previews，预览当前页所有记录的摘要、大纲等信息；点击 Close All Previews取消预览功能。对于某些无文摘的论文，还可预览某一页PDF全文（Click here for a PDF Excerpt）。每条记录前面都有一个小图标，表示用户可以查看该论文的全文，表示只能查看文摘信息。

2. 记录排序（Sort by） 可以按照相关度（Relevance）和文献发表时间（Date）方式排序检索结果。相关度排序是指按检索词出现的频率排序，频率高的排在前面，此为系统默认的排序方式。

3. 查看详细记录 检索结果页面的每条记录均提供论文题目的链接，点击即可浏览该篇文章的详细信息（图5-13），包括题目、作者、单位、文摘、DOI、内容大纲、关键词、出处、相关文献列表等，有的记录还提供HTML全文。点击每篇文献的PDF链接，即可下载浏览全文。Elsevier期刊原文全部采用PDF文件格式，保持了纸本刊的原貌。浏览或下载原文之前必须先安装Adobe Acrobat Reader软件。点击 Cited By按钮，即可查看该文献在Elsevier电子期刊数据库中被引用情况，包括被引次数和引用文献。点击 Cited By in Scopus按钮，即可查看该文献在Scopus数据库中被引情况。

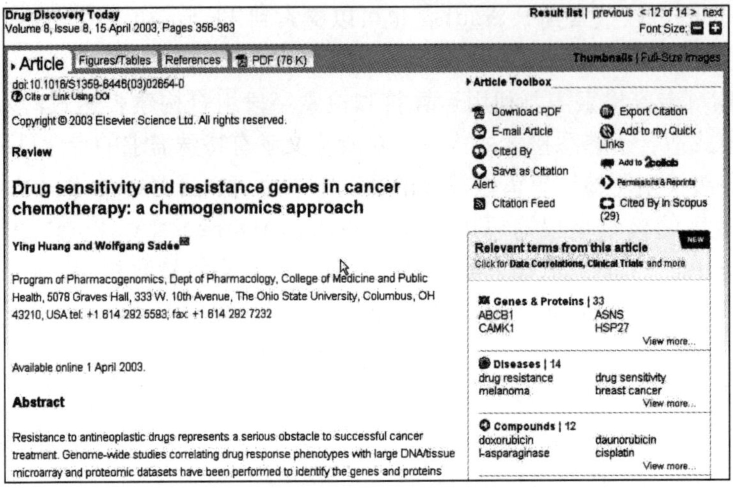

图 5-13　检索结果详细显示页面

4. 文献使用权　点击 Permissions & Reprints 按钮，即可申请该文献的使用权。Elsevier 与 Copyright Clearance Center 合作，只要任何人有意申请 Elsevier 所发行的出版物的使用权限，都会提供 Rightslink 服务给他们使用。通过 Rightslink，大多数的使用权限要求就可以立即在线处理，并且即刻进行授权。

5. 2collab 免费在线平台　单击 Add to 2collab 按钮可以访问 2collab 平台。2collab 是 Elsevier 公司于 2007 年为研究人员提供的一个与一群同行和专业人员分享资源的平台，创造了一个能够促进信息发现、评价和辩论的在线社区。2collab 可以使得研究人员能够添加、分享和评价书签、标签资源以及添加评论和创造论题组。该工具推荐每个用户建立个人简介，这样每个人都可以通过简介来确保会员用户的真实性。

6. NextBio　2009 年 Elsevier 与 NextBio 合作，在 ScienceDirect 平台上整合 NextBio 独特的基于本体的语意工具以及高质量的公共数据，为生命科学、医学和化学研究者提供检索、发现、分享公共和专用数据的动态平台，以丰富 ScienceDirect 的内容。通过 NextBio，既能分析 ScienceDirect 的内容，搜索其同行评审的文献，又同时使用来自 PubMed、临床试验、实验数据、新闻文章的公共数据。

7. 查看相关文献　ScienceDirect 将某一篇文献提供的关键词进行默认字段检索后所获得的文献为该篇文献的相关文献。点击 Related Articles 链接可以查找数据库中与某文献相类似的文献。

8. 检索结果的输出　包括 Email 发送、输出到文献管理软件和全文下载三个方面。

（1）Email 发送：点击 Email Articles 可以通过 Email 发送检索结果。如果事先没有指定具体的检索记录，则默认输出所有记录的引文信息（包括记录链接）。使用此方式必须填写发送者的姓名和 Email 地址、接收者 Email 地址，以及选择邮件格式为 HTML 或纯文本（ASCII）。

（2）输出到文献管理软件：点击 Export Citations 可以按设定的格式将结果输出到专用软件中，如 Reference Manager、ProCite、EndNote、RefWorks，使用这些软件可以帮助用户建立自己的专题文献数据库，更方便用户的论文写作。

（3）全文下载：Elsevier 提供全文下载管理器（Document Download Manager），能够使研究者同时下载多篇全文文献，专门致力于开发信息管理工具的 QUOSA 公司是下载管理技术的提供者。点击 Download PDFs，可以通过全文下载管理器，在任何检索结果页面中实现 PDF 格式的全文下载，最多可同时下载 20 篇。

（二）个性化服务

ScienceDirect 提供多角度、多层次的个性化服务功能，用户通过免费注册获得个人帐号，登录后，即可检索文献、查看近期操作及保存检索式；定制个人喜爱期刊及各类快速链接；还可从期刊目次、主题、检索、文献引文多角度定制提示服务。

1. Email 提示服务　包括检索提示、主题提示、期刊提示和引文提示四种 Email 服务。

（1）检索提示（Search Alert）：检索结果页面点击 Save as Search Alert，即可进入检索提示服务设置页面，填写邮件提示名称（Name of Alert）、邮件地址（E-mail Address），选择接收邮件的频率（每日、每周或每月）。系统定期跟踪数据库中是否收录与该检索式相匹配的新文献，并将这些文献发送到读者的电子邮箱里。

（2）主题提示（Topic Alerts）：在主题提示设置页面，从下拉菜单中选择一个学科，然后勾选感兴趣的主题，点击 Save 按钮保存设置。设置成功后，系统每周向读者的邮箱中发送该主题的最新文献。

（3）期刊提示（Volume/Issue Alerts）：按字顺浏览期刊页面和期刊详细信息页面，可以设置期刊提示服务。设置好后，只要该期刊最新一期出版时，系统会将最新目次信息发送到读者的电子信箱里。

（4）引文提示（Citation Alerts）：文章详细信息页面，点击 Cited By 按钮可将该文献设置为引文提示，即一旦有新文献引用该文献，就可以收到 Elsevier 通过 Email 发来的引用通知，Email 内容包括被引文献题名，被引次数，以及引用该文献的详细记录信息。

2. 检索史的管理　在高级检索和专家检索页面下方 Search History 区域，显示此次检索过程中提交的所有检索式。通过 Turn Off 或 Turn On 可以打开或隐藏检索史。检索史显示区提供每条检索式的检索字段和检索词、命中结果数。对已有检索式还能直接对其进行逻辑组配运算，即选中需进行组合的检索式，并选择一个逻辑运算符（Combine with And 或 Combine with Or）执行检索。也可以对已有检索式再检索、编辑或删除。每进行一次检索操作，可以利用检索结果页面中 Edit Search、Save Search、Save as Search Alert、RSS Feed 链接，实现编辑和保存检索式、设置定题检索提醒和 RSS Feed 服务。

3. 其他功能　包括个人信息管理、近期操作以及快速链接等。

（1）个人信息管理：通过页面上方 My Setting 按钮，可以对个人信息进行管理，包括添加或删除 Email 提示管理、修改个人信息及偏好、修改密码、查看期刊收藏及内容通报等。

（2）近期操作（Recent Actions）：每次使用数据库，个人登录后，系统会记忆本人所做操作，包括浏览的期刊、执行的检索、浏览的全文。对不需保留的操作，可执行 Clear 操作。Recent Actions 的最大记录数为 100。

（3）快速链接：包括站内链接（Quick Links in ScienceDirect）和站外链接（Quick Links on the Web），前者可以管理已经添加到快速链接中的期刊、检索式、热门文章等；后者可以将互联网上的网站快速链接添加到此。快速链接还提供 Elsevier 在线投稿入口（Submit an article）、科技文献搜索引擎（Scirus）、Scopus 数据库、Google、2collab 以及 Elsevier 公司网站等链接。

第四节　其他电子期刊

一、中文科技期刊数据库（全文版）

（一）概况

中文科技期刊数据库由科技部西南信息中心、重庆维普资讯有限公司出版，1993年面世，是目前国内内容量最大的综合性文献数据库之一，其全文和题录文摘版一一对应。该库包含了1989年至今的8000余种期刊刊载的2000余万篇文献，并以每年180万篇的速度递增。涵盖社会科学、自然科学、工程技术、农业、医药卫生、经济、教育和图书情报等学科的8000余种中文期刊数据资源。按照《中国图书馆分类法》进行分类，所有文献被分为8个专辑：社会科学、自然科学、工程技术、农业科学、医药卫生、经济管理、教育科学和图书情报。

（二）检索方法与技巧

1. 快速检索　快速检索页面提供题名或关键词、关键词、刊名、作者、第一作者、机构、题名、文摘、分类号、作者简介、基金资助、栏目信息共12个字段检索，用户可根据实际需求选择检索入口，输入检索词，点击“搜索”按钮完成检索（图5－14）。默认检索字段为题名或关键词、收录年限为1989年至今。另外，系统还提供“模糊”和“精确”检索方式的选择，“精确”方式仅限于关键词、刊名、作者、第一作者和分类号这五个字段。

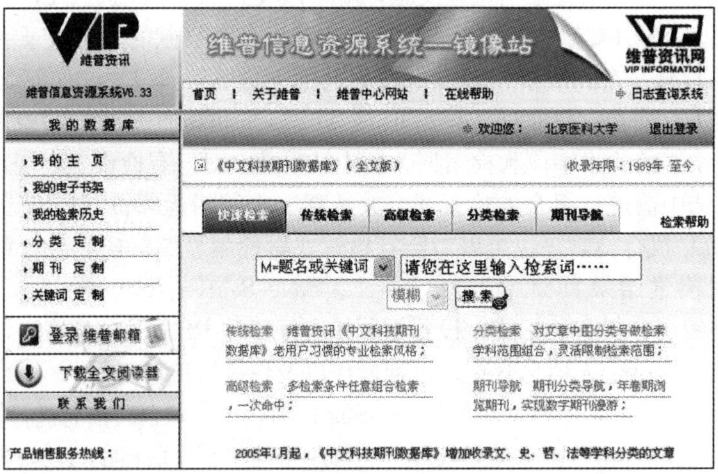

图5－14　中文科技期刊数据库（全文版）主页

2. 传统检索　此为原网站的《中文科技期刊数据库》检索模式，经常使用本网站的老用户可以点击此链接进入检索界面进行检索操作，可进行期刊文章题录文摘浏览、下载及全文下载。

3. 高级检索　高级检索提供向导式检索和直接输入检索式检索两种方式，运用逻辑组配关系，查找同时满足多个检索条件的期刊文章。

（1）向导式检索：系统提供五个检索输入框供用户选择五个字段进行逻辑组配检索。系统默认的五个字段为关键词、作者、分类号、机构和刊名。检索框之间的逻辑组配有“并且”（逻辑与）、“或者”（逻辑或）、“不包含”（逻辑非），默认为“并且”。该检索的检索操作严格按照由上到下的顺序进行，用户在检索时可根据检索需求选择检索字段。

向导式检索提供五个扩展功能，包括查看同义词、同名/合著作者、查看分类表、查看相关机构、期刊导航。读者只需要在前面的输入框中输入需要查看的信息，再点击相对应的按钮，即可得到系统给出的提示信息。点击“扩展检索条件”，可以从出版时间、专业和期刊范围进一步减小检索范围，获得符合检索需求的检索结果。

（2）直接输入检索式检索：可在检索框中直接输入逻辑运算符、字段标识等，点击“扩展检索条件”并对相关检索条件进行限制后点击“检索”按钮即可。逻辑运算符包括“＊”代表“并且”、“＋”代表“或者”、“－”代表“不包含”。

4. 分类检索　根据《中国图书馆分类法》（第四版）制定，由专业标引人员对每条期刊数据进行分类标引。分类检索页面，首先从左侧分类表中选择分类，将选中的分类添加到右边“所选分类”方框中。在选中学科类别以后，可以直接点击“搜索”按钮进行检索；也可以选择检索入口，输入检索词，在所选分类中进行再限制检索。

5. 期刊导航　期刊导航提供按刊名字顺或学科类别对维普公司收录的所有期刊进行浏览，可通过刊名或ISSN号查找某一特定期刊，并可按期查看该刊的收录文章，同时可实现题录、文摘或全文的下载功能。期刊列表页面上提供的期刊信息有：刊名、ISSN号、CN号、核心期刊标记（有★标记的为核心期刊）。期刊列表中如果包含有核心期刊和相关期刊，点击★核心期刊即可将列表中的核心期刊全筛选出来，此时变成★核心期刊黄色。在期刊列表上点击期刊名称，即进入期刊首页，可浏览期刊的基本信息，包括期刊简介、期刊主办信息、编辑部联系方式、订刊信息、国外数据库收录情况等信息。在期刊首页上，还提供当前期刊文献的任意字段检索，提供收录年限、选定相应的期数。

6. 二次检索　在已进行的检索操作基础上，可进行重新检索或二次检索。“在结果中检索”指检索结果中必须出现所有的检索词，相当于布尔逻辑的“与”、“and”、“＊”；“在结果中添加”指检索结果至少出现任一检索词，相当于布尔逻辑的“或”、“or”、“＋”；“在结果中去除”指检索结果中不应该出现包含某一检索词的文章，相当于布尔逻辑的“非”、“not”、“－”。

（三）检索结果的处理

提交检索后，检索结果页面显示检索式、命中结果数以及文章标题、文章前两位作者、文章出处（期刊名、出版年和期）等信息。用户可以根据需要选择概要、摘要或全记录显示三种不同的显示方式。点击与文章对应的全文下载图标即可下载PDF格式的全文。点击“全文快照”即可查看文章部分内容。

在检索结果显示页面上勾选文章，点击全文下载按钮，即出现文章下载管理页面。选择下载题录文摘（概要显示、文摘显示、全记录显示、引文标准格式显示、ENDNOTE格式、NoteExpress格式、自定义输出），点击下载按钮即可下载。

二、Ovid电子期刊全文数据库

（一）概况

美国Ovid Technologies公司是Wolters Kluwer国际信息服务公司的子公司，成立于

1988年，并于2001年与美国银盘公司（SilverPlatter Information）合并，成为世界著名的数据库出版公司。目前，Ovid Technologies主要提供生物医学和科技类的电子信息产品，主要包括临床各学科专著及教科书等电子书，循证医学、MEDLINE、EMBASE、BIOSIS等数据库，以及电子期刊全文数据库等。Ovid电子期刊全文数据库（简称Ovid数据库）提供30多个世界著名出版商出版的科学、技术及医学期刊2000余种，其中包括Lippincott，Williams & Wilkins（LWW）、Oxford University Press、British Medical Association等著名的出版机构。

数据库网址为：http：//gateway. ovid. com/

（二）检索方法与技巧

1. 高级检索（Advanced Ovid Search） 高级检索包括关键词、著者、题名、期刊名称四种检索途径（图5－15）。系统默认为关键词检索。

图5－15 Ovid数据库高级检索页面

（1）关键词检索（Keyword）：在关键词检索中，命令检索框内可以输入任意的检索词，也可以使用运算符进行检索。关键词检索范围包括题名（title）、文摘（abstract）、全文（full text）和图片说明（caption text）四个字段。如可输入myocardial infarction、myocardial. ti.、myocardial and thrombolyt $ 等检索式。提交检索之前，可以对检索式进行限定（Limits），常用的限定内容包括最新文献、Ovid全文文献、综述文献、带文摘文献、心理学文献、出版年份等。也可以通过Additional Limits按钮增加其他限定内容，或通过Edit Limits按钮设置默认的限定内容。

（2）著者检索（Author）：在高级检索界面中点击Author按钮即可进入著者检索途径。在命令检索框中输入著者姓名，格式为：著者姓＋空格＋名，点击search按钮，显示著者索引，按字顺查找并选中所需著者，点击Search for Selected Terms按钮检索该著者发表的文献。著者索引页面上方还提供一个检索框为用户快速查找著者姓名之用。

（3）题名检索（Title）：在高级检索界面中点击Title按钮即可进入题名检索途径，可对文章题名进行检索。

（4）期刊名称检索（Journal）：在高级检索界面中点击Journal按钮即可进入期刊名称检索途径。在命令检索框中输入刊名全称或前几个词，但不要使用刊名缩写对刊名进行检索。如输入american journal后系统按字顺显示以american journal开头的期刊名称索引（前方一致检索），查找并选中所需期刊后，点击Search for Selected Terms按钮进行检索，获得该期刊发表的文献。

2. 基本检索（Basic Search） 在基本检索中，命令检索框内可以输入任意的检索词；也可以输入一句话，进行自然语言的检索，如输入 nursing care of influenza vaccine inoculation（流感疫苗接种反应中的护理工作）。

3. 字段限定检索（Search Fields） 字段限定检索界面提供 Ovid 数据库所有可以检索的字段，在 Enter word or phrase 检索框中输入检索词，选择所需特定字段或所有字段（All Fields，默认），点击 Search 按钮进行字段限定检索；若点击 Display Indexes 按钮则显示数据库索引，包括索引词、字段标识符和命中记录数，浏览该索引并选词进行检索。点击字段名称可以查看该字段的详细说明。

4. 特定文献检索（Find Citation） 特定文献检索可以对论文题名、期刊名称、著者的姓、论文发表的卷、期、首页及出版年代等进行限定检索，各检索项之间为逻辑 AND 关系，以查询特定文献。对期刊名称或著者的姓检索时，系统默认进行截词检索，例如在 Author Surname 检索框中输入 Smith，系统自动转换为“smith $”[Author Surname] 检索。

5. 多字段检索（Multi-Field Search） 多字段检索提供三个检索输入框和字段限制选择，默认为 All Fields。检索框之间的逻辑组配关系有 AND、OR、NOT，默认为 AND。可根据实际需求选择检索入口，输入检索词，选择运算符，进行多个检索字段的组合检索。也可点击 Add New Row 按钮任意添加一个检索输入框，使用灵活方便。

6. 期刊浏览（All Journals） 在 Ovid 数据库主页点击 All Journals 按钮即可进入期刊浏览页面。期刊浏览方式有两种：按刊名字顺浏览（Filter By Title）和按学科类目浏览（Filter By Subject）。Ovid 将所有来源期刊分为 8 个学科类目，即临床医学（Clinical Medicine）、行为与社会科学（Behavioral & Social Sciences）、职业健康（Health Professions）、生命和生物医学（Life & Biomedical Sciences）、生命科学（Life Sciences）、护理学（Nursing）、物理与工程学（Physical Science & Engineering）、心理学（PsycARTICLES）。每个学科类目下再按照等级分类细分为若干下位类，类目名称后标明该类目包含的期刊数目。浏览期刊时，点击某一期刊名称，显示期刊的出版社、ISSN 号、期次列表，以及最新一期的目次等内容。期刊浏览页面上方提供一检索框，可以快速检索某本期刊。

（三）检索结果

执行检索后，检索结果页面首先显示输入的检索式、命中结果数和当前页显示的记录条数。同时显示每条命中记录的作者、题名和出处等信息。

1. 检索结果管理（Results Manager） Ovid 数据库提供检索结果的显示（Display）、打印（Print Preview）、Email 发送和保存（Save），可以对输出记录的字段、格式和数量进行修改。Ovid 提供输出记录的字段格式包括：引文格式（题名、作者和出处）、引文＋文摘格式（默认格式）、引文＋文摘＋主题词格式、全字段格式，此外用户还可以根据需要通过 Selected Fields 按钮自定义输出字段。

2. 查找相似文献 Ovid 规定如果两篇文献的题名中有相同的内容，则此两篇文献为相似文献。通过每条记录的 Find Similar 按钮可以查找与该记录内容相类似的文献，在相似文献的题名中用红色标明与原文献相同的单词。

3. 查看其他检索结果 当用户提交两个或两个以上的检索式时，在命中结果页面上方出现 Your Recent Searches [＋]，点击“[＋]”将显示用户已提交的其他检索式，选择其中一条检索式即可查看该检索式的命中结果。这种方式使用户在查看检索结果时，可以快速切换到其他检索式的命中结果中，方便用户使用。

4. 查找引用文献　通过每条记录的 Find Citing Articles 按钮可以查找 Ovid 电子期刊全文数据库中引用该文献的记录。

5. Ovid 链接功能

（1）书目信息的链接：通过 Abstract Reference 或 Complete Reference 按钮查看记录的文摘页或全字段信息页，了解该文献的详细信息。

（2）Ovid Full Text 全文链接：Ovid 数据库的全文文件采用 HTML 格式和 PDF 格式。通过 Ovid Full Text 按钮可以查看 Ovid 数据库的全文，首先显示 HTML 格式，如果该全文有 PDF 格式则可以单击 PDF Full Text 进行浏览、下载或打印。另外，也可通过 Email 将 Ovid 全文链接的 URL 发送到用户的电子信箱中，在浏览器的地址栏中输入此 URL 可以直接打开该文献的全文。

（3）Full Text 全文链接：Ovid 数据库中除数据库本身提供的期刊原文之外，还提供与其他期刊出版商或数据库提供商网站之间的链接，如果用户已订购 Ovid 数据库以外的电子期刊全文，则可以通过 Ovid 数据库 Full Text 按钮直接显示这些原文或链接到原文所在的网站。

（4）期刊目次链接：欲浏览刊登某篇文献的期刊目次信息，可以通过 Table of Contents 按钮链接到该文献所在卷期的期刊目次页。

（5）馆藏链接：用户通过 Library Holdings 按钮可以链接到本馆馆藏目录，查看用户所在图书馆是否订购该期刊。

（6）Internet 资源链接：当用户浏览某条记录时也可以通过 Internet Resources 按钮查看 ARC-Cross Archive Searching、Intute、SCIRUS 包含的信息，从而扩大检索范围，获得更多相关文献。

（四）其他辅助功能与服务

1. 检索史的管理

Ovid 数据库可以对检索史进行管理，包括检索式的再利用、删除、保存和调用。在检索页面上方提供此次进程中提交的所有检索式及命中结果数，可以通过检索式后面的 Display 按钮查看具体的检索结果。

2. AutoAlert 自动专题服务

如果用户要跟踪其研究课题的发展和研究动向，可以启用 Ovid 数据库的 AutoAlert 自动专题服务，用户就会通过 Email 定期获得相关文献信息。在 AutoAlert 设置页面可以对输出文件的格式（Output Type）、报告的类型（Report Type）、记录的字段（Fields）、输出记录的格式（Result Format）、报告的周期（Scheduling Options）等选项进行选择和设定。

三、ProQuest 电子期刊全文数据库

（一）数据库概况

ProQuest 是美国 ProQuest Information and Learning 公司（原 UMI 公司）的全球性全文检索和传送系统，目前在全世界范围内已有一定知名度，其数据库覆盖了商业、金融、新闻、科技、医学、综合参考信息以及人文社会科学等多种学科，内容包括期刊、报纸、参考书、参考文献、书目、索引、地图集、绝版书籍、记录档案和博士论文等各种类型的信息服务，有数字化、缩微型及印刷型三种文献类型产品。ProQuest 系统目前拥有 70 余个全文数据库，基本为期刊论文数据库，收录内容偏重学术性，全文所占比例较高。其中与生物医学

有关的数据库如下。

1. Academic Research Library（ARL） 综合参考及人文科学期刊论文数据库，涉及商业与经济、教育、社会科学与历史、计算机、科学、工程/工程技术、医学、卫生保健及其相关科学、生物科学/生命科学、心理学等学科，到目前共收录 3168 种期刊和报纸，其中全文期刊约 2230 种。可检索 1971 年以来的文摘和 1986 年以来的全文。

2. ProQuest Health & Medical Complete（PHMC） 是一种医学全文数据库，其全文以 PDF 或文本加图像格式存储，范围涵盖护理学、内科学、儿科学、神经学、药理学、心脏病学、物理治疗以及新增的公共卫生和卫生管理等各学科的 1446 种期刊，全文期刊达到 1195 种，其中全文现刊 898 种。

3. ProQuest Medical Library（PML） 是 PHMC 的子集，PML 收录的全文刊达 976 种，其中全文现刊 885 种。

ProQuest 数据库网址：http：//global. umi. com/login 或 http：//proquest. umi. com/login

（二）ProQuest 数据库检索方法与技巧

1. 基本检索（Basic Search） 基本检索（图 5 - 16）为默认检索方式，该检索界面简单、易操作，只提供一个检索输入框，用户可以直接键入一个单词或词组进行检索，例如输入 flu AND vaccine，点击“检索”按钮检索流感疫苗的文章。

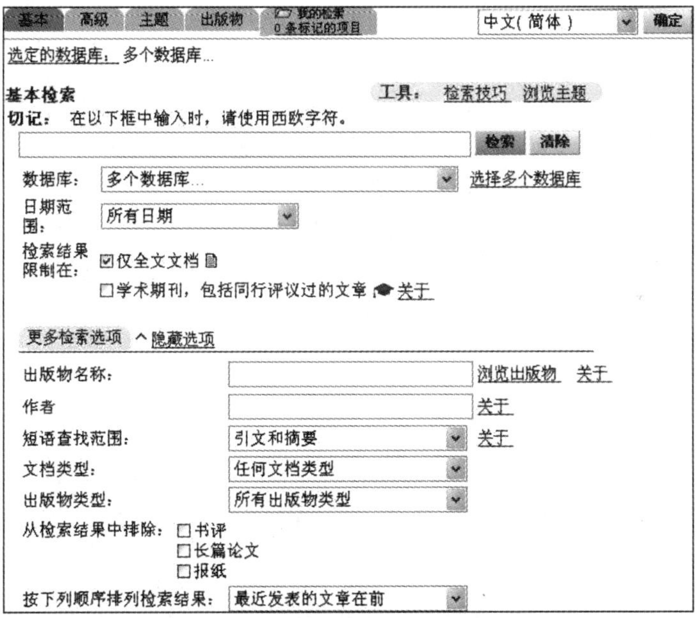

图 5 - 16 ProQuest 数据库基本检索界面

执行检索命令之前，系统还允许用户对检索加以限制：

（1）数据库（Database）：可以选择一个或多个数据库进行检索。默认为多个数据库（Multiple databases）。

（2）日期范围（Date range）：可以对最近 1 周、1 个月、3 个月、12 个月等范围内更新的文献进行检索，也可指定某一天或特定的时间范围。默认为所有日期（All dates）。

（3）检索结果限制在（Limit results to）：可以选择对全文文献（Full text documents

only）和/或学术性期刊（Scholarly journals，包括同行评议刊）文献进行检索。

（4）其他选项（More Search Options）：可以选择出版物名称（Publication title）、作者（Author）、短语查找范围（Look for terms in）、文章类型（Document Type）、出版物类型（Publication type）、按下列顺序排列检索结果（Sort results by）选项进行检索。

2. 高级检索（Advanced Search） 高级检索比基本检索更为全面，除基本检索能实现的检索功能外，还提供多个检索输入框和字段限制选择。用户可直接键入检索词，选择运算符（AND，OR，AND NOT，WITHIN 3，PRE/1）进行检索。也可点击 Add a row 或 Remove a row 任意添加或删除一个检索输入框。此外，在高级检索"更多检索选项"中还提供多个限制检索，可以在相应的检索框内输入检索词进行检索，也可以通过系统提供的字段索引浏览选词进行检索。

3. 出版物检索（Publication Search） 检索输入框内可输入期刊的全称、部分内容或使用以"*"结尾的截词进行检索，如检索包含 medical 或 medicine 的所有期刊名称，则输入 medic* 即可。如果使用布尔逻辑算符连接的检索式，则只能用 OR。可用引号准确检索一种期刊，如输入"science"可只检索出 science 这一本杂志，但不加引号则检索结果为期刊名称中含有 science 的所有期刊。

除对期刊名称检索外，还可直接按字顺浏览 ProQuest 数据库所有的期刊名称。凡是期刊名称后带有▤标志的，表示该期刊提供全文，并显示全文收录范围，是否滞后出版（delayed）及滞后出版时间。点击任意一个期刊则进入年卷期页，可以浏览该刊的有关卷期，全文覆盖时间和是否有滞后现象。在卷期页上，点击 Publication Information 按钮可以获得有关此刊的详细资料。点击 Search Within Publication 按钮可以输入检索词对该期刊进行检索。

4. 主题指南（Topics） ProQuest 主题指南可以使用户通过检索索引或分层主题目录来查找文章。索引的主题包括学科、公司/组织、位置和人名。主题指南允许在输入框内输入任意的词，选择建议主题（Suggest topics，默认）或按 A-Z 查找主题（Look up topics A-Z），点击"Find Term"按钮，系统将提供所有有关的主题，包括已经组配的复合概念。通过点击每一个主题下方的"View"，可以查看该主题的文章；而点击"Narrow"可以通过相关主题缩小检索范围。

（三）检索结果（Results）

1. 检索建议 在检索结果页面首先显示 ProQuest 数据库建议使用的主题和出版物，用户可以浏览并选择相关主题或出版物。如果选择某一主题，则显示该主题的检索结果，同时用户也可以根据系统提供的建议词（包括主题、日期、出版物名称）进一步限定结果，以缩小检索范围。

2. 检索结果列表 检索结果页面下方，显示命中结果数量、检索式及命中结果。命中结果默认按文献发表时间顺序排列（也可按相关度排序），最近发表的文献排在最前面。每条记录的信息包括篇名、作者、出版物名称、出版地、出版日期、卷、期、页等。同时用图标显示该文献是否有文摘、全文、图像、PDF 文件，用户可根据需要点击相应图标查看某一篇文献的详细内容。

3. 按出版物类型浏览结果 系统默认显示的检索结果为所有出版物类型的文献（All sources），读者可按不同出版物类型浏览结果。如 Scholarly Journals、Magazines、Trade Publications、Reference/Reports。还可以选择浏览所有全文文献（Show only full text）。

4. 查找同类文献 点击记录下方的 Abstract 或 Full Text，浏览记录的详细信息（Docu-

ment View)，包括文章篇名、刊名、作者、出版者、出版地、出版日期、卷期、页码、ISSN 号、主题词、文章类型、文章字数、文摘、全文、附注、参考文献等。在页面右方，可以根据系统提供的有关公司的名称、文献类型、语种、及出版物名称等信息查找同类文献。

5. 标记记录 在每一条记录的序号左侧有一个复选框，可以标记所需文献，然后点击上方“My Research”，显示所有标记过的记录；也可标记/清除所有记录（Mark/Clear all on page)。

6. 我的检索（My Research） ①标记过的文档（Marked Documents)：显示所有标记的记录，最多可以存放 50 条记录。允许清除已标记的记录，并从列表中将未标记记录删除。标记记录可以输出，输出方式有 Create Your Bibliography、Email Documents、Export Citations、Create a web page 四种。②检索历史（Recent Searches)：显示已提交的所有的检索式，以及检索结果。③阅读过的出版物（Visited Publications)：显示访问过的所有出版物名称列表。可以通过建立提示（Set up Alert）建立定题服务，即选定某一个出版物，ProQuest 会将该出版物出版的新文献实时自动地送入用户 Email 信箱。

四、Wiley InterScience 电子期刊全文数据库

（一）数据库概况

John Wiley & Sons Inc.（约翰威立出版公司）创立于 1807 年，是全球知名的学术出版机构，在化学、生命科学、医学以及工程技术等领域学术文献的出版方面颇具权威性。1997 年 10 月开通在线出版平台 Wiley InterScience。Wiley InterScience 收录期刊、图书、参考工具书、实验室指南等多种文献类型。2007 年 2 月与 Blackwell 出版社合并，两个出版社出版的期刊整合到同一平台上提供服务。Wiley InterScience 是一个综合性的网络出版及服务平台，在该平台上提供全文电子期刊、电子图书和电子参考工具书的服务（图 5－17)。通过 Wiley InterScience 平台可访问 1234 种 Wiley-Blackwell 的电子期刊。其中 481 种包括在科学、技术文库中；487 种包括在人文社科文库中；266 种包括在医学及护理学文库中。

数据库网址为：http：//www3. interscience. wiley. com/journalfinder. html

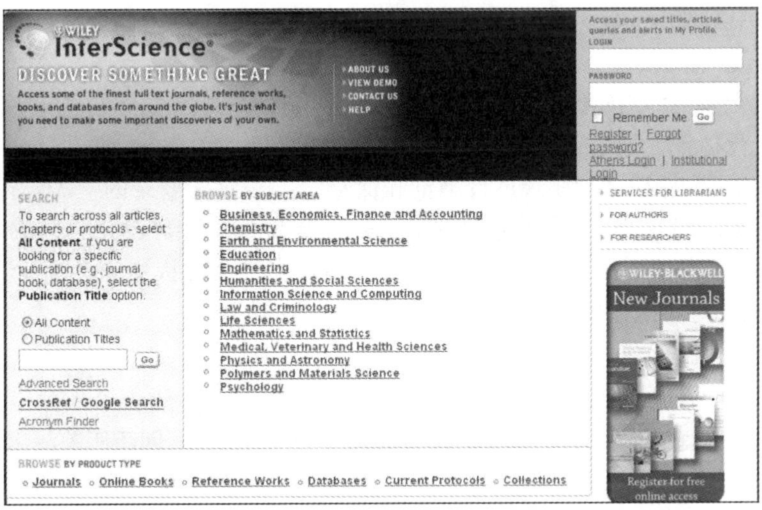

图 5－17 Wiley InterScience 数据库主页

（二）检索方法与技巧

1. Search（基本检索） 主页左侧提供了一个基本检索提问框，输入自由词，选择“All Content”，可在该网站所有文献类型的全字段中进行检索；选择“Publication Titles”将检索词限定在出版物名称内，可命中含有该检索词的所有期刊、图书以及数据库等。

2. Advanced Search（高级检索） 该页面提供了三个检索提问框和字段限定下拉菜单，通过两组逻辑运算符选择框进行连接。下方列出的内容还可对产品类型、主题、日期、排序等进行限定。运算符除 AND、OR、NOT 外，还可以应用 NEAR/nn、NEXT，通配符 * 等。NEAR/nn 表示两个检索词相隔在 n 个词之内，词序不限；NEXT 表示两词相连，且词序不变。

3. CrossRef/Google Search（公共检索） 运用 Google 搜索技术，已实现 29 家世界著名出版商的跨平台检索，第一时间为用户免费提供上述出版商出版的科学、技术和医学文献摘要或全文。

4. Acronym Finder（缩略词查寻工具） ①检索（Search）：在“Acronym Term”提问框中输入缩略词，选择下拉菜单中的匹配方式。“Exact match”代表精确匹配；“Match beginning of term”表示匹配词首；若应用通配符，需选择“Wildcard match”。如果相同的缩略词较多，可在“Acronym Definition Keyword”栏中输入解释说明缩略词的关键词，也可单独使用该文本框。下方的“Subject Category”还可对主题分类进行限定；②浏览（Browse）：选择首字母和范围划分，点击“Display Selection”按钮浏览；③参照表（Reference Tables）：提供包含数学、科学符号和缩写的列表，共 19 个表格。

5. 浏览方式 ①按主题分类：主页“By Subject Area”中列出了 14 个主题目录，点击任一主题显示该主题的子目录，再次点击，即可显示命中的含所有文献类型的出版物名称列表。若想对文献类型或首字母进一步限定，点击“Refine Listing By”中的相应链接即可；②按产品类型：主页“By Product Type”下列出了所有文献类型，包括期刊、在线图书、参考工具书、数据库、实验室指南、文档集（含回溯文档和专科文档）。点击可再次限定首字母和主题分类。在出版物目次页按年卷期页进行浏览，大多数期刊提供了“Early View”，方便用户第一时间在线阅读尚未印刷出版的文献。页面右侧还提供了二次检索区域，用于限定在该出版物中出现的关键词和年、期、页码。

（三）检索结果的处理

在检索结果页面可按不同文献类型分别显示命中文献题录，选择每篇文献前的“Select”框进行标记，通过页面最下方的“View Selected Items”和“Download Selected Citations”按钮可对标记文献题录进行浏览和保存。点击每条题录的“Abstract”、“References”、“HTML”或“PDF”，可分别链接摘要、参考文献和 HTML、PDF 格式全文。在文献摘要页面，点击“Related Articles”可链接与该文献研究内容相关的文章，点击“Citation Tracking”可显示该文献的被引用记录。

（四）个性化服务

在主页右上方免费注册并激活后便可登录“My Profile”，建立个人存储档案。它可获得的个性化服务包括：保存文献（Save Article to My Profile）、创建所关注出版物和检索式的快讯（Alerts）、免费获取样刊（Get Sample Copy）、追踪文章（Track My Articles）、在线投稿（Submit a Manuscript）等。

测试题

一、名词解释

1. 前方一致检索
2. 多项双词逻辑组合检索
3. 双词频控制检索

二、问答题

1.《中国期刊全文数据库》提供的检索方式有哪些?
2.《中国期刊全文数据库》中模糊匹配与精确匹配的区别?
3.《中华医学会期刊电子版》提供的检索方式有哪些?
4. 简述 Elsevier 电子期刊数据库提供哪些个性化服务?

三、案例题

1. 在《中国期刊全文数据库》中检索有关“卫生系统改革评价”的文献。
2. 在《中国期刊全文数据库》中检索有关“儿童住院医疗保险”方面的文献。
3. 在《中华医学会期刊电子版》中检索有关“新生儿窒息的护理”的文献。
4. 通过《中文科技期刊数据库》(全文版)检索《中华护理杂志》2000 年以来刊登的题名为“红斑狼疮护理”的文献全文。

参考答案

一、名词解释 (答案略)

二、问答题

1. 答题要点:初级检索、高级检索、专业检索、在结果中检索、期刊导航。

2. 答题要点:模糊匹配是指无论词的位置怎样,只要出现该词即可。精确匹配是指只有整个字段与检索词相同才匹配。精确匹配是指将输入的检索词当固定词组进行检索,而模糊匹配则会自动拆分检索词为单元概念,并进行逻辑与运算。

3. 答题要点:快速检索、简单检索、高级检索、专业检索、二次检索。

4. 答题要点:①Email 提示服务(检索提示、主题提示、期刊提示、引文提示);②检索史的管理;③个人信息管理;④近期操作;⑤快速链接。

三、案例题

1. 答案提示:主题概念为卫生改革、评价,采用初级检索方式。

2. 答案提示:主题概念为儿童(少儿)、住院、医疗保险,采用高级检索方式。

3. 答案提示：主题概念为新生儿、窒息、护理，采用简单检索方式。

4. 答案提示：①刊名字段检索框内输入中华护理杂志；②题名字段检索框内输入红斑狼疮 AND 护理；③年限选择 2000—2009；④前三步检索式之间逻辑关系为“并且”。

（刘春艳　沈　霞）

第六章　引文数据库检索

学习目标

1. 掌握引文、引文索引、引文检索的概念，以及常用引文数据库的检索。
2. 熟悉中国科学引文数据库和 Web of Science 数据库引文检索途径。
3. 了解引文索引的特点、作用、编制原理和方法，以及功能和局限性。

第一节　引文索引概述

一、基本概念

（一）引文索引的概念

引文索引是根据文献之间的引证关系按一定的规则组织期刊的一种检索系统，是一种以期刊、专利、专题丛书、技术报告等文献资料所发表的论文后所附的参考文献的作者、题目、出处等项目，按照引证与被引证的关系进行排列而编制的索引，是反映文献之间引用和被引用关系及规律的一种新型的索引工具。

引文索引的概念来源于人们的著述活动中。当一名科研工作者创作一篇论文时，一般都需要参考引用其他一些有关文献，有的作为理论依据，有的作为比较对象，有的取其数据，有的补其不足，有的借以说明自己的新创造，有的用来对某一课题研究作历史的回顾。因此，科学论文发表时，它后面往往列有引用书目或参考文献。论文之间的这种相互引证与被引证的关系，使论文彼此联系构成一个“论文网”。引文索引正是揭示这种论文网的一种工具，它可以把绝大多数内容相关的文献紧密地联系起来，使引用同一旧文献的所有新出版的文献全部组合在一起。利用这种索引，可以从某一篇较早发表的论文（即引用的旧文献）为起点，检索到引用这篇论文的最新文献，它提供读者一种不同于分类、主题以及其他方法的检索途径。因此可以说，引文索引是一种从被引论文（Cited Article）去检索引用论文（Citing Article）的索引，它是以期刊论文后面列出的参考文献为标目，对期刊论文进行标引的方法。

引文方法的起源可追溯到 1873 年，但引文索引的真正创始人是美国的尤金·加菲尔德（Eugene Garfield）。在 20 世纪 50 年代初，尤金·加菲尔德受到“谢泼德引文法”的启发，开始对引文索引进行一系列实验研究，1958 年他创建了美国科技信息所（Institute for Scientific Information，ISI），开始编辑引文索引，一直到 1963 年科学引文索引得以正式成型。引文方法是传统检索系统的一种改革，传统的检索系统是从著者、分类、主题等角度来提供检索途径的，而引文索引却是从另一角度，即从文献之间相互引证的关系角度，提供新的检索途径。

（二）与引文索引相关的概念

所谓引文，通俗地说就是参考文献。如有文献A和文献B，A文献发表在先，若B文献的作者在其文章中提到或引用了文献A，则称文献A是文献B的“引文”（Citation，或称参考文献、被引文献）。文献A的作者称为“引文著者”（Cited Author）。文献B提供了包括文献A在内的若干引文，所以将文献B称为“来源文献”（Source document），来源文献包括期刊论文、会议论文、评论、技术札记等。文献B的作者称为“引用作者”（Citing Author）或“来源著者”。刊载来源文献的出版物，如期刊或图书等，称为来源出版物（Source Publication）。

引文检索是以被引文献（包括被引著者、被引期刊或被引主题等）为检索词来查找引用文献的查询方法。

二、引文索引编制原理及方法

现以Science Citation Index（科学引文索引，SCI）的编制为例说明引文索引的编制原理及方法。

（一）确定收录期刊数量

确定一种检索工具要收录多少种期刊是编制检索工具的第一步，它关系到引文索引的质量。理想上，科技期刊文献的综合性引文索引最好能够收录所有已经出版的科技期刊。然而由于种种原因，这种想法是不切实际的，甚至是不可能的。根据Journal Citation Report（期刊引用报告，2005年版）对7528种期刊的分析表明，超过75%已发表的文章和超过90%的引文集中发表在3000种核心期刊上。目前SCI印刷版和光盘版收录的期刊总量为3769种。

（二）选定收录期刊

ISI的期刊选择程序包括4个主要方面，即考查期刊出版标准、编辑内容、国际多样性和引文分析。根据“费用-效果”原则对每一种期刊进行选择，确保全部高质量的、重要的期刊均获收录。衡量期刊方法有：

（1）被引频次：根据某种期刊特定年度内被引用的总数量；

（2）影响因子（Impact Factor）：即每篇已发表论文的平均被引频次，等于该刊给定时期内的被引用的总次数除以期刊发表论文的总篇数。

以上标准用于鉴别已收录期刊的质量，以及发现尚未收录但值得考虑的期刊。对新创刊的期刊，其被引频次最初常常比较低或者是很不稳定，人们很难判断其价值，于是SCI根据出版商的声誉、编辑部所代表的地理区域、可靠性、期刊版面安排、非英语期刊英文文摘等标准来确定是否选用。

保证完整收录各个专业领域文献的重要步骤是对每个领域进行引文分析。这样，一个领域内的全部有意义的期刊就会按照其影响和被引频次的顺序排列起来。

（三）进行文献标引

浏览新到期刊、选定文章，然后进行著录标引。第一步输入标识，即一篇论文的基本信息，包括类型、起止页码、题名、主要著者；第二步输入辅助性的著者信息，包括主要著者的地址，其他辅助著者的姓名和地址；最后一步则是处理这篇论文引用的参考文献。

（四）输入数据及生成产品

标引完成后，即可进行数据输入，然后建立引证索引、来源索引、专利索引、轮排主题索引、机构索引五大索引库，最后经过一系列附加的准确性校验后，再编辑出版成印刷版的月刊、年刊或光盘版数据库，同时也可通过网络提供服务（即网络版数据库）。

三、引文索引的功能和局限性

（一）功能

1. 检索功能　引文索引不仅提供一般的数据库检索功能，还提供了从引文途径检索文献的方法。引文索引收录的是核心的期刊和最重要的文献，利用这一检索工具可以查询到某一专题领域的最具代表性的文献；另外，从引文途径查询文献，可解决读者不熟悉检索语言或检索工具、甚至不熟悉课题内容等困难，只要确知某篇文献，从该文献入手，查询所有引用该文献的文献，无论是哪个学科领域的，或哪个年代发表的，均可检中，勿需花时间熟悉课题内容并组织检索策略。对新兴的学科、交叉学科或边缘学科，使用引文索引的检索效果要好于使用一般的检索数据库。

2. 分析评价功能　引文索引由于其所具备的特殊引文分析功能，已被各个领域应用，并作为分析评价的指标。比如用来评价个人的科研学术成就，评价某种期刊的质量，评价某一组织机构的科研水平，评价某一学科的发展状况和趋势等。

（二）局限性

尽管引文索引是一种新颖、有用的方法，但也存在比较明显的局限性。主要表现在以下两个方面：

1. 文献收录不完全　引文索引中收录的是核心的、少量的文献，据统计全世界每年出版的科技期刊超过 10 万多种，SCI 网络版数据库收录的期刊不及全世界科技期刊总数的 10%。由于收录期刊的限制，就使得 SCI 不可能将有创新内容的所有学术论文都收入囊中；

2. 标引方面存在的问题　引文索引的标引质量取决于来源文献中引文提供的质量，如果有些来源文献的作者对引文的提供不负责任，或者其引文与来源文献的关系并不密切，均会导致标引不准确以致影响引文索引的检索功能。另外，引文索引的编制技术也存在着各种各样的问题，如只能标引第一著者；同名著者（或名字缩写相同）不能区分；隐含引文不能反映等。

第二节　中国科学引文数据库

一、数据库概况

科学文献数据库服务系统（Science China）是国家科学数字图书馆（China Science Digital Library，CSDL）资助的项目，建设目标是建立中文科技期刊基于 web 的科技文献文摘、引文、联合目录馆藏的科技知识服务体系，面向广大机构和个人用户提供中文科技期刊文献资源的有效发现和评价服务。结合对全文数据库的开放链接，建立基于核心科技期刊的知识发现、评价和推介服务体系。Science China 是以统一的数字化信息加工、管理和发布平台为基础，以国内科技期刊论文为内容，以各种链接机制为手段的别具特色的科学文献服务系统。

中国科学引文数据库（Chinese Science Citation Database，CSCD）位于 Science China 平台，创建于 1989 年，收录我国数学、物理、化学、天文学、地学、生物学、农林科学、医药卫生、工程技术、环境科学和管理科学等领域出版的中英文科技核心期刊和优秀期刊千余种，目前已积累从1989年到现在的论文记录300万条，引文记录近1700万条。系统除具备一般的检索功能外，还提供引文索引，使用该功能，用户可迅速从数百万条引文中查询到某篇科技文献被引用的详细情况，还可以从一篇早期的重要文献或著者姓名入手，检索到一批近期发表的相关文献，对交叉学科和新学科的发展研究具有十分重要的参考价值。中国科学引文数据库还提供了数据链接机制，支持用户获取全文。

中国科学引文数据库是我国第一个引文数据库，凭借其建库历史最早、专业性强、数据准确规范、检索方式多样、完整、方便等特点，已经在我国科研院所、高等学校的课题查新、基金资助、项目评估、成果申报、人才选拔以及文献计量与评价研究等多方面作为权威文献检索工具获得广泛应用，深受用户好评，被誉为“中国的SCI”。

2007年中国科学引文数据库与美国Thomson-Reuters Scientific合作，中国科学引文数据库将以ISI Web of Knowledge为平台，实现与Web of Science的跨库检索，中国科学引文数据库是ISI Web of Knowledge平台上第一个非英文语种的数据库。

数据库网址为：http：//www. sciencechina. cn

二、检索方法与技巧

中国科学引文数据库提供浏览和检索两种查询方式，其中检索包括简单检索和高级检索，每种检索途径又同时包括来源文献检索和引文检索。

（一）简单检索

1. 来源文献检索　来源文献检索提供三个检索输入框和字段限制选择，可供选择的检索字段有作者、第一作者、题名、刊名、ISSN、文摘、机构、第一机构、关键词、基金名称、实验室。默认的三个字段为作者、第一作者和题名。检索框之间的逻辑组配关系有“与”和“或”，默认为“与”。可根据实际需求选择检索入口，输入检索词，选择运算符，进行多个检索字段的组合检索。也可点击“+”符号任意添加一个检索输入框，使用更为灵活方便（图6-1）。

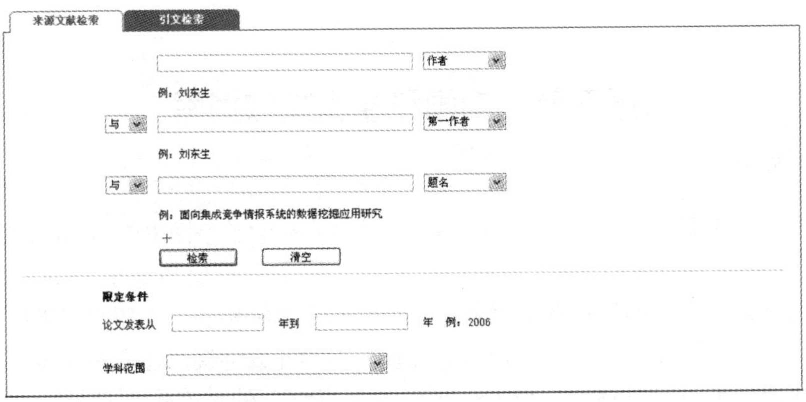

图6-1　CSCD来源文献检索页面

执行检索命令之前，系统还允许用户对检索加以限制，进一步减小检索范围，获得符合检索需求的检索结果。

（1）论文发表时间：可以输入具体的年代，也可以是某段时间，如输入1995和2000，即可限定 1995 年到 2000 年间发表的论文。

（2）学科范围：可以从下拉菜单中选择所需的学科范围，系统提供综合性医药卫生、预防医学、卫生学、中国医学、基础医学、临床医学/特种医学、药学、数学、物理、化学等 48 个学科。默认在所有学科范围内进行检索。

2. 引文检索　在检索字段下拉框中选择检索字段，引文检索的字段包括被引作者、被引第一作者、被引来源、被引机构、被引实验室、被引文献主编。默认的三个字段为被引作者、被引第一作者和被引来源。

用户还可根据引文检索提供的限定条件，即论文被引时间和论文发表时间，对检索加以限制，缩小检索范围，使检索结果更加准确。其他检索内容与来源检索相同。

（二）高级检索

高级检索可以根据检索系统提供的检索点，任意组配检索式进行检索。高级检索也提供来源文献检索和引文检索。

1. 来源检索　可以在检索框内直接输入“字段名称”和“布尔逻辑运算符”以及检索词构造检索式。系统默认检索为模糊检索。如输入 CITATION _ DERIVATION _ GF：护理杂志，检索刊名为“护理杂志”的文章，则可以检索到《中华护理杂志》、《实用护理杂志》和《解放军护理杂志》刊登的文章。如果要进行精确检索，需要在检索项后加入 _ EX。

也可以通过页面下方提供的 11 个检索点进行检索。11 个检索点为作者、刊名、题名、机构、基金名称、实验室、时间范围、第一作者、ISSN、文摘、关键词、第一机构、核心库。在所需的检索字段后面的检索框填入相应检索词，点击增加，将自动生成检索式。如精确检索，需要在点击增加按钮之前勾选“精确”选项。

2. 引文检索　可以在检索框中输入“字段名称”和“布尔连接符”以及检索内容构造检索式，如输入 CITATION _ AUTHOR：林菊英，检索护理学专家林菊英发表论文被引用情况。

也可以在页面下方 9 个检索点的检索框内填入相应检索词，点击增加按钮，将自动生成检索语句。9 个检索字段为被引作者、被引来源、被引实验室、被引出版社、被引时间、出版时间、被引第一作者、被引机构、被引文献主编、核心库。如在“被引作者：”后输入“林菊英”，“被引出处：”后输入“实用护理杂志”，检索林菊英发表在《实用护理杂志》的论文被引用情况。

（三）来源刊浏览

中国科学引文数据库分为核心库和扩展库，其来源期刊每两年评选一次。核心库来源期刊是各学科领域中具有权威性和代表性的核心期刊；扩展库来源期刊也经过大范围的遴选，是我国各学科领域较优秀的期刊。2009—2010 年共遴选期刊 1123 种，其中英文刊 67 种，中文刊 1056 种；核心库期刊 748 种（以 C 为标记），扩展库期刊 375 种（以 E 为标记）。

来源刊浏览是浏览中国科学引文数据库的来源期刊，页面提供中英文期刊名称字顺浏览，显示每本期刊的刊名、ISSN 和收录年代。点击刊名，即进入该刊详细信息显示页面，包括刊名、ISSN、年代范围和学科，以及数据库收录该刊论文的具体年、卷、期和文章篇数。同时也可以通过刊名、ISSN 字段快速检索某期刊是否被中国科学引文数据库所收录。

三、检索结果的处理

（一）来源检索的检索结果

在检索结果页面，首先显示提交的检索式和命中结果数（图 6 - 2）。其次显示检索结果分布，提供四列信息，即来源、年代、作者和学科。系统默认按时间顺序显示前三条记录，通过点击“更多…”查看其他记录信息。用户还可以通过检索结果分析工具对检索结果分析。分析结果页面提供两部分选项，一是分析的字段，包括来源、年代、作者、学科字段，二是设置显示数量，包括显示前 10、20、50、100、200、500 条记录。通过条形图方式，分析工具按记录条数和所占百分比多少降序排序结果。

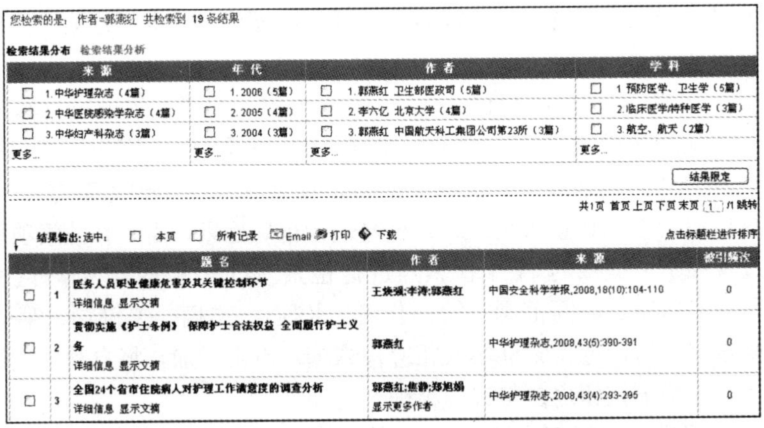

图 6 - 2　CSCD 来源检索结果显示页面

在检索结果分布部分，可以通过“结果限定”按钮，从来源、年代、作者和学科四个方面进行限定检索结果。引文检索结果可以从被引出处、年代和作者三个方面来进行结果限定。

检索结果页面最后显示命中记录列表，包括题名、作者、来源和被引频次。点击相应字段名称，可以实现相应字段的排序。

题名列中还提供每条记录的详细信息和显示文摘的链接。点击“详细信息”，可以查看该条记录的详细信息。结果详细信息页面可以查看该条记录的题名、作者、作者机构、文摘、来源、ISSN、关键词、基金、参考文献，引证文献、相关文献和其他链接。其中，作者、关键词、基金都可以进一步链接，进行检索。参考文献中还提供该引文的被引次数。

相关文献包括作者相关、关键词相关和参考文献相关。其他链接包括开放链接、原文传递和问图书馆员。

（1）作者相关：指与本文（来源文献）的作者共同发表的文献。可以在作者相关选项的弹出作者列表中选择作者，选择一个作者，表示检索所选择的作者发表的所有文献，选择两个或以上的作者，表示检索所选择的两个或以上作者共同发表的所有文献；

（2）关键词相关：指与本文（来源文献）的关键词共同出现的文献。可以在关键词相关选项的弹出关键词列表中选择关键词，选择一个关键词，表示检索所选择的关键词的所有文献，选择两个或以上的关键词，表示所选择的两个或以上关键词共同出现的所有文献；

（3）参考文献相关：指与本文（来源文献）具有共同参考文献的文献。直接点击提交查看与本文具有共同参考文献的文献。

（二）引文检索的检索结果

在检索结果页面，首先显示提交的检索式和命中结果数（图 6－3）。其次显示检索结果分布，提供三列信息，即被引出处、年代、作者。系统默认按时间顺序显示前三条记录，通过点击“更多…”查看其他记录信息。用户还可以通过检索结果分析工具对检索结果分析，也可以通过“结果限定”按钮对检索结果从被引出处、年代和作者三个方面来进行限定。

页面下方显示命中记录列表，包括作者、被引出处和被引频次。点击相应字段名称，可以实现相应字段的排序。

点击结果列表中被引出处中的“详细信息”，可查看该条记录的详细信息。通过检索结果页面的被引频次或者记录详细信息页面右侧的引证文献都可以查看来源文献的引证文献。

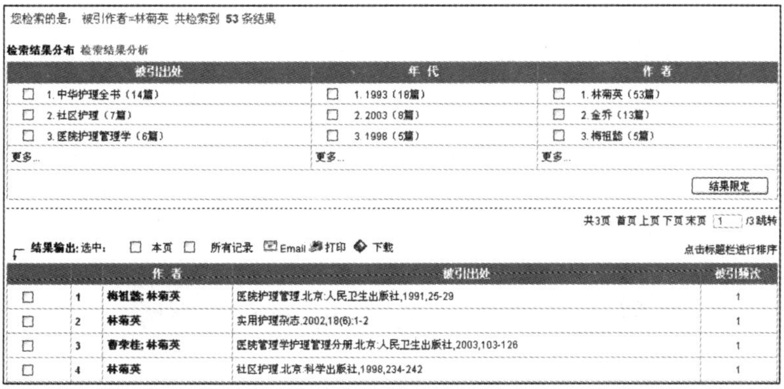

图 6－3　CSCD 引文检索结果显示页面

（三）检索结果的输出

检索结果提供三种输出方式：E-mail、打印和下载。检索结果可以通过勾选每条记录前的选择框，或者直接选中“本页”或者“所有记录”进行输出结果的选择，对选中的结果直接点击 E-mail、打印和下载即可进行相应操作。

1. E-mail 发送　输入接收者的邮件地址、邮件标题，然后选择邮件内容，即输出记录的字段信息，包括题名、作者、来源、基金、文摘、被引频次六个字段，系统默认题名、作者、来源字段。点击“发送 Email”按钮发送邮件。

2. 打印　选择需要输出的字段后，点击“打印内容”按钮完成打印操作。

3. 下载　首先选择输出格式包括文本格式和 xml 格式，然后选择输出的字段，点击“下载”按钮保存所需的文献。

四、检索举例

例 1. 检索有关“糖尿病护理”方面的文献，并了解国内在此方面的研究情况。

检索步骤：

1. 进入中国科学引文数据库，选择简单检索方式来源文献检索；
2. 在第一个检索字段下拉框中选择在关键词，并在检索框中输入“糖尿病”；
3. 在第二个检索字段下拉框中选择在关键词，并在检索框中输入“护理”；

4. 选择系统默认的检索框之间的逻辑组配“与”；

5. 点击检索按钮，获得78条记录；

6. 点击检索结果显示页面中的“检索结果分析”按钮，进入分析结果页面；

7. 在选择分析字段栏中分别选择来源、年代、作者、学科，设置显示数量栏中选择10，点击分析按钮，分别显示分析的结果，可以获知目前国内糖尿病护理主要研究专家、研究主要年代、分布的学科和该领域的主要期刊。

例2. 作者毛秀英于2003年发表在《中华护理杂志》第38卷第6期422－425页的论文，论文题名为“部分临床护士发生针刺伤情况的调查”，通过中国科学引文数据库检索该文献的被引用情况。

检索步骤：

1. 进入中国科学引文数据库，选择简单检索方式引文检索；

2. 在第一个检索字段下拉框中选择在被引作者，并在检索框中输入“毛秀英”；

3. 在第二个检索字段下拉框中选择在被引来源，并在检索框中输入“中华护理杂志”；

4. 选择系统默认的检索框之间的逻辑组配“与”；

5. 在限定条件论文发表检索框中输入2003，点击检索按钮，获得该文献被引用次数16；

6. 在检索结果显示页面，点击被引出处列中“详细信息”，可以查看来源文献的详细记录。

第三节　Web of Science 数据库

一、数据库概况

Web of Science（WoS）数据库是由美国科技信息所（Institute for Scientific Information，ISI）于1997年推出的基于Web的引文索引数据库，即SCI网络版。SCI是世界范围最权威的科技文献引文工具，能提供科学技术领域最重要的研究成果。其引文检索的体系独一无二，不仅可以从文献引证的角度评价文章的学术价值，还可以迅速方便地掌握研究课题的引文网络。发表的学术论文被SCI收录或引用的数量，是评价学术水平的一个重要标准。

Web of Science 包括七个数据库：

1. Science Citation Index Expanded　科学引文索引扩展版（SCIE 1900 -），收录了6 650多种期刊，每周更新19 000条新记录和423 000条引文记录。SCIE所收记录包括论文与引文，其引文记录所涉及的范围十分广泛，涵盖的学科超过150个，有图书、期刊论文、会议论文、专利和其他各种类型的文献。

2. Social Sciences Citation Index　社会科学引文索引（SSCI 1956 -），收录了1 950种期刊，每周更新2 900条新记录和60 000条引文记录。

3. Arts & Humanities Citation Index　艺术与人文学科引文索引（A&HCI 1975 -），收录了1，160种期刊，每周更新2 300条新记录和15 250条引文记录。

4. Conference Proceedings Citation Index-Science　会议录引文索引（自然科学版）（CPCI-S 1996 -），收录世界上最著名的会议、座谈、研究会和专题讨论会的会议录资料。文献来源包括专著、期刊、报告、学会协会或出版商的系列出版物以及预印本等。涵盖所有科技领域的会议录文献，其中包括生物学、生物化学、生物工艺学、化学、工程学、内科学、农业学、计算机科学、环境科学、物理学。会议录引文索引收录了来自于60 000多个会议的 520 多万条记录。每年增加近385 000条记录，其中 66%是以图书形式出版的会议录，其他的 34%来自于期刊。数据每周更新。

5. Conference Proceedings Citation Index-Social Science & Humanities 会议录引文索引（社科人文版）（CPCI-SSH 1996 -），收录社会科学、艺术及人文科学的所有领域的会议录文献，其中包括艺术、经济学、历史、文学、管理学、哲学、心理学、公共卫生学、社会学。

6. Current Chemical Reactions（CCR-EXPANDED） 报道发表在世界上主要化学期刊和专利中最新的合成方法，共有 65 万多条反应的相关信息。CCR 提供完整的反应图解、反应条件、书目数据以及作者摘要。

7. Index Chemicus（IC） 包含 1991 年以来期刊文献中报道的 260 多万个新化合物的结构和相关数据。每周更新3 500多条化合物资料。IC 提供完整的化学结构图示、生物活性、书目数据以及作者摘要。

WoS 数据库网址：http：//www. isiknowledge. com/wos

二、检索运算符及运算规则

WoS 数据库所规定的运算符或检索规则主要有：

（一）布尔逻辑运算符

主要有 AND（逻辑“与”）、OR（逻辑“或”）和 NOT（逻辑“非”）。在一个检索式中最多可使用 50 个运算符。WoS 系统运算符采用大小写均可。

（二）位置算符

位置算符 SAME，用来限定两个或多个检索词在同一个句子中检索。“一个句子”可以为：文章的题目；文摘中的一个自然句；一个独立完整的作者地址。

如果在同一个字段中使用不同的运算符，那么运算次序为 SAME→NOT→AND→OR。优先算符括号“()”可以改变这个次序，在一个复合检索式中，括号内的表达式最优先执行检索。WoS 数据库的运算符在不同的检索方式中的使用情况不同（表 6 - 1），用户在检索过程中需要注意。

表 6 - 1 WOS 数据库的运算符在不同的检索方式中的使用情况

检索方式	检索字段	SAME	NOT	AND	OR
Search	Topic	√	√	√	√
	Author	√	√	√	
	Group Author	√	√	√	
	Source Title			√	
	Address	√	√	√	√
Cited Reference search	Cited Author				√
	Cited Work				√
	Cited Year				√
Advanced Search		√	√	√	√
Combine Searches				√	√

（注：“√”表示可以使用）

（三）截词符

1. 无限截词符“*” 代表一串字符或没有字符。如 retina * 能检索匹配 retina、retinal、retinas、retinamide、retinalization 等。

2. 有限截词符“?”和“$” “?”代表一个字符，可重复使用，没有数量限制。如 neuros?s 能检索匹配 neurosis 和 neuroses 等；“$”代表 0 或 1 个字符，如 colo $ r 能检索匹配 color、colour 等。

三种截词符可以用于词中或词尾，但不能用于词首。当一个词组或短语中间含有所有格时，不能用截词符代替，如 paget * disease 能检索匹配 paget disease 和 pagets disease，但不能匹配 paget's disease，而 paget * 却可检出 paget's 的文献。无限截词符和有限截词符可在同一个检索词中同时使用，如 organi? ation * 能检索匹配 organization、organisation、organizational、organisational 等。截词符的主要作用是用来查找前端一致的词或拼法不同的词，或在不能确定检索词的完整拼写情况下使用，以减少操作步骤，节省检索时间，提高查全率。

（四）短语检索

可以使用引号对一个特定的短语进行检索，例如：“Heart Attack”，这样可以精简检索结果。如果不使用引号，系统会按照 Heart AND Attack 的方式进行检索。

三、检索方法与技巧

Web of Science 数据库提供普通检索（Search）、被引参考文献检索（Cited Reference Search）、化学结构检索（Structure Search）、高级检索（Advanced Search）以及二次检索（Search within results）五种检索方式。

进行检索之前需要对检索进行限制和设置（图 6-4）。首先选择数据库范围，系统默认为全部即 SCIE、SSCI、A&HCI、CPCI-S、CPCI-SSH、IC、CCR-EXPANDED 七个数据库。用户可根据需要选择。其次选择入库时间，可以是某一年，某段时间。选择的时间是文献信息进入 WoS 数据库的时间，不是文献出版的时间。

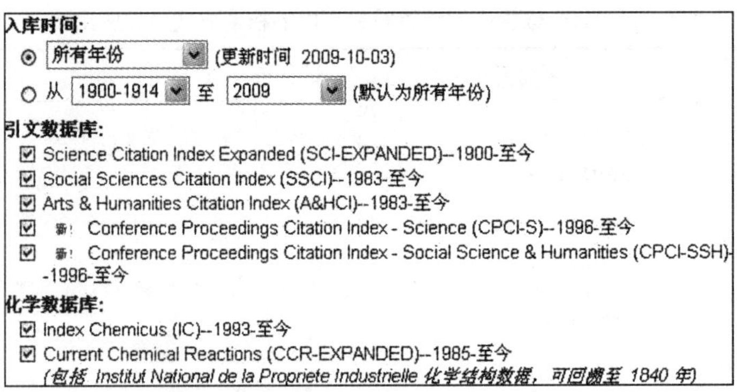

图 6-4 WoS 数据库检索限制与设置

（一）普通检索（Search）

1. 检索途径 普通检索提供三个检索输入框和字段限制选择，可供选择的检索字段有主题、标题、作者、团体作者、编者、出版物名称、出版年、地址、会议、语种、文献类型、基金资助机构以及授权号，默认的三个字段为主题、作者、出版物名称。检索框之间的逻辑组配关系有“AND、OR、NOT”，默认为“AND”。可根据实际需求选择检索入口，输入检索式，选择运算符，进行多个检索字段的组合检索。也可点击“添加另一字段＞＞”任意添加一个检索输入框，使用更为灵活方便（图 6－5）。

（1）主题（Topic）：主题检索是指对标题、摘要、作者关键词（Author Keywords）、附加关键词（Keywords Plus）字段内容的检索。例如：在主题检索框内输入 bird flu OR avian flu，检索禽流感方面的文献。也可以输入分子式对化学物质进行检索，如输入 C6H12O6。作者关键词是指作者在原文列出的关键词；附加关键词是指从引用了本文的论文里提炼出来的关键词。

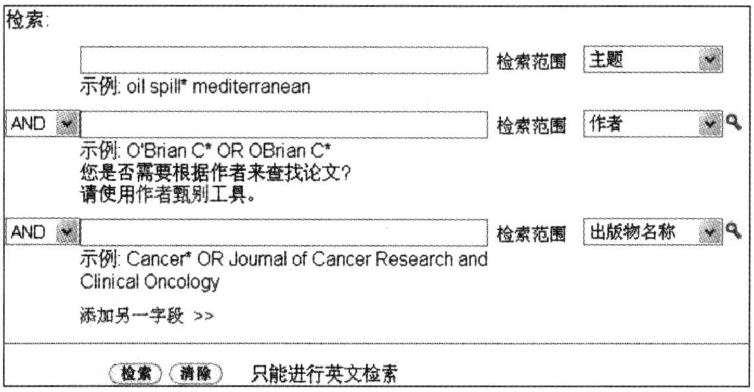

图 6－5　WoS 普通检索界面

（2）著者（Author）：WoS 收录来源文献的全部著者和编者姓名，包括期刊文献、会议录文献论文、书籍作者、书籍编者等。输入作者姓名时，首先输入姓氏，再输入空格和名字首字母（最多输入五个字母）。还可以只输入姓氏，不输入名字首字母。如检索框内输入 Hubbard L* AND Martin* B*。WoS 在 2006 年和以后出版的文章记录中，提供作者姓名的两种形式，一种是姓氏后跟名字首字母；另一种是用括号括起的完整姓名，如 Hubbard L（Hubbard，Lloyd）。检索时仍然必须按照姓氏和名字首字母来检索作者，全名不可检索。

著者的姓中含有空格、省略符号、连字符等特殊符号时，应将带与不带这些符号的姓名均进行检索，例如检索著者 De Martino M，应输入 de Martino M OR deMartino M。还可以输入 anon 对匿名著者进行检索。另外，还可以借助作者索引（Author Index）浏览或快速查找所需作者，并且对其进行检索。

目前作者索引提供来源著者姓的全称和不超过 5 个名的首字母。1965—1974 年，著者的姓只保留前 8 个字符，其余用圆点代替，名的缩写只保留 2 位字符，超过部分省略。如 A. B. C. Rodrigues 转换为 Rodrigue. AB。

可以通过单击“作者”字段下方显示的“作者甄别”链接来访问作者甄别。使用作者甄别可查找同一作者姓名的不同拼写形式，或根据研究领域和/或地址来区分作者。

（3）团体著者（Group Author）：在 Group Author 检索框内可以输入团体著者（如某研究机构、团体或组织）名称进行检索，也可以借助团体作者索引（Group Author Index）

快速查询并自动导入有关团体机构名称进行检索。例如检索美国食品与药品监督管理局发表的文章，可以通过辅助词表找到 US FOOD DRUG ADM，从而检索美国 FDA 发表的文献。

（4）出版物名称（Publication Name）：在出版物名称检索框中可以输入出版物全称，或者带截词符 * 的部分出版物名称。此检索途径只提供检索词与来源期刊名称前方一致的检索结果。例如输入 immunol *，可检索出 Immunology Letters、Immunologic Research、Immunologcial Reviews 等期刊的文献，但不会检索 Advances in Immunology、Clinical Immunology、Journal of Immunolgoy 等期刊文献。另外，出版物名称索引（Publication Name Index）包括 WoS 收录的全部来源出版物，可以通过浏览或检索方式在该索引中找到所需的出版物名称。

（5）地址（Address）：WoS 允许对论文著者所在机构或地理位置进行检索所需文献。地址可以包括大学或学院、机构、公司、国家、城市等名称和邮政编码等。地址检索时，可以使用逻辑运算符以检索精确地址。例如：在检索框内输入 peking univ SAME 100191 SAME hosp，可以检索北京大学第三医院科研人员发表的文献。WoS 收录所有来源作者的地址，而且通讯作者（corresponding author）的姓名和地址（Reprint Address）在地址字段中一同出现，而其他地址前不标明作者姓名。在 WoS 数据库中，机构名称和地理名称通常采用缩写的形式，具体规定可参考 ISI 缩写规则。另外，WoS 规定经常使用的机构名称和地理名称，如 CHEM、COLL、CTR、D、DEPT、DIV、ENGN、HOSP、INST、LAB、MED、PHYS、RES、SCH、SCI、ST、UNIV 等缩写词不能单独用于检索。

普通检索可以在上述一个或多个检索途径中进行检索，不同途径之间默认为 AND 关系。检索时还可以限定原文的语种和文献类型。

2. 检索结果　完成普通检索后，进入检索结果题录格式显示页面，显示检索式、选用的数据库、相关限定内容、检索结果数、唯一作者集、命中记录列表。分页显示检索结果的题录格式，包括文献标题、文献的前三位著者、出版物名称（刊名）、卷、期、起止页码和出版时间，被引次数，全文链接等内容。WoS 一次显示的检索结果数目最多为 10 万条，其余省略。

（1）唯一作者集："唯一作者集"页面显示所有可能由页面顶部标识的作者撰写的文章集。所有集均由唯一作者识别系统创建。WoS 将作者姓名和引文数据等因子相组配，创建可能由某一作者撰写的文章集。

（2）精炼检索结果（Refine Results）：精炼检索结果菜单可以对100 000条记录按照学科类别、文献类型、国家/地区、机构等角度进一步精炼结果。点击"更多选项/分类…"显示前 100 条目录，可以勾选并精炼。结果排序方式包括按照记录数或字母顺序排序。

（3）检索结果排序（Sort By）：WoS 提供七种排序方式。①更新日期：根据文献添加到数据库的日期（而非出版年）对记录进行排序，新处理的记录排在前面，为默认选项；②被引频次：根据文献在其他出版物中被引用的次数对记录进行排序；③相关性：根据分级系统对记录进行排序，分级系统的原理是根据每条记录中找到的检索词的数量进行分级，最高级别的记录显示在列表顶部；④第一作者：根据第一著者姓名的字母顺序排列；⑤来源出版物：根据来源出版物名称的字母顺序排列；⑥出版年：按期刊封面上的日期对记录进行倒序排序；⑦会议标题：根据会议标题，按字母顺序对记录进行排序。允许排序的文献篇数最多为 10 万篇，否则系统提示缩小检索范围重新检索。

（4）标记记录（Mark）：浏览检索结果时可以标记所需文献，通过"添加到标记结果列表”按钮将已标记记录自动添加到标记结果列表页面之中，该页面最多可以容纳 500 条记录。同时，检索结果页面上方显示已标记记录数，点击该数字可以查看已标记记录的详细信息。

（5）显示全记录：点击每一条记录的文献标题，可以查看该文献的全记录信息。全记录显示页面提供该记录的标题、著者、出处、文献类型、语种、引用文献篇数、被引次数、相关文献链接、文摘、作者关键词、附加关键词、地址、Email 地址、文献出版者、主题类目、IDS 号、ISSN 号等内容。

（6）检索结果分析（Analyze Results）：用户可以通过检索结果分析工具对检索结果进行分析。分析结果页面提供四部分选项，①根据此字段排列记录（Select field to rank by）：选择分析的字段，包括作者、会议标题、国家/地区、文献类型、机构名称、语种、出版年、来源出版物、学科类别共 9 个字段；②分析（Analyze）：选择分析记录的条数，最多可以分析 10 万条记录；③设置显示选项（Set display options）：显示分析结果；④排序方式（Sort by）：选择分析结果的排序方式。

例如：在普通检索页面主题检索框中输入 heart failure，在地址检索框中输入 peking Univ，进行检索，显示检索结果，点击分析检索结果按钮，进入分析页面，再根据此字段排列记录栏中选择作者字段，其他选项保持默认，进行分析。根据分析工具提供的数字、百分数和条形图可以获知北京大学研究心力衰竭方面的主要科研人员的姓名（图 6－6）。

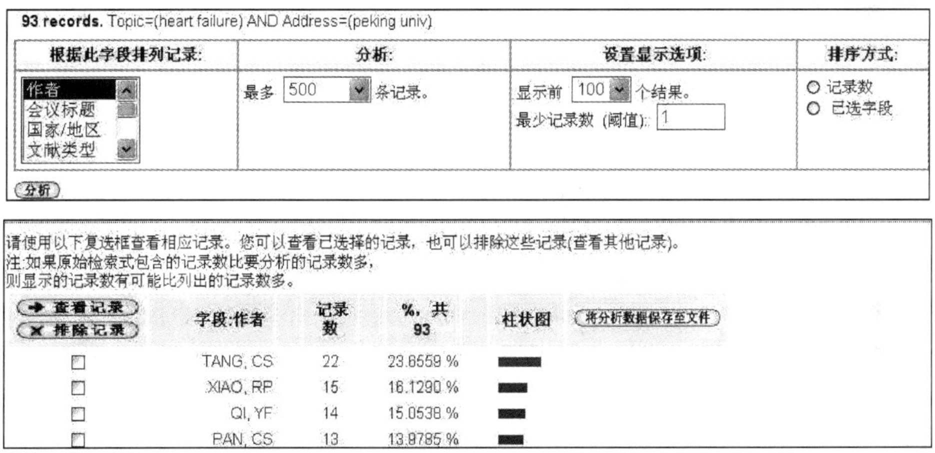

图 6－6　WOS 分析结果界面

（7）创建引文报告（Create Citation Report）：引文报告页面上方首先显示两个直方图，即“每年发表的论文数（Published Items in Each Year）”和“每年的引文数量（citations in each year）”，默认显示最近 20 年的情况。页面右侧显示被引频次总计、每项平均引用次数、H 指数；也可查看施引文献和查看去除自引的引文报告。H 指数是以作者被引频次最多的论文集以及作者论文在其他研究人员发表的论文中的被引频次为基础，该指数可用于衡量机构中的科学家个人或团体科学家的生产力和影响。H 指数用绿色水平线表示。此线上方的论文数，即 h，表示至少有 h 次引用。页面下方按照被引频次（默认方式）由多到少顺序排列检索结果。

每条记录右侧的栏显示每年的施引文献数量。使用箭头可查看过去和未来年份的引用次数。系统将显示所有引用年份，与用户选择进行原始检索的入库时间无关。“合计”栏中的数字是所有年份施引文献的合计数量。单击此栏中的数字可查看所有施引文献的记录。您可以修改检索结果集，然后在此页生成新的引文报告。

（8）引证关系图（Citation Map）：引证关系图是一种示意图，使用各类可视化工具和技术显示论文和其他论文之间的引用关系（被引参考文献和施引文献）。通过此图可以分析哪些研究人员正在引用此论文。也可以选择通过作者、出版年、期刊标题、学科类别等对检索结果进行组织和颜色编码。

创建引证关系图第一步选择方向，即前向引证关系（施引文献）（Forward Only）可查看引用所选目标记录的记录，目标记录名称显示在页面顶部的标题栏中；后向引证关系（被引文献）（Backward Only）可查看目标记录引用的记录；被引和施引（Forward and Backward）可同时查看这两种类型的记录。第二步选择要在所创建的关系图中查看的引证层数，直接引用目标记录或被目标记录直接引用的记录为第一层，引用了第一层中引用记录的记录以及被第一层中被引用记录引用的记录为第二层，依此类推。点击创建按钮可创建引证关系图。

（9）查看引文（Cited References）：在全记录显示界面，参考文献后面的数字为该篇文献所引用文献的数目，通过此链接可以显示被引用文献的简单记录，包括第一著者、被引出版物名称、卷、起始页、年等信息。如果被引文献是 WoS 的来源文献，可以点击标题查看该被引文献的全记录信息。

（10）查看被引频次（Times Cited）：在全记录显示界面，被引频次后面的数字为这篇文献被其他文献引用的次数，通过此链接可以显示数据库中所有引用这篇文献的记录，显示格式为简单记录。

（11）查找相关记录（Find Related Records）：WoS 中若某两篇文献引用的参考文献中至少有一篇是相同的，则称这两篇文献为相关记录。在检索结果全记录显示页面，点击查看 Related Records 按钮，显示与该文献相关的全部记录。相关记录按照引用相同参考文献的篇数由多到少排序。通过查找相关记录可以跨越学科和时间限制，发现相关研究。

（12）引文跟踪服务（Create Citation Alert）：通过创建引文跟踪按钮了解某文献今后被引用的情况。在引文跟踪页面记录后显示该文献的题名，Email 地址，Email 格式，此项服务到期日期。建立文献的引文跟踪服务后，一旦有新文献引用该文献就可以收到 WoS 通过 Email 发来的引文通知，Email 内容包括被引文献题名，此服务过期时间，被引次数，以及引用该文献的详细记录信息。此服务需要注册为个人用户后方可使用。

（13）链接到 ISI 的其他数据库：WoS 数据库与 ISI WOK 平台上的 Journal Citation Reports、Current Contents Connect、ISI Proceedings、Derwent Innovations Index、BIOSIS Previews、Inspec 等数据库之间相互链接，在 WoS 检索结果全记录显示窗口会出现与其他数据库相链接的按钮，透过链接可以直接到这些数据库中并显示此记录的有关内容。例如：点击 Journal Citation Reports 按钮，可以查看某文献发表的期刊的影响因子，以及影响因子的趋势图。

（二）被引参考文献检索（Cited Reference Search）

1. 检索途径　被引参考文献检索可以从被引著者、被引著作、被引年代三个途径检索文献被引用的状况（图 6-7）。

（1）被引著者（Cited Author）：被引著者检索时一般应以被引文献的第一著者进行检

索。只有当被引文献同时也是 WoS 的来源文献时，该文献的所有作者才可作为被引作者进行检索。输入格式为：被引作者姓全称＋空格＋不超过 3 个字符的名的首字母。例如：检索框中输入 wang x，obrian m＊ OR smith s＊。如果输入的被引著者姓名中含有系统所规定的运算符 AND、OR、NOT 或 SAME 时，应将其用引号引起。例如：检索被引作者 Koechli OR，在检索框中输入 Koechli “OR”。也可以通过被引作者索引快速查询并自动导入有关的作者姓名进行检索，选择多个被引作者时各作者之间为 OR 逻辑关系。

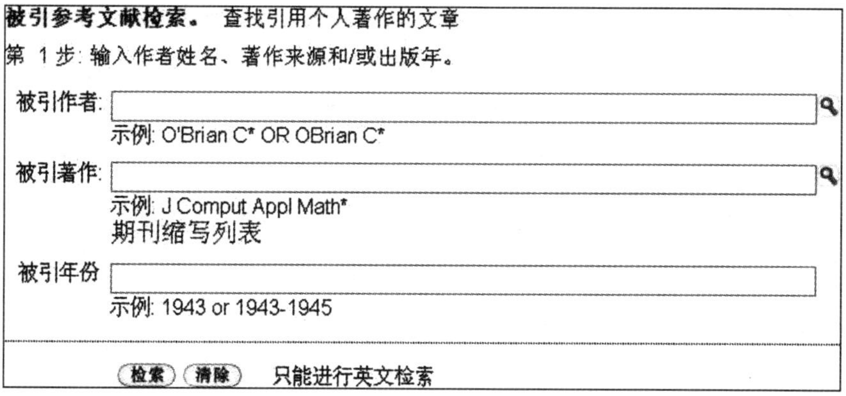

图 6－7　WOS 引文检索界面

（2）被引著作（Cited Work）：对被引文献发表的出版物进行检索时，可以输入刊名缩写、书名缩写或专利号。例如：检索 British Medical Journal，在 Cited Work 检索框中输入 BRIT MED J。对专利号进行检索时，不用输入国家代号，而专利的国家代号将出现在检索结果的卷次一栏。例如：检索专利号 US5015744，在检索框中输入 5015744。还可以输入 J med＊，检索期刊名称与 Journal of Medical 或 Journal of Medicine 前方一致的期刊。被引著作列表提供 WoS 所有被引出版物的名称缩写，可以通过浏览或检索方式查找所需期刊名、书名及其他出版物的缩写形式。通过“期刊缩写列表”可以浏览 WoS 所有来源期刊名称的缩写形式。

（3）被引著作年代（Cited Year）：年代用四位数字表示，可以对某一年或某一个时间段进行检索。例如：检索 2002 年或 2003 年发表的引文，在检索框中输入 2002 OR 2003。

上述三个检索途径可以单独使用也可同时使用，WoS 默认多个检索途径之间为 AND 关系。

2. 检索结果　被引参考文献检索后，首先进入引文索引界面显示命中的被引文献。被引文献先按照引文著者排序，再按照发表引文的出版物名称字顺排序。每篇引文有 9 个著录项，即选择标记项、被引作者、被引著作、出版年、卷、文章首页、文章 ID 号、施引文献、查看记录（图 6－8）。

在被引文献前面的复选框中作标记，也可以通过“选择页面”或“选择全部”选择当前页的全部引文或选择前 500 条记录。“全部清除”可以清除所有已标记记录。标记记录后点击页面上方完成检索按钮，可以查看引文的来源文献（即引用文献）信息。

“施引文献”提供该文献在 WoS 数据库中被引用的次数。被引著者前如有省略符号，表示该著者不是该文献的第一著者。如果某引文同时也是 WoS 的来源文献，则可以点击“查

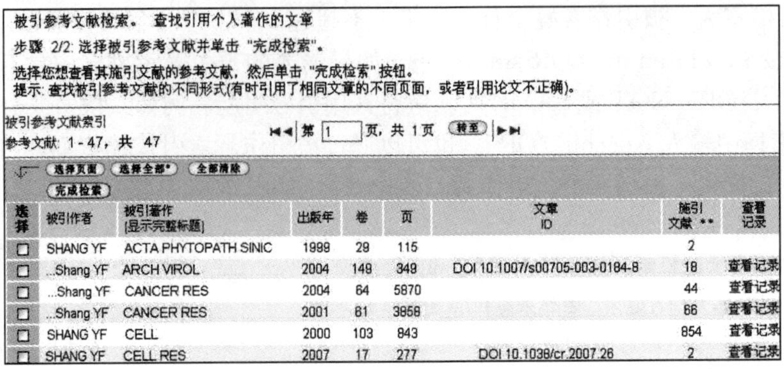

图 6-8　WoS 引文索引界面

看记录”查看该引文的全记录信息。

如果满足要求的检索结果超过100 000条记录，系统会出现提示缩小范围重新检索的信息，并只显示前 10 万条记录。

（三）结构检索（Structure Searches）

由于 ISI 化学数据库整合在 WoS 平台之中，使用 WoS 可以通过结构检索方式对化合物或化学反应进行检索。

（四）高级检索（Advanced Search）

高级检索途径使检索词的组配更加灵活，可以一次完成一个复杂课题的检索。该页面包括复合检索式输入区和检索史区（Search History）两个部分。

高级检索可以检索的途径或字段共 19 个：TS（主题）、TI（文章题目）、AU（作者）、GP（团体作者）、ED（编者）、SO（出版物名称）、PY（出版年）、CF（会议）、AD（地址）、OG（组织）、SG（下属组织）、SA（街道地址）、CI（城市）、PS（省/州）、CU（国家/地区）、ZP（邮政编码）、FO（基金资助机构）、FG（授权号）、FT（基金资助信息）。高级检索可以使用运算符和括号，还可使用字段标识符和检索式序号进行检索。例如：在检索框中输入检索式 TS=cardio＊ AND AU=Bank＊ M＊，可检索以 Bank 开头的姓，以 M 开头的名为著者，发表词根为 cardio 的主题概念方面的文献。

（五）检索史的管理（Search History）

通过 WoS 主菜单上的检索历史按钮和高级检索页面，查看此次检索进程中提交的所有检索式。检索史的管理包括检索式的逻辑组配检索、删除，以及检索史的保存和调用，后者需要以个人用户身份登录方可使用。

（六）输出检索结果（Output）

如果要打印、下载或 Email 发送检索结果，必须先将检索结果作标记，点击 Web of Science 页面上的标记结果列表按钮显示所有标记的记录，输出已标记记录，第一步需要选择输出字段，默认字段为作者/编者、标题、来源文献、会议信息、ISSN/ISBN，用户根据需要可以选择增加参考文献、地址、文摘等字段。第二步选择输出方式：打印、保存、输出到专用软件以及 Email 发送。

四、检索举例

例 1. 通过 Web of Science 数据库，检索有关“流感护理”方面的文献，并分析目前流感护理研究的文献状况。

检索步骤：

1. 进入 Web of Science 数据库，选择普通检索方式；
2. 在检索范围后下拉框中选择“主题”，在检索框中输入 flu AND nurs *；
3. 点击检索按钮，获得 57 条记录；
4. 点击检索结果显示页面中的分析检索结果按钮，进入分析结果页面；
5. 在“根据此字段排列记录：”栏中分别选择学科类别、作者、出版年、来源出版物等字段，“分析：”栏中选择 100，点击分析按钮，显示分析后的结果。

例 2. 作者张志学于 2001 年发表在 JOURNAL OF ADVANCED NURSING 杂志第 33 卷 467 - 474 页的论文，论文题名为“Nursing competencies: personal characteristics contributing to effective nursing performance”，通过 Web of Science 数据库检索该文献的被引用情况。

检索步骤：

1. 进入 Web of Science 数据库，选择被引参考文献检索方式；
2. 在被引作者检索框中输入被引作者姓名 zhang zx；
3. 在被引著作：检索框后点击图标，进入被引著作列表页面，在检索框中输入 j adv，点击“移至”按钮，按字顺浏览可以获得多个相关出版物，如 j adv nur，j adv nursing，j adv nurs 等；为了防止漏检，返回被引参考文献检索页面，在被引作者检索框中输入 j adv nur *；
4. 在被引年份检索框中输入 2001；
5. 点击检索按钮，获得该文献被引用次数 23；
6. 在选择框打勾标记该记录，点击“完成检索”按钮，可以查看来源文献的简单记录。

测试题

一、名词解释

1. 引文索引
2. 引文检索
3. 引文

二、问答题

1. 简述 Web of Science 数据库被引参考文献检索途径（要求举例说明）。
2. 简述 Web of Science 数据库提供的分析工具有哪些？

三、案例题

1. 通过中国科学引文数据库，检索文章题名为“护士职业倦怠（或工作倦怠）”方面的文献，并通过结果分析工具分析检索结果的作者、来源和年代分布。

2. 通过 Web of Science 数据库，检索文章主题为“护理人员继续教育”方面的文献，对检索结果创建引文分析报告，并提供总被引频次、平均被引频次和 H 指数。

参考答案

一、名词解释 （答案略）

二、问答题

1. 答题要点：Web of Sciences 数据库被引参考文献检索可以从被引著者、被引著作、被引年代三个途径检索文献被引用的情况。

2. 答题要点：Web of Sciences 数据库提供的分析工具有：唯一作者集、分析检索结果、引文报告、引证关系图。

三、案例题

1. 答案提示：中国科学引文数据库高级检索途径，在来源检索检索词输入框内输入 SUPERSCRIPTION _ CN：护士 AND（SUPERSCRIPTION _ CN：职业倦怠 OR SUPERSCRIPTION _ CN：工作倦怠）。检索结果页面点击“检索结果分析”按钮进行分析。

2. 答案提示：Web of Science 数据库普通检索途径，在第一个检索框内输入 nurs * 、检索范围选择“主题”；选择逻辑关系“AND”；第二个检索框内输入 continuing education；点击“检索”按钮即可。在检索结果页面点击“创建引文报告”。

（沈　霞）

第七章　特种文献检索

学习目标

1. 掌握专利文献、学位论文、会议文献的检索方法与技巧。
2. 熟悉专利的基础知识、学位论文和会议文献的特点。
3. 了解国际专利分类法。

特种文献包括专利文献、会议资料、学位论文、科技报告、标准文献、政府出版物等。以前由于这些文献不公开发行或一般图书馆收藏不全，因而不易获得，再加上这些文献具有特定的作用，所以统称为特种文献。在知识经济迅猛发展的今天，特种文献由于具有种类繁多、报道内容新、技术含量高、报道速度快、专业性强、参考价值大等特点，使得人们越来越重视这方面信息的获取。随着计算机和网络通讯技术的发展，大量的特种文献数据库应运而生，本章主要介绍一些与生命科学相关的常用特种文献数据库。

第一节　专利文献检索

专利文献具有技术性、经济性和法律性的特点，内容新颖、广泛，实用性强。专利文献内容从生活必需品到高精尖技术，甚至到产品工艺、设备、包装等，几乎无所不包。据统计，世界上90%～95%的发明创造成果首先以专利的形式发表。因此，专利文献是当今信息社会不可缺少的重要信息源。

一、专利的基本知识

随着知识经济的迅猛发展，经济全球化进程的加快，自有知识产权产品和技术的拥有量已经成为决定一个国家和地区经济发展的重要指标，世界各国越来越重视知识产权的开发、利用和保护。

知识产权（Intellectual Property）即“智力成果权”，是指科学、技术、文化艺术等领域从事智力活动而创造的精神财富所享有的占有、使用、处置和收益的权利。知识产权是一种无形财产权，与汽车、房屋等有形财产一样具有价值和使用价值。知识产权包括专利权、著作权、商标权等智力成果权，其中比较重要的是专利权。

（一）专利（Patent）

1. 专利的概念　专利是指国家以法律形式授予发明人或其权利继受人在法定期限内对其发明创造享有的专有权。因此，专利是一种法律制度，是一个国家对本国或外国科学技术领域中的发明用法律给予保护，凡获得这种保护权利的发明称之为专利。专利实际上包含三方面的涵义：①专利权，即受到专利法保护的对某项发明创造在法定期限内享有的独占实施权；②受专利法保护的发明创造；③专利说明书。

2. 专利的类型　我国依据专利法保护对象，将专利分为以下三种类型：

（1）发明专利：是指对产品、方法或其改进提出的新的技术方案。是具有较高技术水平的发明创造，是专利法主要的保护对象。发明专利权有效期各国不同，我国为自申请之日起20年。

（2）实用新型专利：是指对产品的形状、构造或其结合所提出的适合于实用的新的技术方案。属于技术水平较低但实用价值较高，具有一定技术效果的小发明创造。在我国实用新型专利权有效期为自申请之日起10年。

（3）外观设计专利：是指对产品的形状、图案、色彩或其结合所作出的富有美感，适于工业上应用的新设计。它不涉及技术上的发明创造。在我国外观设计专利权有效期为自申请之日起10年。

3. 专利的基本特征　主要包括独占性、地域性和时间性三种。

（1）独占性：又称专有性、排他性、垄断性。一定时间内，未经专利权人许可，任何人不得制造、使用或销售已获得专利权的发明创造。

（2）地域性：一件发明只能在申请的国家或地区受到保护，对其他国家和地区不发生效力。

（3）时间性：专利权受法律保护是有期限的，法律期限截止时，专利权就自行终止。各国法律对专利权保护期限不一样。

（二）专利法（Exclusive Law）

1. 专利法　是国家制订的，用以调整因确认发明创造的所有权和因发明创造的利用而产生的各种社会关系的法律规范。简言之，专利法就是国家制定的，为解决有关发明创造的权利归属和发明创造的推广利用的法律。

2. 制订专利法的目的　为了保护发明创造权，鼓励发明创造，有利于发明创造的推广应用，促进科学技术进步和创新，适应时代的需要。

3. 专利法的特征　包括国内法、特别法和实体法三个方面。

（1）国内法：是指本国、本地区制订或认可，并在主权管辖范围内生效的法律，而在其他国家和地区都不发生效力。

（2）特别法：是指适用于特定事项的法律。民法、刑法等就是一般法。专利法中规定的条文，即使与其他法相抵触，一般也服从于专利法的规定。

（3）实体法：又称程序法，亦称主体法，程序法亦称“诉讼法”或“手续法”，是指为保证实体所规定的权利义务关系的实现而制订的法律。

4. 专利法的主要内容　尽管各个国家、地区的专利法在内容上不尽相同，但作为一种法律形式，大体包括以下几个方面的内容：①专利法的主体（能够申请并取得专利权以及承担相应义务的人）和客体（授予专利权的发明创造）；②授予专利权的条件；③专利的申请；④专利申请的审查和批准；⑤专利权的期限、终止和无效；⑥专利纠纷和诉讼，专利实施的强制许可；⑦专利权的保护等。

（三）授予专利权的条件

授予专利权的发明和实用新型，应当具备新颖性、创造性和实用性。

1. 创造性　是指与申请日以前已有的技术相比，该发明有突出的实质性特点和显著的进步，或该实用新型有实质性特点和进步。

2. 新颖性 是指在申请日以前相同的发明或实用新型在国内外出版物上未公开发表过，在国内未公开使用过，相同的发明或实用新型未曾由他人向专利局提出过申请。

3. 实用性 是指该发明或实用新型能够制造或者使用，并能够产生积极效果。

授予专利权的外观设计，应当同申请日以前在国内外出版物上公开发表过或者国内公开使用过的外观设计不相同和不相近似，并不得与他人在先取得的合法权利相冲突。

具备以上条件的一般均授予相应的专利权，但对于下列各项不授予专利权：①科学发现；②智力活动的规则和方法；③疾病的诊断和治疗方法；④动物和植物品种；⑤用原子核变换方法获得的物质。

（四）中国专利的申请

专利申请手续应当以书面形式或者以专利局规定的其他形式办理。

1. 申请专利所需文件

（1）请求书：是确定发明、实用新型或外观设计三种类型专利申请的依据，应谨慎选用，建议使用专利局统一表格。请求书应当包括发明、实用新型的名称或使用该外观设计产品名称，发明人或设计人的姓名、申请人姓名或者名称、地址以及其他事项。

（2）说明书：应当对发明或实用新型作出清楚、完整的说明，以所属技术领域的技术人员能够实现为准。

（3）权利要求书：应当以说明书为依据说明发明或实用新型的技术特征，清楚、简要地表述请求专利保护的范围。从属权利要求应当用附加的技术特征，对所引用的权利要求作进一步的限定。

（4）说明书摘要：发明、实用新型应当提交申请所公开内容概要的说明书摘要（限 300 字）。

（5）说明书附图：是实用新型专利申请的必要条件。发明专利申请如有必要也应当提交附图。附图应当使用绘图工具和黑色墨水绘制，不得涂改或易被涂擦。

（6）外观设计的图片或者照片：外观设计专利申请应当提交该外观设计的图片或者照片，必要时应有简要说明。

（7）优先权文件：要求优先权的，须在提出申请的 3 个月内（从申请日算起）提交经原受理机关证明的优先权文件。对于发明和实用新型专利申请，其优先权期限为自首次申请的申请日起 12 个月。对外观设计，其专利申请的优先权期限为自首次申请的申请日起 6 个月。

2. 专利申请的一般性原则

（1）请求原则：申请专利时，需要递交一份请求书。

（2）书面原则：申请专利时，需要若干书面材料，当申请成功后，这些书面材料具备一定的法律性质。

（3）先申请原则：当有两个或多个申请人申请同一项专利时，优先授予第一个申请人专利权。

（4）优先权原则：一项专利在其他国家再次提出申请时，可以享有优先权。

3. 申请专利的途径 专利申请按照国家保护范围的不同可分为国内申请和国际申请。

（1）国内申请途径：国内申请一般向我国的国家知识产权局或委托专利代理机构直接申请。国内申请途径又分为：①自行申请：专利申请人自己直接向中国专利局或者其代办处办理专利申请；②委托代理申请：专利申请人委托代理机构以委托人的名义按照专利法规定向中国专利局或其代办处办理专利申请。

（2）国际申请途径：国际专利的申请主要有两种途径：一是按照巴黎公约原则提出申请（一般适用于一个或少数几个国家保护的专利申请）；二是利用 PCT（Patent Cooperation Treaty，专利合作条约）途径提出申请（适用于多个国家保护的专利申请）。

4. 生物技术领域中专利申请的主题范围　主要有微生物、动植物细胞系、DNA/RNA物质、质粒、蛋白质、疫苗和抗体。该领域中不授予专利权的主题有动植物品种和疾病的预防和针对的治疗方法。可申请专利的微生物主要有：细菌、放线菌、真菌、病毒、病原生物和藻类，另外，该微生物是已知种的新菌株或变种或是已知属的一个新种，并具有工业应用价值也可以申请。微生物的专利申请必须说明获得该微生物的途径、保藏信息、新微生物的特征描述（形态学特征、培养特征、生理特征和代谢特征）、新微生物的培养方法和繁殖方法、新微生物的具体用途和效果。

（五）专利申请的审查和批准

由于不同国家专利制度的不同，专利申请的审查和批准程序也各不相同。

1. 中国专利申请的审查和批准

发明专利的审查和批准分三个步骤：①初步审查：专利行政部门收到发明专利申请后，经初步审查认为符合专利法要求的，自申请日起满 18 个月即行公布；②实质审查：发明专利申请自申请日起三年内，国务院专利行政部门可以根据申请人随时提出的请求，对其申请进行实质审查；申请人无正当理由逾期不请求实质审查的，该申请即被视为撤回；③批准：发明专利申请经实质审查没有发现驳回理由的，由国务院专利行政部门作出授予发明专利权的决定，发给发明专利证书，同时予以登记和公告。发明专利权自公告之日起生效。

实用新型和外观设计专利的申请只有初步审查。若经初步审查没有发现驳回理由的，由国务院专利行政部门作出授予实用新型专利权或外观设计专利权的决定，发给相应的专利证书，同时予以登记和公告。实用新型专利权和外观设计专利权自公告之日起生效。

2. PCT 国际专利申请的审查和批准　包括国际阶段和国家阶段。

（1）国际阶段：包括国际申请的受理、形式审查、国际检索和国际公布等必经程序以及可选择的国际初步审查程序。国际阶段中除国际公布由世界知识产权组织国际局统一进行外，其他程序都在中国专利局进行。

（2）国家阶段：是在申请人希望获得专利权的国家的专利局进行，包括办理进入国家阶段的手续和在专利合作条约允许的限度内作出的审查、国家公布、参考国际检索和国际审查结果进行的审批程序并决定是否授予专利权。

（六）专利申请的复审

专利申请人对国家知识产权局驳回其申请的决定不服，可以向国家知识产权局专利复审委员会请求复审。请求复审的，应当在收到国家知识产权局驳回决定之日起 3 个月内，向专利复审委员会提出复审请求。

专利复审委员会受理复审请求后进行复审，作出复审决定后，以书面方式通知复审请求人，专利申请人对专利复审委员会作出的复审决定不服的，可以自收到专利复审委员会的通知之日起 3 个月内向人民法院提起诉讼。

（七）专利无效宣告

自国家知识产权局公告授予专利权之日起，任何单位或个人认为该专利权的授予不符合《专利法》有关规定的，可以请求专利复审委员会宣告该专利权无效。

专利复审委员会作出专利权无效或部分无效的决定后，当事人在一定期限内不起诉的，由国家知识产权局进行登记和公告；当事人在规定的期限3个月内向人民法院起诉的，待人民法院作出的判决生效后，再由国家知识产权局登记和公告。

二、专利文献的基本知识

专利文献是随着专利制度的产生而产生的。与其他类型的文献相比，专利文献有自己的特点和作用，也有不同的著录方式和检索方法。以下介绍专利文献的特点、作用、著录格式和检索方法。

（一）专利文献概述

1．专利文献的产生　专利文献是专利制度的产物。专利文献伴随着专利制度的发展而发展，追溯专利制度的起源，可以找到专利文献的萌芽。早在16世纪，英国皇家政府便授予一些特定技术以垄断权，即专利权。英国的第一份专利说明书是1852年印刷的1617年的专利。美国于1790年建立专利制度，现存的第一份专利说明书是1836年印刷的，1790年至1836年之间的专利说明书毁于大火。随着专利制度的发展，世界上许多国家将出版专利文献作为实施专利制度的主要手段与工具，实现广泛传播及保护发明创造的目的。

专利制度和专利文献的发展，反映了科技进步的历程。在近现代历史中，对人类的现代化进步起到巨大推动作用的发明创造均在专利文献中能够找到它们的踪影。如：1812年斯蒂文森发明火车，1867年诺贝尔发明炸药，1887年爱迪生发明留声机，1893年狄塞尔发明内燃机等，这些都在专利文献中得以记载。

2．专利文献的概念　专利文献是实行专利制度的国家、地区及国际性专利组织在审批专利过程中产生的官方文件及其出版物的总称。专利文献有广义和狭义之分，狭义专利文献是指专利说明书；广义专利文献包括专利公报、专利文摘、专利索引、专利分类表和专利书刊报纸等。

3．专利文献的种类　按不同属性可将专利文献分为多种类型。

（1）按法律性质：分为申请说明书和专利说明书两种。申请说明书（也称公开说明书）是指申请案经一般形式审查后，自申请之日起满18个月向公众公开该项发明并出版的说明书。对其所公开的技术内容，法律上给予临时性保护（最短6个月，最长7年）。

专利说明书有三种情况：①在实行登记制的国家，申请案通过形式审查后出版的说明书；②在实行审查制的国家，申请案通过实质性审查批准后出版的专利说明书；③实行早期公开、延迟审查制的国家有两种情况：一种是自申请之日起申请人即提出实审请求，经实审后出版的说明书；另一种是公开说明书出版后，在专利法规定的时间内提出实审请求，经实审后出版的说明书。

（2）按技术内容：分为发明专利说明书、实用新型专利说明书和外观设计文件。

（3）按加工层次：分为专利说明书；专利文摘、索引、题录、公报等；专利分类表、分类表索引等。

（4）按载体形式：分为印刷型、缩微型和电子型。

4．专利文献的特点

（1）提供经济、技术和法律信息：专利文献收录了解决一项技术课题的新方案的专利，同时它又是宣布发明所有权和权限范围的法律文件。据WO（World Intellectual Property Organization）统计，90％～95％的最新技术首先见于专利文献，经常查阅专利文献可节省60％时间，节约40％的经费。专利文献将经济、技术和法律三种信息融于一体，是优于其他文献的最主要的特点。

（2）内容新颖、范围广泛：要获得专利权，首先就必须具备创新性、新颖性，因此经专利局批准的专利说明书，在当时来讲应该是最高水平的、内容是最新的。范围广是指专利文献收录了所有应用技术领域的专利，从日常生活小用品如拉锁、卫生筷到复杂的高精尖技术如手术器械等。

（3）内容详尽、可操作性强：专利说明书详细地记录了每件专利的全部信息，普通专业人员能根据说明书中的内容，制造出该产品。

（4）出版迅速，重复量大：全世界每年公布100万件专利文献，其中基本专利说明书只有35万～40万件。这是因为一个发明有时向好几个国家申请，造成重复公布；另一个原因是受理审批过程中多次出版。

（5）分类和检索方法特殊：各国专利文献都有它自己独特的分类方法和检索方法，但都标注上统一的国际专利分类号，这样也为阅读和查找带来了便利。

5. 专利文献的作用

（1）法律作用：专利文献就是一种法律性文件，专利说明书中的“权利要求”部分，是申请人请求保护的技术范围，而有关专利申请日期不仅是该发明临时保护的依据，也是判断专利权是否有效的依据。专利文献还可作为判断是否构成侵权行为和追溯、计算索赔侵权损失的法律依据。

（2）技术指导作用：专利文献系统性强，反映新技术时差短。每一件专利说明书都详细记载着解决某项课题的最新技术方案。因此，查阅专利文献不仅可以了解最新技术，还可追踪、预测某项技术的发展趋势、决策等。

（3）经济作用：专利文献为外贸和技术交流提供准确的经济信息。在引进技术和设备或出口技术和产品时，只有熟悉引进或出口项目是否为专利，专利权是否在有效期内，或是否接近自动终止的期限，专利权保护范围等，才能减少盲目性、防止上当受骗、避免侵权和经济上的损失。

（二）专利文献的著录内容

1. 专利说明书　属于一次文献，记载了发明成果的详细内容，是专利文献的核心内容。通常由题录部分、说明书正文和附图三部分内容组成。

（1）题录部分：著录了该发明技术及其法律信息等内容。主要内容包括发明名称、发明人姓名、申请人姓名、地址、申请日期、申请号、分类号、专利号、文摘等。每个国家著录这些内容的排列顺序有差异，但每个著录内容前面的代码是国际通用的，该代码为INID代码，即专利局间信息检索国际合作委员会用于标记专利著录项目的代码。

（2）说明书正文：详细记录了发明内容。这些内容包括序言、发明细节叙述及权利要求三部分。

（3）附图：用于解释说明发明内容原理，一般放在说明书的最后。

2. 专利检索工具　包括专利公报、专利索引、专利文摘和专利题录，属于二次文献，是专利文献的检索工具。各种工具的著录内容略有不同。

（1）专利公报：大体包括三部分内容，第一部分包括申请公开（文摘型）、授权公开（题录型）、保密专利与专利解密；第二部分包括专利事务；第三部分包括索引。每部分按IPC国际专利分类号和文献号顺序编排。

（2）专利索引：内容包括申请公开与专利权授予索引以及申请人、专利权人索引。

（3）专利文摘与专利题录：著录内容有国际专利分类号、国别或组织代码、文献号、报道序号、申请人或发明人、申请日、发明名称、文摘和页数。

（三）专利文献的检索途径

专利文献的检索途径主要有号码途径、名称途径、主题途径和分类号途径。

1. 号码途径　主要通过申请号、专利号检索特定的专利文献。通过申请号及专利号，还可以检索特定专利的同族专利或相同专利。另外，通过某专利号查到某一特定专利后，还可以进一步得到分类号、优先权项等信息，再进一步扩大检索范围。

2. 名称途径　主要通过发明人、专利权人的名称查找特定的专利。

3. 主题途径　主要通过选取主题词查找相关技术主题的专利。

4. 分类号途径　通过所查技术主题的国际专利分类号来查找专利。

三、国际专利分类系统

随着科学技术的发展，必须加强国际间专利文献的交流。因此，国际间的专利文献应当有统一的分类系统。目前世界上主要的分类体系有国际专利分类表、美国专利分类表、英国专利分类表、英国德温特公司编制的分类简表等四种，起核心作用的是国际专利分类表。该表成为国际通用的管理和利用专利文献的工具。

（一）国际专利分类表（International Patent Classification，IPC）的概况

IPC 既可表示国际专利分类法、国际专利分类表，也可表示国际专利分类号。1952 年，欧洲理事会成立了一个“分类小组”，1954 年 12 月 19 日，欧洲理事会的一些国家，如法国、德国、英国、意大利、瑞士、荷兰、瑞典等签订了《关于发明专利国际分类法欧洲协定》。1967 年，BIRPI（世界知识产权组织 WIPO 的前身）接受欧洲专利专家委员会建议，将该欧洲专利分类法作为国际专利分类法。1968 年 9 月，第一版 IPC 生效。1971 年 3 月 24 日《巴黎公约》成员国在法国斯特拉斯堡召开全体会议，签署了《国际专利分类斯特拉斯堡协定》，从此，WIPO 成为 IPC 的唯一管理机构，确定 IPC 为《巴黎公约》成员国的统一的专利分类法。以后每五年修订出版一次，第八版于 2006 年 1 月 1 日起开始实施。

（二）国际专利分类表的作用

IPC 的作用主要体现在以下几个方面：①使各国专利文献获得统一的分类工具，以便于对专利文献进行分类管理、使用和查找；②用以在各种检索中使用，如作为为确定专利申请的新颖性、创造性（包括对技术先进性和实用价值做出评价）而进行专利文献检索时的一种有效检索工具；③利用 IPC 分类表编排专利文献，使用户可方便地从中获得技术上和法律上的信息；④作为对所有专利信息用户进行选择性报道的基础；⑤作为对某一个技术领域进行现有技术水平调研的基础；⑥作为进行专利统计工作的基础，从而对各个技术领域的技术发展状况作出评价。

（三）国际专利分类表的结构编排

IPC 表按照技术主题设立等级类目，将技术内容按部（section）、分部（subsection）、大类（class）、小类（subclass）、主组（group）、分组（subgroup）五个级别分类，形成完整的分类体系，共设有 8 个部、120 个大类、628 个小类，类目总计为 6.4 万多个。

1. 部　为第一级，IPC 表共分 8 个部，分别用大写英文字母 A、B、C、D、E、F、G、H 表示，8 个部的代号及名称分别为：A 部：人类生活需要（农、轻工、医）；B 部：作业、运输；C 部：化学、冶金；D 部：纺织、造纸；E 部：固定建筑物（建筑、采矿）；F 部：

机械工程、照明、加热、武器、爆破；G 部：物理；H 部：电学。

2. 分部　不作为分类的一个级，只有标题，没有类号。在每个部中包含若干分部，例如 A 部包括四个分部：农业；食品与烟草；个人与家用物品；保健与娱乐。

3. 大类　为分类第二级，大类标志由部的类号加上两位阿拉伯数字组成，例如 A 部（人类生活必需）的“保健与娱乐”分部，下设三个大类：A61：医学和兽医学，卫生学；A62：救生，消防；A63：运动，游戏，娱乐活动。

4. 小类　为分类第三级，每个大类都包括一个或若干个小类，小类类号由大类类号加上一个大写字母（A、E、I、O、U、X 除外）组成。例如：A6l N 为电疗；磁疗；放疗。

5. 主组　为分类第四级，每一个主组号由小类类号加上 1－3 位阿拉伯数字，后加上“/00”组成。例如：A61N1/00 表示为电疗装置；其所用的线路。

6. 分组　为分类第五级，是主组的细分，分组号是在主组号斜线之后加上至少一个不为零的两个以上的数字组成。如：A61N1/26 为电疗刷；电疗按摩器。

表示组的类号，斜线前面一般都用奇数，斜线后面一般为偶数。分组之间的上下关系是根据圆点数目，而不是按分组号数字的相邻关系确定的。如分组号 A6lB5/12（测听器）是由等级较高的主组 A61B5/00、5/02…5/10 确定的。分组之内还可继续划分出更低的等级，并用在分组文字标题前加注圆点的方法标示分组之内的等级划分，标题前的圆点数目越多其类目等级越低。这种分组内的等级划分在分类号中是表现不出来的。

因此，一个完整国际专利分类号由部、大类、小类、主组或分组的类号组成。电疗按摩器的 IPC 号如下：

A	部（人类生活需要）
A 61	大类（医学或兽医学；卫生学）
A 61N	小类（电疗；磁疗；放疗）
A 61N 1/00	主组（电疗装置；其所用的线路）
A 61N 1/26	分组（电疗刷；电疗按摩器）

完整的 IPC 为：Int. Cl^5 A 61N 1/26，其中 Int. Cl^5 表示国际专利分类第 5 版。

（四）国际专利分类法分类原则

国际专利分类法力图保证任何与发明有关的技术主题能尽量作为一个整体来分类，而不是将它的各组成部分分别分类；对于发明专利按照功能性发明和应用性发明来分类；发明技术主题的分类：化合物、化学混合物或组成物、化合物的制备或处理、设备或方法、制造的物品、多步骤方法与设备、零件与结构部件。

（五）国际专利分类法分类规则

国际专利分类法采用功能分类和应用分类相结合，而以功能分类优先的原则。该原则适用于两个以上技术领域的发明，也就是优先分在功能分类的位置。如果在分类表的某个范围内，适用于发明主题的分类位置不止一个，就按分类表中有关规则的附注，只确定一个合适的类号。主要规则有：

1. 优先规则　是最常用的一种规则。在 IPC 表中某些分组类目后加有标注，如 9/18（9/22 优先），即 A61L9/22，优先于 A61L9/18。

2. 最后位置规则　是一种系统的优先规则，以免在每一有关类号位置上都加附注。如 C11D9/00 下注有“在 9/06～9/42 范围内，化合物分入最后一个合适的类号”。

3. 主要成分规则　是按化合物或混合物的主要成分分类。如 C08L 后注有：①按重量比；②按占最高比例的高分子组份分类。

四、中国专利文献检索

中国专利文献是随着中国专利法的实施而产生的。1985 年 9 月 10 日中华人民共和国成立以来的第一份专利文献正式出版，并定期向全世界发布专利公报、专利说明书、《中国专利索引》、《中国专利文摘》等专利文献。

（一）中国专利文献的编号系统及法律状态

中国专利文献在不同时期采用不同的编号系统。发明专利的申请号、公开号、公告号、专利号四号同一；实用新型和外观设计的申请号、公告号、专利号三号同一。中国标准代码为 CN，专利申请号与专利号沿用八位数字外，专利的公开号和公告号都采用七位数字，并分别按文献的流水号顺序编排。如 CN1050324A，第一位数字用于区分专利种类："1" 为发明专利，"2" 为实用新型专利，"3" 为外观设计专利。

此外，中国专利文献还采用了 INID 代码，即国际通用的代码。代码形式为两位阿拉伯数字，并用方括号表示。如［11］为公开号代码，［19］为出版文件的国家代码，［22］为申请日代码，［30］为优先权号代码，［51］为国际专利分类号代码，［54］为发明名称代码，［57］为摘要代码，［71］为申请人代码，［72］为发明人代码，［74］为专利代理机构代码，［85］为进入国家阶段日期代码，［86］为国际申请代码，［87］为国际公开代码等。

（二）中国专利数据库

1. 概况 中国专利数据库是由国家知识产权局出版社出版的，提供 1985 年至今受理的全部中国专利数据信息免费检索的网络数据库。虽然目前许多网站都提供中国专利数据的检索，但其数据都来源于国家知识产权局。专利库网址为：http：//www.sipo.gov.cn/sipo2008/zljs/。

2. 数据库结构 该库收录的每件专利文献包括申请（专利）号、专利名称、公开（公告）号、公开（公告）日、主分类号、分类号、分案原申请号、申请日期、申请（专利权）人、发明（设计）人、通讯地址、颁证日、优先权项、国际申请、国际公布、进入国家日期、专利代理机构、代理人、文摘等项目。

3. 检索技术 主要包括：①逻辑算符："AND" 表示逻辑与；"OR" 表示逻辑或；"NOT" 表示逻辑非；②截词算符："%" 表示截词符，可用于词首或词中间。? 代表单个字符，% 代表多个字符。

4. 检索方法 本数据库主要有快速搜索、高级检索和 IPC 分类检索三种方式。

（1）快速搜索：主要通过申请（专利）号、申请日、公开（公告）号、公开（公告）日、申请（专利权）人、发明（设计）人、名称、摘要、主分类号等途径查找专利的方法。

（2）高级检索：提供 16 个字段检索途径。除国际公布字段外，其余字段均可进行截词检索。①号码字段的检索：分类号可由《国际专利分类表》查得，同一专利具有若干个分类号时，第一个为主分类号；申请（专利）号由 8 位数字组成，前 2－4 位表示年份，其余表示随机号码；公开（公告）号由 7 位数字组成。②日期字段的检索：日期均由年月日三部分组成，各部分之间用圆点隔开，年为 4 位数字，月和日为 1 或 2 位数字。年、月、日分别可以用来检索，如可键入 ".10.5" 检索公开日为某年 10 月 5 日的专利，键入 "1998 to 1999" 可检索公开日为 1998 到 1999 年之间的专利。③申请（专利权）人和发明（设计）人等字段的检索支持多个申请人或发明人的逻辑运算。④专利名称和专利摘要等字段的检索尽量选用关键字检索。⑤专利代理机构和代理人字段的检索中专利代理人通常为个人。⑥地址字段的检索指专利申请人的通讯地址，可输入省市名称和邮政编码。⑦优先权字段的检索：优先权由表示国别的字母和表示编号的数字组成。⑧国际公布字段的检索包含申请的国别字母、PCT公开号或者公布日期。

（3）IPC分类检索：按照国际专利分类号逐级浏览专利文献，在浏览某类专利文献的同时，还提供关键词限制进行二次检索，以提高查准率。

除此之外，还可以对中国专利进行法律状态的查询，法律状态包括实质审查请求的生效、专利权的无效宣告，专利权的终止，权利的恢复，专利申请权、专利权的转移，专利实施许可合同的备案，专利权的质押、保全及其解除，著录事项变更、通知事项等。中国专利法律状态检索可以从申请（专利）号、法律状态公告日进行检索，但是法律状态检索所提供的法律状态信息仅供参考。

5. 检索结果的处理　包括：①显示：显示格式有题录（只列出记录号、申请号、专利名称三项内容）、文摘（详细列出专利文摘等所有字段）和专利说明书全文（扫描图像）三种格式；②保存和打印：从文件菜单中选择另存为和打印命令来保存和打印所需的专利摘要。

6. 检索举例　查找2004年至2006年北京大学申请的医药卫生方面的发明专利。检索步骤和方法如下：①选择字段检索方式。首先选择专利类型为“发明”，并在申请日字段输入2004 to 2006；在申请人字段输入北京大学，进行检索。②本次共检获723项专利文献，是2004至2006年北京大学申请的发明专利。③点击每件专利的题目，可以查看专利说明书摘要。筛选出研究主题是医药卫生领域的。共检获132项医药卫生的专利文献。④点击页面左侧的“说明书全文”链接，就可浏览专利说明书全文内容（图像格式）。

五、德温特专利检索

在国外专利检索工具中，德温特专利是全球最权威，使用量较多，收录世界各个国家的专利信息最多的数据库。

（一）概况

德温特专利是英国德温特公司（Derwent Publication Ltd.）的出版物。德温特公司成立于1951年，是英国一家出版专利文献的私营机构。其产品包括专利题录、文摘、累积索引等各种类型的检索工具，并以文摘卡片、计算机磁带、缩微平片、缩微胶片、光盘等形式出版发行。

20世纪90年代，汤姆森·德温特公司出版了德温特专利Web版——《德温特创新索引》（Derwent Innovations Index，DII）。该库融合了德温特世界专利索引（Derwent World Patents Index，WPI）和德温特专利引文索引（Derwent Patents Citation Index，PCI）的内容，是收录国际专利信息最全的数据库。该库回溯1969年到现在的世界专利文献，目前共收录1400多万项基本发明专利，2000多万项专利，包括化学、工程及电子方面的世界专利。每周有40多个专利授予机构发布的2.5万条专利文献和来自于6个主要专利授予机构的4.5万条专利引用信息收录到数据库中。德温特创新索引属于文摘型数据库，它可在多种检索平台上利用，此处主要介绍美国科技信息所（ISI）Web of Knowledge平台上的DII数据库检索方法。

DII数据库具有以下特点：①收录范围广泛、来源国家多：年报道量约为70余万件，占全世界专利文献总量70%；②语种单一，出版形式多样，适用面广：专利文献都采用英语报道，除书本式检索刊物外，还有机读型磁带、磁盘、光盘和网络版；③检索方法和手段灵活：多种检索途径，检索功能强大；④专利登记号和优先权索引便于查找同族专利：专利权人对同一发明向多国提出申请，最先公开的专利称为基本专利，以后公开的称为同族专利或相同专利。一件基本专利和它所有的相同专利及内容不完全相同的相关专利或补充专利共同构成一个专利族系（patent family)，属于同一族系的专利称为同族专利。相同专利是指专利权人在若干个国家申请内容相同的专利。

（二）检索方法与技巧

DII 数据库分为三个子数据库：化学、电子和电气、工程。检索时，可以选择单个子数据库，若不选择，系统默认为全选。根据需要选择要检索的时间或年代。DII 主要提供检索、被引专利检索、化合物检索、高级检索四种检索方式。

1. 检索　提供 3 个或 3 个以上检索输入框，分别支持主题、标题、专利权人、发明人、专利号、国际专利分类号、德温特分类代码、德温特手工代码、Derwent 主入藏号、环系索引号、Derwent 化合物号、Derwent 注册号、DCR 编号等检索途径查找专利文献。检索输入框之间默认为“逻辑与”的关系，用户可在任意输入框中输入检索信息，检索专利文献。其中发明人、专利权人、国际专利分类号、德温特分类代码和德温特手工代码检索途径还提供词典辅助查词检索功能。

2. 引用专利检索　用来检索专利文献被引用的情况。提供被引专利号、被引专利权人、被引专利发明人和被引的 Derwent 主入藏号四个检索途径查询专利文献的引用信息。四个检索框之间默认为“逻辑与”的关系，每个输入框中的检索式都支持布尔逻辑运算和截词运算。

3. 化合物检索　通过下面的化学数据字段中输入检索词来构建一个检索式。然后单击“检索”按钮进行检索。该检索界面提供化合物结构、化合物名称、物质说明、标准分子式、分子式、分子量、Derwent 化学资源号等途径进行检索。

化合物结构检索时，安装 Chime plugin shim 这个插件后，在绘图区双击，绘图软件 I-SIS/Draw 就会自动打开。可以将现有的化合物结构复制粘贴过来，也可以绘出化合物的结构进行检索。化合物结构检索一定要组配化合物名称来检索。

4. 高级检索　使用两个字母的字段标识、布尔逻辑运算符、括号和检索式引用来创建检索式。结果显示在页面底部的“检索历史”中。高级检索支持复合检索表达式检索专利文献，在检索输入框中运用字段标识符、字段限定符“＝”和布尔逻辑运算符将多个检索词连接起来，构造一个复合检索表达式进行检索。其特点是通过一个字符串来表达一个复杂的主题或检索课题的需求。这种检索方式自由灵活，但要求用户具有一定的检索实践经验。

（三）检索技术

1. 布尔逻辑运算　常用的逻辑运算符有 AND、OR、NOT 和 SAME，运算符大小写均可。SAME 表示查找两个或多个检索词出现在同一个句子中的记录，句子的定义为文献题名、摘要中的句子、单个地址等。如果在检索式中同时使用四个运算符，则会根据SAME＞NOT＞AND＞OR 的优先顺序运算检索式。

2. 通配符　所有可以使用单词和短语的检索字段均可以使用通配符，它们可在检索式中表示未知字符。星号（＊）表示任何字符组，包括空字符；问号（?）表示任意一个字符；美元符号（$）表示零或一个字符。通配符可位于检索词的中间或结尾，但不能位于开头。进行“主题”或“标题”检索时，星号、问号或美元符号之前必须至少有三个字符，否则检索会产生错误。

（四）检索结果

以简短的记录格式查看检索结果，所有文献均根据默认排序选项更新日期进行排序。页面顶部显示用于检索结果的检索语句的概要，包括所选入库时间。

1. 显示　显示格式有简要和详细两种。Summary 格式显示字段包括专利号、Derwent 主入藏号（在专利号右侧）、专利名称、专利权人及其代码、专利发明人。点击题目链接可以浏览该专利的详细格式。检索结果可按发明人、出版日期、专利权人及其代码、引用次数进行排序。检索结果可按照学科类别、专利权人名称及其代码、发明人、IPC 代码、德温特分类代码、德温特手工代码内容进一步精炼或分析。

2. 输出　可对选中的检索结果进行打印、电子邮件输出，或者添加到标记结果列表、保存到 EndNote Web 或保存到其他参考文献管理软件中。

（五）检索举例

查找 1990—2008 年世界知识产权组织授予的“艾滋病疫苗”方面的专利文献。检索步骤和方法如下：①选择检索界面，在一个检索框中输入“AIDS vaccine”，选择主题字段；在另一个检索框中输入 WO*，两个检索框之间选择“逻辑与”，时间选择 1990—2008，点击检索按钮进行查询；②本次共检索到 16 个相关的专利文献，浏览检索结果，发现其中一个是作为接种抗原佐剂的协同免疫刺激混合物，包含对 Toll 样受体 7 或受体 8 拮抗，同时对 Toll 样受体 4 拮抗的一种疫苗的发明专利；③点击文献标题，可浏览专利文献的文摘内容；④点击专利号后面的“原文”按钮，可以浏览专利说明书原件（PDF 图像版）；⑤点击施引专利后面的数字，可以浏览哪些专利文献引用了本专利。同样可以了解被审查员引用的专利和被审查员引用的文献情况。

第二节　学位论文检索

学位论文具有较高的学术研究价值和实用价值，是人们借以了解当代最新学术动态、掌握科技信息、研究学科前沿问题的有效途径之一，对科研人员的选题、知识更新起着重要的参考作用。了解学位论文的特点和检索方法，有助于更好地利用学位论文。

一、学位论文概述

学位论文是一类特殊文献，它的特殊性在于出版目的特殊、流通范围有限。学位论文是一种有重要参考价值的信息源，随着对科学技术和学位教育的重视，学位论文也越来越受到社会各界的关注。

（一）概念

学位论文是高等学校或科研单位的毕业生为取得学位资格而撰写的学术性研究论文。从学位名称角度划分，学位论文有学士论文、硕士论文、博士论文。由于各国学位制度不同，因此学位名称也稍有差别，如美国和英国有三种，而日本只有硕士和博士两种。我国有学士、硕士和博士三种学位名称。自我国实行学位制度以来，学位论文越来越受到科技工作者的重视。

（二）特点

学位论文主要有专业性、知识性、独创性等特点。它是经过一定范围审查的原始研究成果，硕士论文具有一定深度，或有独到见解；博士论文则体现了研究生在科学或专业技术上的创造性成果。有些论文后来成为公开发表的文章或专著的基础。一篇质量好的学位论文可能成为一种有价值的情报源，对科研、生产和教学工作有一定的参考价值。但学位论文一般是不公开出版的，因此全文索取比较困难。随着人们对学位论文的重视，获取它的途径也越来越多。

二、中国学位论文数据库

（一）中国博/硕士学位论文全文数据库

1. 概况 该库由清华同方光盘股份有限公司开发，收录了1999年以来的博硕士论文全文，是目前我国唯一拥有国家批准标准刊号，正式出版博/硕士学位论文的国家级学术电子数据库。本库按学科领域分为10个专辑、168个专题，同时以光盘版和网络版出版发行。光盘版以DVD-ROM为载体，每月定期出版；网络版以中国知网（www. cnki. net）为互联网出版平台，以论文为单位每天出版。目前，本库已收录清华大学、北京大学、中国科学院、中国社会科学院等全国350多家博士培养单位的博士学位论文8万余篇；以及全国460多家硕士培养单位的硕士学位论文50余万篇。

数据库网址为：http：//acad. cnki. net/Kns55/brief/result. aspx？dbPrefix＝CDFD及http：//acad. cnki. net/Kns55/brief/result. aspx？dbPrefix＝CMFD。

2. 数据库结构 该库每篇论文由中文题目、英文题目、作者中文名、导师、学位授予单位、学科专业名称、学位年度、论文级别、网络出版投稿人、网络出版投稿时间、关键词、英文关键词、中文摘要、英文摘要、DOI、相同导师文献、相似文献、全文等字段构成。可以通过在线阅读、整本下载、分章下载、分页下载的形式阅读论文。

3. 检索方法与技巧 可以通过文献检索、学位授予单位导航、博士学位论文电子期刊导航查找学位论文。

（1）文献检索：根据学位论文检索的需求，提供了快速检索、标准检索、专业检索、科研基金检索、句子检索五种检索方式。

1）快速检索：提供了类似搜索引擎的检索方式，用户只需要输入所要找的关键词，点击“快速检索”按钮就查到相关的学位论文文献。

2）标准检索：在标准检索中，将检索过程规范为三个步骤：第一步，在发表时间、学位单位、学位年度、支持基金、优秀论文级别、作者、作者单位等限定选项输入限定条件；第二步，在主题、篇名、关键词、摘要、目录、全文、参考文献、中图分类号、学科专业名称等字段输入检索内容；第三步，对检索结果的分组排序的选择，浏览检索结果。

3）专业检索：使用逻辑运算符和关键词构造复合逻辑式的检索方式。可通过主题、题名（篇名）、关键词、目录、摘要、全文、作者、导师、学位授予单位、引文（参考文献）、发表时间、学位年度、基金、中图分类号和被引频次等15个字段进行检索。有多个检索词或选项时，可以使用AND、OR、NOT运算符进行逻辑组配检索；三种逻辑运算符的优先级相同；如要改变组合的顺序，请使用英文半角圆括号（）将条件括起。如果不清楚复合逻辑表达式的规则，点击“检索表达式语法”，查看专业检索语法表，进行检索。

4）科研基金检索：是通过科研基金名称，查找科研基金资助的文献。通过对检索结果的分组筛选，还可全面了解科研基金资助学科范围，科研主题领域等信息。在检索中，可直接在检索框中输入基金名称的关键词，也可以点击检索框后的⋯按钮，选择基金输入检索框中。

5）句子检索：在全文的同一段或同一句话中进行检索。同句指两个标点符号之间，同段指 5 句之内。由于句子中包含了大量的事实信息，通过检索句子可以为用户提供有关事实的问题答案。在每个检索项后输入检索词，每个检索词之间可以进行三种组合：并且、或者、不包含。

（2）学位授予单位导航：根据学位论文的特点，《中国博士学位论文全文数据库》在文献检索平台的基础上，还向用户提供了基于学科授予单位分类检索的学科授予单位导航，并将学科授予单位导航细分为地域导航和学科专业导航（图 7－1）。可在“按学位授予单位检索”的检索框中直接输入单位名称进行检索。点击任何地区的名称，可以显示该地区下所有学位授予单位的名称；括号中的数字代表该地区下包括的学位授予单位的数量。

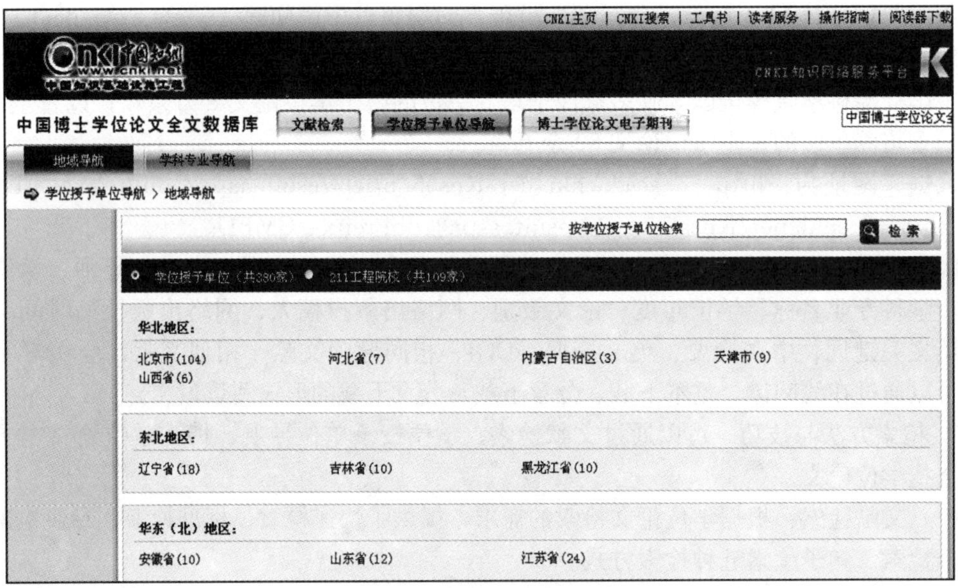

图 7－1　学位授予单位导航界面

（3）博/硕士学位论文电子期刊导航：也可以称为期刊浏览的方式，检索功能同 CNKI 期刊全文数据库中的期刊导航。

4. 检索结果　显示格式有摘要格式、列表（题录）格式和详细格式，点击题目进入详细格式界面后就可以浏览学位论文全文，可以分页下载、分章下载、整本下载、在线阅读。

5. 检索举例　检索 2000 至 2009 年间，国家科技部资助的“癌症研究”方面攻关项目的学位论文。检索方法和步骤如下：①选择标准检索，选择学位年度，从 2000 到 2009，支持基金选择中央国家级→科技部→国家科技攻关计划，点击确定，该项名称就会自动添加到检索框中，选择题名字段，输入癌症，点击检索按钮进行查询；②本次检索命中三篇学位论文；③点击“论文题目”链接，可进入详细显示界面，浏览该论文详情。

（二）国家科技图书文献中心学位论文数据库

1. 概况　该数据库主要收录了 1984 年至今我国高等院校、研究生院及研究院所发布的硕士、博士和博士后的论文，目前数量已达 1478258 条。学科范围涉及自然科学各专业领域，并兼顾社会科学和人文科学，每年增加论文 6 万余篇，每季度更新。目前，国家科技图书文献中心免费向全国高校开放学位论文的文摘检索。网址为：http：//www. nstl. gov. cn/index. html。

2. 数据库结构 每篇论文由正题名、作者、出版年、页码、总页数、授予学位、导师姓名、授予学位单位、研究专业、馆藏号、分类号、关键词、正文语种、文摘等 14 个字段组成。

3. 检索方法与技巧 主要包括普通检索、高级检索和分类检索三种检索方式（系统中期刊检索适用于期刊论文查询）。

（1）普通检索：可输入简单词或词组，或两个以上的词或词组进行查询。按照论文题名、关键词、分类号、作者、完成年、导师姓名、授予学位、学位授予单位、研究专业、研究方向等字段进行检索。

根据查询需要，可以对查询范围、时间范围、查询方式、馆藏范围、字段范围进行选择。查询范围可以选择全部记录、含文摘记录、可提供全文记录；时间范围可选择单个年份，也可选择全部年份；查询方式可选择模糊查询或精确查询；还可以对馆藏范围进行选择，包括中科院文献情报中心、中国科学技术信息研究所、机械工业信息研究院、冶金工业信息标准研究院、中国化工信息中心、中国农业科学院图书馆、中国医学科学院图书馆、中国标准化研究院、中国计量科学研究院、北京恒和顿创新科技顾问有限公司等 19 家单位的馆藏资源。

（2）高级检索：在一个检索框中输入一个复合的逻辑表达式。每个词或词组可以匹配相应的字段，字段采用字段标识符表示，可从字段对照表中加以选择。

（3）分类检索：按照哲学与宗教、社会科学总论、政治与法律、军事、经济、语言与文字、历史与地理、自然科学总论、数理科学和化学、天文学与地球科学、生物科学、医药卫生等 18 个大类进行划分，如果选择医药卫生，还可以显示二级类目预防医学与卫生学、中国医学、基础医学、临床医学、内科学、外科学、妇产科学、儿科学、肿瘤学、神经病学与精神病学、皮肤病学与性病学、耳鼻咽喉科学、眼科学、口腔科学、特种医学、药学等。可以选择某一具体学科，或者所有学科全选。检索方法同普通检索。

4. 检索结果 显示格式有题录和文摘。题录格式显示论文题目、作者、出版年（总页数）、学校名称、学位类型等字段。文摘格式显示正题名、作者、出版年、页码、总页数、授予学位、授予学位单位、导师姓名、研究专业、馆藏号、分类号、关键词、正文语种、文摘等字段。

5. 原文获取 通过中国科学技术信息研究所获取。

6. 检索举例 查找有关趋化因子受体方面的学位论文。检索方法和步骤如下：①首先选择中文学位论文数据库；②选择普通检索，查询条件选择默认；③检索字段中选择论文标题，检索框中输入"趋化因子受体"，点击检索按钮进行查询；④本次查询一共查到 70 篇学位论文，24 篇博士学位论文，44 篇硕士学位论文，还有 2 篇为标注学位类型。

三、PQDD 博士学位论文数据库

（一）概况

PQDD（ProQuest Digital Dissertations）博士学位论文数据库是由美国 ProQuest Information and Learning 公司出版，是世界著名的学位论文数据库。收录了欧美 1000 余所大学文、理、工、农、医等领域的 160 万篇博士学位论文的摘要及索引，是学术研究中十分重要的参考信息源，每年约新增4.5万篇论文摘要。目前国内通过上海交通大学和CALIS中心的镜像站点提供服务，可以下载博士论文的PDF全文。数据库网址为：http：//proquest. calis. edu. cn/umi/index. jsp。

（二）数据库结构

PQDD数据结构如表7-1所示。

表7-1 PQDD数据库主要字段表

字段名称	标识符	检索举例
摘要	abstract	（abstract=Iowa）
指导老师	adviser	（adviser=Jagoda）
作者	author	（author=Leonessa）
论文发表日期（年/月）	book_date	（book_date= '2002/7'）
学位	degree	（degree=Ph. D.）
论文卷期次	dvi	（dvi=vol 61）
ISBN	isbn	（isbn=0599716649）
语种	t_language	（t_language=english）
论文号	pub_number	（pub_number=AAI9969238）
学校代码、名称	school	（school=Stanford） or （school_code=0212）
学科代码、名称	subject	（subject=Environmental） or （subject=0543）
论文名称	t_title	（t_title=Tnonlinear finite）

（三）检索方法与技巧

主要提供基本检索、高级检索、论文分类浏览三种检索方式。

1. 基本检索　通过论文名称、关键词、作者、摘要、学校、学科、指导教师、学位、论文卷期次、ISBN、语种、论文号中的一个或多个字段查找论文的方法。

2. 高级检索　通过检索表达式或逻辑组配的一种检索方法。在作者和指导教师字段中，可输入姓名或单独的姓或名进行检索；论文发表日期可用范围运算符（>=、<=或=）来表示；学位一般为Ph. D. 或M. S. 两种；学校字段只输入学校名称即可。

3. 论文分类浏览　按照学科类目进行浏览查询。学科类目分一级类目和二级类目。在浏览结果时，系统还提供在所有字段进行二次检索。

（四）检索结果

主要提供题录格式（篇名、作者、学位、来源、导师和出版号）、文摘格式（全字段显示+全文链接）和PDF全文显示。

（五）检索举例

检索有关心脏瓣膜研究的博士学位论文。检索方法和步骤如下：①选择高级检索方式。在论文名称检索框中输入valvular，选择逻辑“或”，点击“增加”按钮，在检索框中显示“（t_title=valvular）”检索式；在摘要检索框中输入valvular，选择逻辑“或”，点击“增加”按钮，在检索框中显示“（t_title=valvular） OR （abstract=valvular）”检索式；在学位框中输入 Ph. D.，选择逻辑“与”，点击“增加”按钮，在检索框中显示“(t _ title=valvular) OR (abstract=valvular) AND (degree=Ph. D.)”，进行匹配查找；②本次检索命中九篇学位论文，浏览结果；③保存全文内容。

第三节　会议文献检索

会议文献是指各学术研究机构的科技人员在各专业会议上宣读的论文和报告，特别是国际性会议和全国性会议，一般提交的论文都是经过挑选的，学术性较强、内容比较新颖。会议文献是产生于会议过程中的一系列信息资源，是国内外信息学界公认的重要信息源之一，也是科技人员使用较多的文献类型之一。

每年国内外许多学科中的新进展、新成就、新发现以及提出新的研究课题和新设想，首先在科技会议上公布，因此了解科技会议情况已成为了解世界科技发展动向，取得优异成果的一个重要途径。会议文献具有较强的专业性、学术性、新颖性和连续性，具有信息量大，内容丰富，涉及面宽等特点。会议文献作为信息源的一种，有其特殊的性质和特点，使得会议文献本身具有不容忽视的重要性。

一、会议文献的基本知识

1. 会议文献的功能　会议文献作为众多信息源的一种，与其他文献资料不同，不仅在于它的出版形式特殊，内容特别，而且还在于它具有独特的功能。

(1) 信息库的功能：由于科学技术迅猛发展，学科越分越细，分支学科、边缘学科层出不穷，因而学科之间的交叉渗透也更为显著。一项新技术、新发明、新理论同时涉及许多学科的内容。据统计，一种专业的科技文献，在本专业杂志上发表的数量只占50%。因此，会议文献的功能便更加突出，它能向用户提供优化的信息。

(2) 导向功能：各种学术会议，尤其是定期召开的各种国内、国际会议，一般都是国内外的权威专家们云集的场所，他们提交的论文都具有不可比拟的指导性。会议信息的内容代表着目前该领域的最高水平和最新动态。通过会议的交流，可以预测今后的发展趋势，可以明确国内外众望所归的发展方向。因此，会议文献具有指引该研究领域的方向、预测未来的导向作用。

(3) 综合功能：会议文献是在博采众多理论、技术之后，报道现有的理论、技术发展水平，因此它具有综合的功能。这种综合性的专业会议文献，使用户在浏览一篇文献时，可兼顾到相关的学科技术。

2. 会议文献的特点　会议文献以光盘、视频点播或视频会议的形式进行发布。“中国会议在线”、“SPIRES”等网站均提供了部分会议的视频资料，可以让研究人员更为直观了解会议情况和信息技术方法；会议文献网络发布呈现多元化的发展趋势，包括个人、学术团体、高等院校、科研机构等，都可以及时提供专题会议信息；各种形式会议文献为用户提供了很大方便，其中文摘信息是容易获得的，但是部分会议文献全文有一定的限制。

3. 会议文献的类型　学术会议按规模分为国际性会议、全国性会议、地区性会议和基层会议。与这四种会议相应的文献类型就有国际性会议文献、全国性会议文献、地区性会议文献和基层会议文献。会议文献按产生的过程可分为：①会前文献：是会议进行之前印发给与会者的论文或摘要，由会议主办单位整理编辑出版。主要包括通知书、会议日程安排、供交流的论文手稿和论文摘要等；②会中文献：主要有会议的开幕词、讲话稿、报告、讨论记录、会议决议、备忘录、闭幕词，有时还有课题计划书、项目合作协议书等；③会后文献：主要有会议纪要、会议论文集、会议论文汇编、会议记录、会议报告、会议文集、会议出版物等。通常会议文献的出版形式有以下几种：①图书：多数会议文献以会议名称、届次和会议录作为书名，并按会议届次编号，定期或不定期出版；②期刊：会议文献约有40%刊载在学会、协会主办的期刊上，其中有的定期在期刊上发表，有的作为期刊的一个专集或补篇出版；③科技报告：有些会议文献编入科技报告；④视听资料：有些会议记录或会议中的实况被录音、摄像等记录下来，或者制作成光盘形式出版。

二、中国医学学术会议论文数据库

（一）概况

中国医学学术会议论文数据库（CMAC）是由解放军医学图书馆开发研制的中文医学会议论文书目型网络数据库，收录了1994年以来中华医学会所属专业学会、各地区分会和全军医疗单位等组织召开的医学学术会议700多本会议论文集中的文献题录和文摘。累计文献量15余万篇，涉及的主要学科领域有：基础医学、临床医学、预防医学、药学、医学生物学、中医学、医院管理及医学情报等各个方面。

（二）数据库结构及检索界面

1. 数据库结构　每条会议论文包括题目、作者、单位、摘要、参考文献数、页码、会议名称、届次、主办单位、会议地点和会议日期等字段。

2. 检索界面　检索界面如图7－2所示。

图7－2　CMAC数据库检索界面

（三）检索方法与技巧

1. 自由词检索　同时在题名、外文题名、关键词、摘要4个字段中检索。检索表达式支持逻辑运算符、截词符和通配符。常用的逻辑运算符有：AND、OR、NOT。通配符有“?”和“*”。“?”代表一个半角字符，“??”代表一个全角字符。“*”只能用于中间和结尾，并且代表0－N个字符。

2. 作者检索　通过一个或多个作者查找会议论文的方法，有精确匹配和模糊查找等检索方式。当检索一个作者时，选择精确检索；同时检索多个作者时，选择包含检索。

3. 单位检索　输入作者的单位查询。检索表达式中可以有通配符“*”或“?”，但两者均不能位于开头，只能用于中间和结尾。

4. 会名检索 输入会议名称进行查询。如果在“检索词”输入框中填写检索词，将在限定的会名范围内进行全部字段搜索。

5. 字段检索 提供题名、作者、单位、关键词、摘要、资助、会名、主办单位、会议地点、日期等10个字段的限定检索。在输入框中填写一个或多个检索词，词间用空格隔开，允许使用截词符，在逻辑关系列表中选择一种逻辑关系进行检索。

6. 表达式检索 通过构建表达式进行检索。在可选的字段中选择一个特定字段，输入相应的检索词，添加到检索框中；同时选择添加多个字段，构成一个复合逻辑表达式。如：在单位字段输入“北京”，逻辑运算符选择“AND”，添加到检索框中，在题目字段中输入“SARS”，再添加到检索框中，最后的检索表达式为：北京/fld＝单位 AND SARS/fld＝题名。

7. 组配检索 在多个检索字段中输入相应的检索词进行组配查询的方法。检索方式有包含、相等、前缀和后缀；各字段之间的逻辑关系可为 AND 或者 OR。

（四）检索结果

1. 显示 显示格式有题录格式（包括序号、题名、会议名称和日期）和文摘格式（全字段显示）两种。

2. 保存和打印 可对标记的会议论文进行保存或打印。

（五）检索举例

检索循证医学与医院管理方面的会议文献。检索方法和步骤如下：①选择字段检索方式。在题名字段中输入“循证医学”，空格后再输入“医院管理”，选择逻辑与关系进行匹配检索；②本次检索命中一篇会议论文，题目为“循证医学与医院管理”。

三、ISI Proceedings 数据库

（一）概况

该库是美国科技信息所（ISI）基于 Web of Knowledge 平台开发的综合性会议录文献数据库。收录了1990年至今的6万次重要的会议、评论、研讨会、座谈会、人类学到动物某学科大范围的例会资料270万条。每年以22万多条的会议录递增，数据内容每周更新，可以了解新的研究，再现会议情形。该库包括 Science & Technology 和 Social Sciences & Humanities 两个子库。目前，该库已整合到 Web of Science 数据库平台，但可以单独选择会议数据库进行检索。

（二）数据库结构

每篇会议论文包括的字段有主题、作者、出处、文献类型、交流语种、被引用信息、会议信息（名称、日期、举办者）、作者通讯地址、出版社、IDS 号、ISSN 或 ISBN 等内容。

（三）检索方法

检索方法包括检索、引用文献检索、化合物检索、高级检索。检索方法详见第六章第三节内容，不再赘述。

（四）检索结果

检索结果详见第六章第三节内容，不再赘述。

（五）检索举例

检索2004年临床心理学方面的会议文献。检索方法和步骤如下：①选择 Conference

Proceedings Citation Index 两个会议子集库；②选择普通检索。在标题字段中输入“clinical psychology”，在出版年字段中输入“2004”，进行检索；③本次检索命中四篇会议论文，完全符合题目要求。

测试题

一、名词解释

1. 专利
2. 专利法
3. 知识产权
4. 专利文献
5. 同族专利

二、问答题

1. 专利的三层涵义是什么?
2. 专利的类型包括哪些?
3. 专利的基本特征有哪些?
4. 制订专利法的目的是什么?
5. 专利法的基本特征包括哪些?
6. 专利法的主要内容有哪些?
7. 专利申请的原则有哪些?
8. 国内如何去申请专利?
9. PCT 国际专利的申请途径有哪些?
10. 专利文献的检索途径有哪些?
11. 授予专利的条件有哪些?
12. 国际专利分类表的作用有哪些?
13. 会议文献的特点有哪些?

三、实践题

结合实例谈谈专利文献的作用。

参考答案

一、名词解释 （答案略）

二、简答题

1. 专利的三方面涵义是：①专利权，即受到专利法保护的对某项发明创造在法定期限内享有的独占实施权；②受专利法保护的发明创造；③专利说明书。

2. 在中国，依据专利法保护对象分下列三种类型：①发明专利，发明是指对产品、方法或其改进提出的新的技术方案；②实用新型专利，实用新型是指对产品的形状、构造或其结合所提出的适合于实用的新的技术方案；③外观设计专利，外观设计是指对产品的形状、图案、色彩或其结合所作出的富有美感，适于工业上应用的新设计。

3. 专利的基本特征有：①独占性，又称专有性、排他性、垄断性。一定时间内，未经专利权人许可，任何人不得制造、使用或销售已获得专利权的发明创造；②地域性，一件发明只能在申请的国家或地区受到保护，对其他国家和地区不发生效力；③时间性，专利权受法律保护是有期限的。法律期限截止时，专利权就自行终止。各国法律对专利权保护期限不一样。

4. 为了保护发明创造权，鼓励发明创造，有利于发明创造的推广应用，促进科学技术进步和创新，适应时代的需要。

5. 专利法的基本特征包括：①国内法，是指本国、本地区制订或认可，并在主权管辖范围内生效的法律，而在其他国家和地区都不发生效力；②特别法，是指适用于特定事项的法律。民法、刑法等就是一般法。专利法中规定的条文，即使与其他法相抵触，一般也服从于专利法的规定；③实体法，又称程序法，亦称主体法，程序法亦称“诉讼法”或“手续法”，是指为保证实体所规定的权利义务关系的实现而制订的法律。

6. 尽管各个国家、地区的专利法在内容上不尽相同，但作为一种法律形式，大体包括以下几个方面：①专利法的主体（能够申请并取得专利权以及承担相应义务的人）和客体（授予专利权的发明创造）；②授予专利权的条件；③专利的申请；④专利申请的审查和批准；⑤专利权的期限、终止和无效；⑥专利纠纷和诉讼，专利实施的强制许可；⑦专利权的保护等。

7. 专利申请的原则有：①请求原则，申请专利时，需要递交一份请求书；②书面原则，申请专利时，需要若干书面材料，当申请成功后，这些书面材料具备一定的法律性质；③先申请原则，当有两个或多个申请人申请同一项专利时，优先授予第一个申请人专利权；④优先权原则，一项专利在其他国家再次提出申请时，可以享有优先权。

8. 国内专利申请一般向我国的国家知识产权局或委托专利代理机构直接申请。①自行申请，专利申请人自己直接向中国专利局或者其代办处办理专利申请；②委托代理申请，专利申请人委托代理机构以委托人的名义按照专利法规定向中国专利局或其代办处办理专利申请。

9. 主要有两种途径：一是按照巴黎公约原则提出申请（一般适用于一个或少数几个国家保护的专利申请）；二是利用 PCT（Patent Cooperation Treaty，专利合作条约）途径提出申请（适用于多个国家保护的专利申请）。

10. 包括：①号码途径，主要通过申请号、专利号检索特定的专利文献。通过申请号及专利号，还可以检索特定专利的同族专利或相同专利；②名称途径，主要通过发明人、专利权人的名称查找特定的专利；③主题途径，主要通过选取主题词查找相关技术主题的专利；④分类号途径，通过所查技术主题的国际专利分类号来查找专利。

11. 授予专利的条件包括：授予专利权的发明和实用新型，应当具备新颖性、创造性和实用性。授予专利权的外观设计，应当同申请日以前在国内外出版物上公开发表过或者国内公开使用过的外观设计不相同和不相近似，并不得与他人在先取得的合法权利相冲突。

12. 国际专利分类表的作用有：①对专利文献进行分类管理、使用、查找；②用以在各种检索中使用；③可方便地从中获得技术上和法律上的信息；④作为对所有专利信息用户进行选择性报道的基础；⑤作为对某一个技术领域进行现有技术水平调研的基础；⑥作为进行专利统计工作的基础。

13. 会议文献的特点有：①网络发布形式可以让研究人员更为直观了解会议情况和信息技术方法；②网络发布机构呈现多元化的发展趋势；③易获性。

三、实践题

从三方面谈谈专利文献的作用：①法律作用；②技术指导作用；③经济作用。

（李春英）

第八章 因特网医学信息资源检索

学习目标

1. 掌握网络生物医学信息资源的特点。
2. 熟悉网络生物医学信息资源的类型及分布。
3. 掌握搜索引擎的定义。
4. 熟悉搜索引擎的原理及分类。
5. 熟悉 Google 和 Baidu 的使用方法。
6. 了解网上主要医学专业搜索引擎的使用。
7. 掌握开放获取的定义及形式。
8. 熟悉网上主要的开放获取学术资源。
9. 了解国内外主要生物医学网站。

在信息技术发展迅速、信息资源日益丰富的今天，网络已经成为我们学习和生活中不可或缺的重要组成部分。在网络环境下，信息资源可以实现自由存取和共享，Internet 将成为人们获取信息资源的主要手段和源泉。

第一节 网络信息资源概述

因特网的出现是人类信息技术的一次革命，尤其是 20 世纪 90 年代初万维网（World Wide Web）的发展，其基于超文本语言的传输方式及支持多媒体格式的特性，使得网络资源更加易于获取，种类繁多的信息资源呈现在网络上。同时，丰富的网络信息资源也在很大程度上改变了人们的工作和学习方式，越来越多的人通过网络获取信息资源。

Internet 包含的信息浩如烟海，其本身就已经构成了人类有史以来最大的全球信息资源系统。Internet 被认为是 20 世纪以来最重要的科研工具，使用 Internet 可以了解最新科技发展动态，获取最新信息资料，进行广泛的国际科技协作与学术交流。生命科学研究作为人类科学研究活动中最活跃的领域，网络生物医学信息资源在整个网络信息资源中达到了 30%左右。在这浩瀚无边的网络信息资源中，要想进行有效的检索，首先就要对网络信息资源有较全面的了解。

一、网络信息资源的定义

目前，还没有对网络信息资源的统一定义。通常认为，网络信息资源是指以网络为载体，采用多媒体技术，以数字化的方式将文字、图像、声音、动画等多种形式通过网络和计算机终端再现出来的信息资源。从广义上说，网络信息资源就是指通过因特网可以获取到的一切信息资源的总和。相应地，网络生物医学信息资源则是与生物医学相关的各种网络信息资源。

二、网络生物医学信息资源的特点

（一）量大分布广，离散程度高

随着存储技术和计算机网络通信技术的发展，Internet 发展迅猛，网上集中了有史以来最大的可供检索的资源数量。与传统文献检索系统具有集中的文献资源集合不同，网络资源是以分布的方式存在于计算机和网络平台上的，相互间通过网络，以超文本等方式链接在一起。生物医学信息资源作为网络信息资源的重要组成部分，数量相当庞大，并且每天都有新的网站和网页出现。此外，生物医学信息资源不仅由专门的生命科学相关机构提供，还有大量的非生物医学机构特别是商业公司提供，因此导致资源在网上以极为分散的形式存在，离散程度较高。

（二）内容丰富，组织形式多样化

网上生物医学信息资源涵盖了生物医学的学术、政府、商业、教育、生活等各个领域的信息资源，以及各种现存的资源类型，如静态和动态资源，正式与非正式出版文献等。信息资源的组织形式多种多样，用户既可以通过实时交谈讨论问题，也可以通过电子邮件交流信息，张贴电子公告，既可以查看或下载静态信息，也可以观看到丰富的多媒体资源。所有人类社会中现实存在的资源类型，网上全都包括，只是数字化和网络化了。

（三）更新速度快，传播迅速

由于计算机网络高速传输的特性，使得不论在世界任何一个地方，一旦信息在网上发布，就迅即传遍全世界，更新速度极快。网络生物医学信息资源的传播速度比印刷型资源快得多，用户很容易就能从网络上得到最新的生物医学相关研究资料和研究进展。

（四）检索方式灵活，使用方便

Internet 上开发了许多基于客户端/服务器模式的信息服务，这就为用户提供了多种利用资源的工具和方法。电子邮件、Telnet、FTP、WWW 及其资源分类系统、搜索引擎、Gopher、USENET 等网络工具都可以用于相应网络信息检索。更重要的是，同一种信息资源可以用多种方式访问，例如：生物医学领域著名的基因序列数据库 GenBank，目前几乎所有的网络工具都可以访问。

（五）动态变化，管理困难

网络生物医学信息资源是一个动态系统，许多信息的地址、链接、内容处于经常性的变化之中。目前，网页的更新周期越来越短，有的网页每天都在实时更新。虽然各级政府已经出台了网络信息发布制度，但由于网络信息更新极为频繁，为网络信息的监控带来困难。网络上的信息发布缺乏必要的管理机制，所制定的一些标准规范难以完全实施，所以信息发布者和网站管理者的自律就显得更加重要。

（六）质量参差不齐，规范化程度不高

网络信息资源纷繁复杂，无所不包，信息内容良莠不齐，内容大量重复，有时也存在虚假和错误的内容，比如一部分资源不完整、不确切，名不副实甚至出现谬误，属于网络垃圾。同时，各种网络检索工具没有统一的检索格式，各种搜索引擎对检索策略都有不同的要求，对同一主题的检索结果相差甚远，查全率不高。网络信息资源的规范化程度有待进一步提高。

三、网络生物医学信息资源的类型

Internet上的生物医学信息多种多样，包含了生物医学的各个相关领域的信息资源。目前对于网络生物医学信息资源还没有统一的分类标准，主要可以根据以下几种方法划分网络生物医学信息资源。

（一）按信息资源的内容和组织表现形式分类

1. 生物医学数据库　网上免费的生物医学数据库主要分为三类。

（1）文献数据库：包括书目或全文型数据库。文摘数据库如著名的PubMed数据库，全文型数据库主要指免费的电子期刊数据库。

（2）数值或事实型数据库：主要包括蛋白质结构库、核酸序列数据库、基因库等生物信息学数据库，以及毒理学、药学方面的事实性数据库。较为著名的如美国NCBI的GenBank，TOXNET的HSDB等数据库。

（3）多媒体数据库：主要包括各种医学图谱库、医学影像库、化学物质结构库、病理切片数据库等。

2. 生物医学电子出版物　该类资源主要包括电子期刊、电子图书、电子报纸、电子法规、电子手册等。例如：网上可以免费查阅的Merck诊断治疗手册，提供免费期刊阅读和下载服务的FreeMedicalJournals.com网站，以及各种由作者自发组织出版发行的、完全免费获取原文的Open Access（开放获取）资源。目前，还有很多报纸也免费提供网络版，如《中国中医药报》等。

3. 生物医学电子公告　这类信息主要包括网上生物医学相关新闻、广告、工作机会、合作机会等。如重大公共卫生事件的追踪报道，最新生物医学研究成果、招聘信息等。

4. 电子信件　电子信件即电子邮件，是指生物医学研究人员或学者之间讨论学术问题的电子邮件，是较为宝贵同时较难获取的一种信息资源。

5. 联机电子会议　该种资源主要是指研究人员之间为解决某一学术问题而在网上召开的生物医学学术会议，广义上也包括各种生物医学会议的专门网站，通过会议网站可以了解到会议的相关信息以及生物医学发展的前沿及热点问题。

6. 生物医学类公共软件　该种软件主要是指实验数据分析、各种数理统计及基因同源性比较等免费公用软件、共享软件和其他相关文件等。如美国NCBI的BLAST基因同源性比对软件，及一些网上可以免费获得的流行病与卫生统计学软件等。

7. 实时动态数字化视频播放　目前，因特网上有许多网站提供生物医学相关的数字化视频资料，该种视频资料可以分为两类，一类是针对生物医学研究人员用于继续教育或科学研究的，另一类是针对普通大众用来进行健康教育的。

（二）按信息资源的加工程度分类

1. 一次信息资源　一次网络信息资源是指网上传输的原始数字化信息资源，是未经加工的第一手信息资源。一次信息资源来源广泛、内容复杂，通常处于分散、无序状态。目前网上该类信息较多。

2. 二次信息资源　将一次网络信息资源进行描述、揭示、分析和存储后，形成的有序化、系统化的网络信息资源称之为二次网络信息资源。该种信息易于存储、检索、传递和利用，有较高的使用价值。例如，文摘数据库等具有检索功能的网络信息资源。

3. 三次信息资源　对二次网络信息资源进行搜集和再次整理形成的网络信息资源称为

三次网络信息资源。如网络工具书等就属于三次网络信息资源。

（三）按信息资源的功能特性分类

1. 商业类资源　许多制药公司、医疗器械公司、化学制剂生产厂商都有自己的网站，通过这些网站可以获取到与生物医学相关的市场、产品、价格、经销商、销售范围、销售数量等相关商业信息。这些商业类网络信息资源通常更新较快，使得因特网成为获取商业信息速度最快、来源最广的渠道。

2. 学术类资源　因特网上还有着丰富的生物医学专业信息，该类信息如学术论文、学术动态、科研成果、专利、技术报告、市场调研报告、研究机构或专家学者介绍、学位论文、学术会议相关信息等。

3. 管理类资源　该类资源主要包括与生物医学相关的法律法规、行业标准、管理规则、人力资源信息等各类组织管理信息。

（四）按提供网络服务的方式分类

1. WWW资源　WWW（World Wide Web）简称W3，中文名称万维网，是以超文本标注语言HTML与超文本传输协议HTTP为基础，能够提供面向Internet服务的、一致的用户界面的信息浏览系统。用户只需用鼠标点击感兴趣的内容的链接，系统就能自动获取到URL中的信息，并在浏览器中显示出来。WWW为用户打开了寻找Internet上内容丰富、形式多样的信息资源的便捷途径。自20世纪90年代问世以来，WWW资源已经成为发展最快、信息最为丰富的一种网络信息资源形式。

2. 电子邮件信息资源　电子邮件是一种利用电子手段进行信息交换的通信方式。电子邮件信息资源主要是指生物医学科研人员之间交流学术思想、讨论学术问题的电子信件。用户除了可以用电子邮件与友人通信、传输文件、获取电子书籍、订购免费电子报刊、获得共享软件外，用户还可以通过电子邮件发送特定的指令给某一服务器从而获取到因特网上几乎所有的资源。

3. 电子论坛和网络消息组资源　该种资源主要指与生物医学有关的讨论组资源。电子论坛或消息组又称新闻组，是通过USENET软件实现的，简单说就是一个基于网络的计算机组合，不同的用户通过特定软件连接到新闻服务器上，阅读他人的消息并可以参与讨论。电子论坛是任何一个网络用户都能进行相互交流的工具。

4. 文件传输（FTP）信息资源　FTP（File Transfer Protocol）称为文件传输协议，其主要功能是通过协议连接到网络上的一个远程主机上读取所需文件，并下载到自己的计算机上，可以传送的文件包括文本、图像、声音、多媒体、数据库、电子期刊、软件及可执行的二进制代码等，因此，通过FTP可以获取到的信息资源类型广泛。

5. 远程登录（Telnet）信息资源　Telnet是计算机网络的远程登录协议，允许用户将自己的计算机作为某一网络主机的远程终端与该主机相连，从而使用该主机的硬件、软件和信息资源。远程登录信息资源是指通过Telnet协议所访问到的网络信息资源。该种信息资源包括硬件资源，如超级计算机、高速打印机、精密绘图仪等；也包括软件资源，如大型计算机程序、大型数据库等信息资源。目前，许多机构都建立可供远程登录的信息系统，如各类图书馆的公共查询目录系统、信息服务机构的综合信息系统等。

（五）按人类信息交流的方式分类

1. 非正式出版信息资源　该类信息资源在网络信息资源中所占比重最大，主要指随意性强、信息量大、信息质量难以保证和控制的动态信息，如电子邮件、BBS上的信息等。

2. 半正式出版信息资源 半正式出版信息资源也称“灰色”信息，指受到一定产权保护但没有纳入正式出版信息系统中的信息。该类信息为非常规发行，允许用户在一定范围内收集、整理和利用，其覆盖面非常广泛，如各企业、团体、组织等单位宣传产品的商业广告、描述性信息等。

3. 正式出版信息资源 该类信息是指受到一定的产权保护，信息质量可靠、利用率较高、学术性强的网络信息资源。例如，各种网络数据库、电子期刊、电子图书和电子报纸等。

（六）按生物医学主题（学科或疾病）分类

按照生物医学主题，可以将信息资源分为传统医学、生理学、病理学、组织学、解剖学、免疫学、生物信息学、军事医学、放射学、肿瘤学、核医学、泌尿科学、传染病学、皮肤病学、护理学、儿科学、精神病学、神经科学、眼科学、康复医学、药学、艾滋病与HIV、癌症、麻醉学、心血管病学、胃肠病学、内科学、外科学、循证医学等类别。

（七）按信息资源的来源分类

1. 由个人提供的生物医学信息资源 该类信息资源是指由个人如研究人员、学者等发表的关于生物医学方面的有关意见、见解、帮助信息等。例如，生物医学讨论组成员之间交流的电子邮件、个人论文、个人网站及博客上发表的个人学术见解等。

2. 由机构或团体提供的生物医学信息资源 还有一类更为常见的是由机构或团体提供的生物医学信息资源，该类资源是指由各类机构或团体建立的 FTP、Telnet 及 WWW 服务器上提供的公共生物医学信息资源。例如，某机构自建在 WWW 服务器上的某一学科的网络资源数据库、资源指南库等。

四、网络生物医学信息资源的分布

虽然 Internet 上的生物医学信息资源极为丰富，但由于各个国家和地区建设和发展 Internet 的速度不一样，导致 Internet 上的生物医学信息资源的分布极不均衡。

根据一项对美国哈佛大学 WWW 虚拟图书馆 Bioscience（生物科学，其中包括医学）分类栏目中收录的 Web 资源目录的调查统计可知：该资源目录总共包含 844 个生物医学资源 Web 服务器，这些服务器分布在 34 个国家和地区，反映出网上资源的丰富性和资源的分布式特性。进一步比较各国服务器的数量可知，生物医学 Web 服务器主要分布在美国（533 个），其次是英国（87 个）、加拿大（38 个）、德国（30 个）、澳大利亚（25 个）、日本（22 个）和法国（10 个）等。美国之所以在数量上占绝对优势，排除统计取样的偏差外，最主要的还在于 Internet 本身起源于美国，它在美国的普及程度很高。其他发达国家的 Web 服务器也较多，这反映出经济越发达的国家，其信息化程度越高，信息开放的程度也越高。在 844 个服务器中也包括中国的两个：一个是中科院微生物所建立的 MICRO-NET（中国微生物网），另一个是北京大学物理化学所的网站。再进一步对美国 533 个生物医学 Web 服务器从机构来源进行统计分析可知，大专院校和科研机构最多（196，36.77%），其次是商业实体（174，32.65%）、政府部门（61，11.44%）、其他组织（72，13.51%）、网络支持公司（30，5.63%）等，因此，大学和商业机构是网上生物医学信息资源的最大提供者，约占总数的 70%。

虽然以上调查是对 Internet 上的一个 Web 资源服务器进行的统计分析，并不代表整个 Internet 生物医学信息资源的确切分布情况，但由于哈佛大学 WWW 虚拟图书馆是 Internet

上具有一定代表性和权威性的站点，加上网上资源绝大部分都是Web方式提供服务，因此分析统计的结果在一定程度上可以反映出Internet生物医学信息资源的大致规模和分布概况。

五、网络生物医学信息资源的评价

随着网络信息资源的急剧膨胀，用户在面对海量的网络信息时有时会感觉像大海捞针，无所适从，在如此大量的信息中选择有用的信息变得越来越困难。虽然有了搜索引擎的帮助，但是任意输入某一关键词，往往可以获得成千上万条信息，仍然无法区分信息的良莠。

通过对网络信息资源的评价，可以了解网上相关学科、专业、主题领域内的学术信息的分布及质量水平等情况，为有关信息的取舍提供判断依据，从而在短时间内帮助用户选择或直接找出最有价值最有针对性的信息。

（一）网络生物医学信息资源评价的对象

网络生物医学信息资源评价的对象依据不同的评价目的和研究对象划分为三个不同的层次，主要为医学网站、医学网页以及网页内部的信息单元。

（二）网络生物医学信息资源评价的指标体系

对网络信息资源的评价通常是采取构建评价指标体系，来对网页或站点进行客观的评价。这些指标包括：信息内容的深度和广度、引用数据或事实的准确性、表达观点的客观性、创新性、稳定性、安全性、导航系统优劣、责任者、信息来源或提供商、注释或参考文献、创办目的、用户界面友好性、外观设计、对用户的技术要求、媒体形式、更新频率、专业信息比例、信息组织层次等。

（三）网络生物医学信息资源评价的步骤

1. 确定评价对象　即确定要对哪些具体的网站或网页或具体的网页内部信息单元进行评价。

2. 评价打分　运用“指标体系”逐个对评价对象的每项指标进行评估打分，计算出每个评价对象的综合得分。

3. 写出评估报告　将评价结果按照得分高低进行排序，并写出评估报告，将评价结果提供给用户。

4. 收集用户反馈信息　如果较为满意，则将其中得分较高的优秀网站/网页提取出来，建档，备日后参考使用；如果用户不满意，则应重新核实、修正，对评价对象重新进行评价。

第二节　搜索引擎

随着网络信息资源的急剧增长，用户越来越关注如何快速有效地从海量的网络信息中抽取出潜在的、有价值的信息。搜索引擎就是目前可以有效查找网络信息资源的一类工具，这些网站通过网络搜索软件收集因特网上大量网站的页面，经过加工处理后建库，通过一定的检索方式与语法对用户提出的各种查询做出响应，满足用户的信息需求。

一、搜索引擎简介

（一）搜索引擎的基本概念

广义的搜索引擎泛指网络上提供检索服务的工具或系统，在网络环境下搜索引擎所扮演的角色与传统的手工检索工具在印刷版时代所扮演的角色很近似，二者都是对信息资源进行搜集、整理并提供多种查询途径。因此，搜索引擎又被称为网络检索工具。搜索引擎主要面向网络信息资源，并通过 Internet 来提供服务。

狭义的搜索引擎主要指利用自动搜索技术软件或人工方式，对网络资源进行收集、整理与组织并提供检索服务的一类信息服务系统。

（二）搜索引擎的发展

现代意义上搜索引擎的祖先，是 1990 年 McGill 大学的学生 Alan Emtage、Peter Deutsch 和 Bill Wheelan 发明的 Archie，这是一个以文件名查找文件的系统。1994 年，Stanford 大学的两名博士生，美籍华人 Jerry Yang（杨致远）和 David Filo 共同创办了 Yahoo!。当时的 Yahoo! 数据都是手工输入，事实上只是一个可搜索的目录。而 1995 年左右出现的 Lycos 和 AltaVista 是搜索引擎历史上的一个重要进步，大量的创新功能使其迅速到达了当时搜索引擎的顶峰。1995 年同时出现了一种全新的搜索引擎形式——元搜索引擎，或者叫做集成搜索引擎，用户只需要提交一次搜索请求，由元搜索引擎负责转换处理后提交给多个预先选定的独立搜索引擎，并将从各独立搜索引擎返回的查询结果，集中处理后再返回给用户。如：Metacrawler、Dogpile 等。

（三）搜索引擎的原理

1. 数据的采集和存储　搜索引擎一般采用网络自动索引软件 Robots、Spiders 或 Worm 等对网络资源进行收集，追寻相关链接，找到相关的页面，并将收集、发现到的页面信息经网络传输，存入到搜索引擎的临时数据库中。

2. 数据分析与标引　对收集到的网页信息进行分析，从中提取有检索或查询价值的内容——网页关键词、分类等，并对关键词进行权值计算。

3. 数据组织　建立索引查询系统或便于浏览的层次型分类目录结构。

4. 数据检索　根据用户所输入的关键词在索引系统中查找，并寻找相应的网页地址。

5. 检索结果的相关性处理　将检索结果按照文件的相关程度排列，最相关的文件通常排在最前面，便于用户对检索结果进行选择。

（四）使用搜索引擎的注意事项

网络资源的海量使得任何一个搜索引擎的收录范围都是非常有限的。据统计，目前 Google 等大型搜索引擎的网页收录量也不超过网页总量的 1/3。因此，在使用搜索引擎时，应尽量多选用几个搜索引擎，或者使用元搜索引擎，以扩大检索范围。

搜索引擎只能对网页进行搜索，不能对网页的质量进行判断，因此检索结果中往往存在很多重复的、虚假的信息，需要用户自己进行选择和判断。

可以使用搜索引擎的分类目录浏览方式对检索提供一些线索和启示，或使用搜索引擎的帮助信息学习其检索技巧，来帮助检索。

（五）搜索引擎的分类

1. 根据所索引页面的内容划分　根据搜索引擎所索引的页面的内容范围的不同，搜索引擎可以划分为综合性搜索引擎、专题搜索引擎和特殊搜索引擎。以搜集所有类别 Web 页面为目标的为综合性搜索引擎，又称为通用型搜索引擎，如 Google、Baidu 等；以搜集面向某一主题或领域的 Web 页面为目标的为专题搜索引擎，又称为专业型搜索引擎，如 Medical Matrix、PharmWeb 等；专门用来检索某一类型信息或数据的搜索引擎为特殊型搜索引擎，如查询人物的 Ucloo、查询图像的 WebSEEK。

2. 按照包含检索工具的数量划分　根据包含检索工具的数量的不同，搜索引擎可以划分为独立搜索引擎和元搜索引擎。我们常见的Google、Baidu等网站都是独立搜索引擎，它们都是通过自身的采集、组织、检索机制提供独立的检索服务的。而元搜索引擎又称为集合搜索引擎，指能够利用多个独立搜索引擎进行网络信息查询的搜索引擎，使用时可以一次为用户显示出多个搜索引擎的检索结果，如Metacrawler等。

二、综合性搜索引擎

据2009年9月21日中国互联网信息中心（CNNIC）发布的《2009年中国搜索引擎用户行为研究报告》显示，中国搜索引擎用户规模已经达到2.35亿人。其中中国网民对综合型搜索引擎的选择上，谷歌的首选忠诚度是80.0%，而百度的首选忠诚度最高，达到了94.8%，两者明显领先于其他搜索引擎的使用量。

（一）Google（谷歌）（http：//www.google.com）

1. 概况　Google由美国Stanford大学计算机系的Larry Page和Sergey Brine博士创建于1998年5月，当年9月发布测试版，1年后正式开始商业运营。Google目前被公认为是全球规模最大的搜索引擎，它提供了简单易用的免费服务，用户可以在瞬间得到相关的搜索结果。Google是由英文单词googol变化而来，“googol”是美国数学家Edward Kasner 9岁的侄子Milton Sirotta发明的，指的是10的100次幂，写出的形式为数字1后跟100个零，可用来代表互联网上可以获得的海量资源。Google公司采用这个词显示了公司想征服网上无穷无尽资料的雄心。目前，Google拥有56种语言的近百亿网页，支持40多种语言检索，每日可为世界各地用户提供2亿次的检索服务。Google主页如图8-1所示。

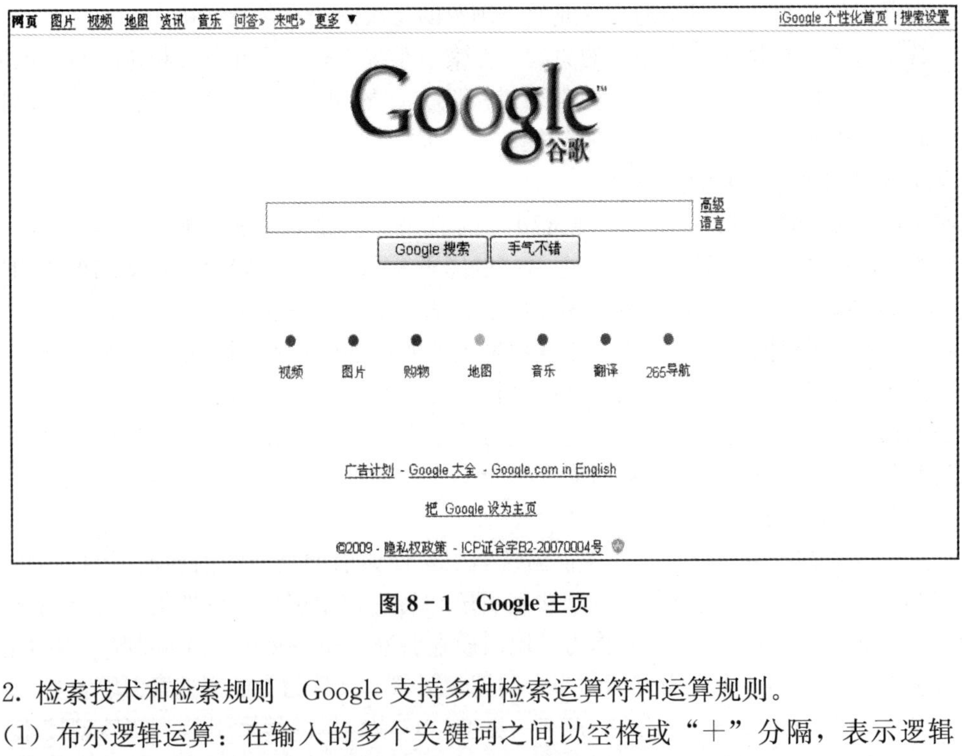

图8-1　Google主页

2. 检索技术和检索规则　Google支持多种检索运算符和运算规则。

（1）布尔逻辑运算：在输入的多个关键词之间以空格或“+”分隔，表示逻辑“与”（AND）运算；用大写的“OR”连接多个检索词表示逻辑“或”运算；“－”表示逻辑

“非”，检索时将排除掉含有该检索词的网页，如：禽流感－动物。注意“－”前要空格，而“－”后不空格，否则将视为逻辑“与”运算。

(2) 短语检索：Google的检索词可以是单词，也可以是短语。但是，如果检索一个短语，必须加“”，否则短语之间的空格将会被当做逻辑“与”运算来执行。

(3) 限定检索：用特定词加“：”的方式可以实现Google中的限定检索。①“site：”表示要在某个特定的域或站点中进行搜索。如：输入“新闻 site：www.google.com”，将检索出Google站点上的所有新闻。②“filetype：”是Google开发的非常强大实用的一个搜索语法，除了能对一般的文字页面进行搜索外，还能对某些二进制文档进行检索。使用“filetype：”可以检索出各种需要的文件，如.xls、.ppt、.doc、.pdf、.swf等。如：护理学 filetype：ppt，可以检索出所有文件名中包含“护理学”的幻灯片（ppt）文件。

(4) 通配符：通配符“＊”可以代替单个字符，而且必须用“”引起来。如：“乙＊肝”。

(5) 其他：对英文字母的大小写不敏感，大小写的搜索结果是一样的。Google还会对输入的关键字自动进行拼写检查，如果拼写错误将会给出正确拼写方法的提示。此外，Google检索时还会忽略掉出现频率较高的一些英文单词，如“com”、“www”，以及一些标点符号如“.”等。如果想对忽略掉的关键字进行强制检索，则需要在该关键字前加上“＋”，如检索“＋www＋的历史”。

3. 检索方法　Google在其主页的左上角设有网页、图片、视频、地图、资讯、音乐等选项，便于用户按照需要进行检索，这几个选项也代表了Google最常用的网页检索、图片检索、视频检索、地图检索、资讯（新闻）检索、音乐检索等几大检索服务，默认为网页检索。其中除地图、音乐检索外均设有简单与高级两种检索途径。

(1) 网页检索：进入Google主页后系统默认的检索界面即为网页检索界面，在检索框中输入检索词后，按回车键或“Google搜索”按钮即可完成检索。或者也可以应用Google新增加的检索词联想功能，在检索词输入框中弹出的相关检索词列表中选择更加合适的检索词来进行检索。搜索出的每个检索结果都包含从该网页抽出的一段摘要，并提供了搜索关键词在网页中的上下文。每一个检索结果的网址旁还列有“网页快照”选项，这是Google在访问网站时将看过的网页复制的一份快照，以备在找不到原来的网页或网页服务器暂时中断时方便使用。点击“类似结果”链接，系统将会找到与该网页相关的网页，相当于又进行了一次扩展检索。使用检索结果页面的“百宝箱”选项，还可以对检索结果的时间范围、结果形式等进行限定。

在网页检索界面还设有“手气不错”按钮，使用该按钮进行检索时，用户无需再对检索结果进行筛选，系统将直接跳转到Google推荐的最佳相关网页。点击检索词输入框右侧的“高级”链接，将进入高级检索页面，如图8-2所示。该界面提供四个检索输入框，分别对应逻辑“与”、短语检索、逻辑“或”和逻辑“非”运算。此外，还可以对语言、区域、文件格式、日期、字词位置、网站、使用权限等进行检索限定。在该网页下部，还提供“搜索特定网页”的功能，可以检索出与要检索的网页相类似的网页及与某一网页存在链接关系的网页。新增的“Google代码搜索”功能，还可以帮助用户搜索开放源代码。

(2) 图片检索：在Google主页上点击“图片”按钮，即可进入图片检索界面。Google图片库收集了全世界几十亿个图片和照片的信息。在检索框中输入要检索的图片的关键词，按回车键或点击“搜索图片”按钮即可完成对图片的检索。检中的图片以缩略图的形式排列，图片下方均标有图片的名称和大小、格式及来源网址。单击某一图片的缩略图，就会看到放大的图像，可以点击链接查看到图片的原图和来源网站。图片检索还提供高级检索方式，提供的四个检索词输入框的作用与网页高级检索界面相同。此外，还可以对图片的内容类型、图片大小、文件类型、颜色、网站、使用权限进行限定。

（3）视频检索：在Google主页点击视频链接即可进入视频检索界面。该检索界面分为热门视频、最新视频、电影、连续剧、名人明星、搞笑自拍、音乐、体育、动漫游戏、电视栏目等几个栏目，用户还可以在检索词输入框中输入检索词来查找某一特定的视频资料。视频检索也提供高级检索方式，可以对视频的语言、片长、日期、网站、文件类型等进行限定。

（4）地图检索：使用Google地图检索可以检索出某一地点的详细地址、邮编、电话、公交路线、驾车路线、相关图片、网址等信息，并有该地点的详细地图。

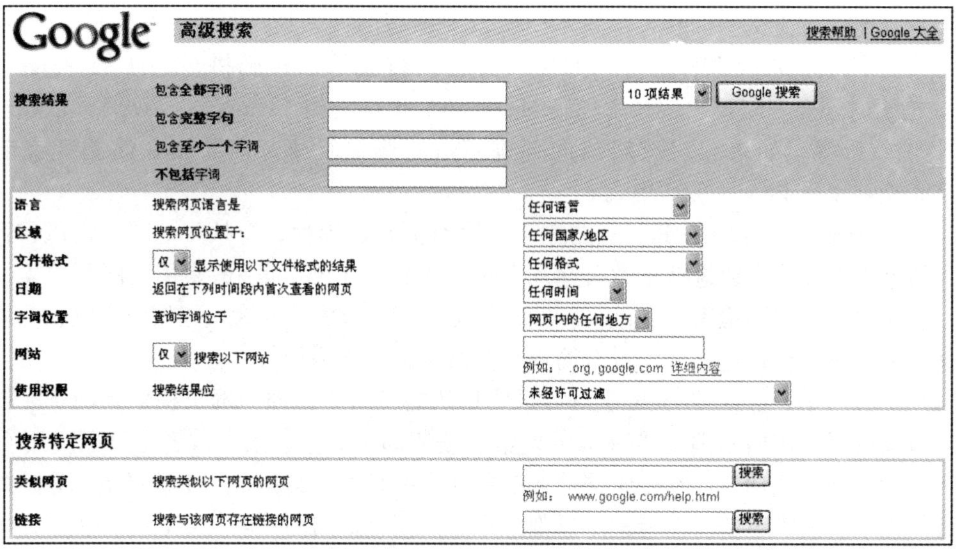

图8-2 Google网页高级检索页面

（5）资讯检索：资讯检索即新闻检索。Google资讯检索按焦点资讯、财经、娱乐、科技、互联网、体育、社会、汽车、房产、教育、热门报道分为多个栏目，用户还可以通过左侧的“所有内容”、“资讯标题”、“资讯图片”链接选择显示所有内容或所有新闻的标题还是显示所有新闻的图片。此外，还可以通过在检索词输入框中输入关键词来检索相关新闻。

（6）其他检索：除常用的几大检索外，Google还设有音乐检索、购物检索、博客检索、财经检索、翻译检索等几十种检索服务供用户选择。

（二）Baidu（百度）（http：//www. baidu. com）

1. 概况　百度是目前全球最大的中文搜索引擎，公司于1999年底由李彦宏和徐勇创建于美国硅谷，“百度”源于中国宋朝词人辛弃疾的诗句：“众里寻他千百度”，象征着百度对中文检索技术的执著追求。百度以其核心技术“超链分析”，即通过分析链接网站的多少来评价被链接的网站质量为基础，提供的搜索服务赢得了广大用户的喜爱。百度拥有目前全球最大的中文网页库，每天处理超过138个国家的超过数亿次的搜索请求，百度收录的中文网页已经超过 20 亿，同时这些网页的数量每天正在以千万级的速度增长。百度主页如图 8-3 所示。

图 8-3　百度主页

2. 检索技术和检索规则　百度提供多种检索运算符和检索规则。

(1) 布尔逻辑运算：百度支持布尔逻辑检索技术，用"+"、"|"、"-"分别表示逻辑"与"、逻辑"或"、逻辑"非"。或者也可以直接输入关键词，关键词之间用空格分隔，这是更加常用的表示逻辑"与"的方法。注意，当使用"-"表示逻辑"非"时，前一个关键词和"-"之间必须有空格，否则"-"将会被当做连字符处理，而"-"和后一个关键词之间有无空格均可。

(2) 限定检索：这一检索技术类似于 Google，即使用特定英文单词加"："的形式对检索进行限定。①在一个网址前加"site:"表示只在某一具体网站、网页内进行搜索；②在一个或几个关键词前加"intitle:"表示只搜索网页标题中含有这些关键词的网页；③在"inurl:"中的冒号后加上 URL 中的文字，表示只搜索 URL 中含有这些文字的网页。

(3) 其他：百度不区分英文字母的大小写，所有字母均当做小写处理。

3. 检索方法　百度主要提供网页检索、新闻检索、"贴吧"检索、"知道"检索、MP3 检索、图片检索、视频检索等多种检索服务，默认为网页检索。其中网页、新闻、MP3、图片、视频检索均有简单与高级两种检索模式；"贴吧"、"知道"、MP3 检索还提供目录浏览的检索方式。

(1) 网页检索：进入百度主页后系统默认的即为网页简单检索界面，用户只需要在检索词输入框中输入需要查询的关键词或检索式后按回车键或点击右侧的"百度一下"按钮，即可得到检索结果。或使用检索词的联想功能，选择更加合适的检索词进行检索。点击检索词输入框右侧的"高级"按钮可以进入高级搜索界面。与 Google 类似，该检索界面同样提供四个检索词输入框，可以分别进行逻辑"与"、短语检索、逻辑"或"、逻辑"非"的运算。此外，还可以对搜索结果每页显示的记录条数、时间、语言、文档格式、关键词位置、站内搜索等进行限定设置。

百度的搜索结果页面上的每一个检索结果在网页标题下方都列有简单的介绍性的摘要信

息，通过摘要信息可以判断该结果是否满足需要，以决定结果取舍。每一项检索结果的网页地址和网页大小的后面还列有“百度快照”的链接，这是该网页在百度服务器上的备份，如果原网页打不开或者打开速度慢时，可以选择查看“百度快照”来浏览页面内容。在检索结果页面的最下方还列有“相关搜索”提示项，以链接的方式，按照搜索的热门度排序，列出了其他有相似需求的用户的搜索关键词，供用户参考。当搜索的结果不理想时，可以考虑点击这些相关搜索项的链接，进行重新搜索。

（2）新闻检索：百度新闻是一种 24 小时的自动实时新闻服务，它每天从 1000 多个新闻网站发布的新闻中自动筛选出 16 万条新闻。这些新闻的内容选择、分类和排序均由系统自动完成，不受任何人为因素的干扰。百度新闻提供简单检索、分类目录浏览、高级检索等几种检索方式。系统默认的就是简单检索方式，直接输入关键词，选择按新闻全文或新闻标题检索后，按回车键或者点击“百度一下”即可完成新闻简单检索。或者选择分类目录浏览的检索方式，选择要查看的新闻类别，进入各类新闻页面后，再进行浏览。百度新闻将所有新闻分为国内、国际、财经、互联网、房产、汽车、体育、娱乐、游戏、教育、健康、科技、社会等 13 个大类别。或者使用新闻的高级搜索，与网页高级检索界面相似，可以对新闻时间、关键词位置、结果排序方式、结果显示条数、新闻分类和新闻源等进行限定。

（3）“贴吧”检索：“贴吧”检索是百度提供的一种论坛检索服务，进入“贴吧”首页后，在检索词输入框中输入关键词，选择按照帖子或作者进行搜索后，点击“百度一下”按钮或按回车键，即可完成检索。“贴吧”也提供目录浏览的检索方式，可以按照自己的兴趣逐层浏览某一个主题的帖子。

（4）“知道”检索：百度提供的一种问题/答案检索服务。该服务为网民提供了集思广益、互相帮助、解答各类疑难问题的咨询工具。在百度“知道”主页上提供搜索答案、我要提问、我要回答几个按钮，可以分别检索某一个问题的答案、在网上提出问题或者回答问题。提问的一般操作步骤为：注册→登录→在提问输入框中输入问题→点击“我要提问”→填写提问细节并悬赏→等待答复→选择最佳答案。任何人都可以对其他人提出的问题给出自己的解决方案。另外，也可以在百度“知道”首页的左侧位置选择按照问题的分类目录来浏览问题、查询答案。

（5）MP3 检索：百度 MP3 搜索是百度在每天更新的数十亿中文网页中提取 MP3 链接而建立的庞大 MP3 歌曲链接库。百度 MP3 搜索拥有自动验证链接有效性的功能，总是把最优的链接排在最前，从而最大化的保证用户的搜索体验。在百度 MP3 搜索页面输入关键词，选择音乐的格式后就可以完成检索。也可以使用关键词对歌词进行搜索。搜索到的结果页面中每一项歌曲都列有歌曲名、在线试听、歌词等链接，并列有歌曲大小和音乐格式，便于用户选择在线试听或下载。

（6）图片检索：百度图片搜索引擎是世界上最大的中文图片搜索引擎。百度从数十亿中文网页中提取各类图片，建立了世界第一的中文图片库，目前，可检索的图片数量已近亿张。百度新闻图片搜索从中文新闻网页中实时提取新闻图片，具有新闻性、实时性、更新快等特点。在图片搜索关键词输入框中输入检索词，选择要检索的图片类别，如新闻图片、大图、中图、小图、壁纸或全部图片等，按回车键或点击“百度一下”按钮，即可完成图片检索。也可以使用图片高级检索方式，对搜索的图片类型、大小、格式、指定搜索的网站进行进一步限定。

（7）视频检索：百度视频搜索是百度汇集几十个在线视频播放网站的视频资源而建立的

庞大视频库。目前，百度视频搜索拥有的中文视频资源最多，能够提供用户最完美的观看体验。搜索时只需输入关键词，按回车键或点击“百度搜索”按钮即可检索到相关视频。在视频搜索结果的显示页面中，每一项都列有视频缩略图、视频内容摘要、视频分类信息以及来源网站的网址等。

除以上常用检索外，百度还开发了很多其他的检索服务，如百度百科、百度空间、百度地图、百度词典等多种搜索服务。用户可以在百度首页中点击“更多”按钮来选择相应的检索服务，完成相关检索。

三、医学专业搜索引擎

（一）Medical Matrix（http：//www. medmatrix. org/）

Medical Matrix（医源）由美国堪萨斯大学于 1994 年创建，现由美国 Medical Matrix L. L. C. 公司主持，是目前最重要的临床医学专业搜索引擎，以搜集因特网上的临床医学信息为主，主要面向医生等临床医疗一线工作者。它属于分类目录浏览型搜索引擎，是一个以医学主题词表（MeSH）为基础的智能型搜索引擎，现收录 6000 多个医学网站，链接有 150 万篇文档，其资源类型多样，结果显示分类明确、信息详尽，并由专家对所有收录网站的质量进行评级。评级指标包括网站获奖情况、可信度、利用率等，由高到低分别赋予网站 1～5 颗星，5 星为最佳。Medical Matrix 主页如图 8－4 所示。

图 8－4　Medical Matrix 主页

该网站的检索方式分为关键词检索和分类目录浏览两种。

1. 关键词检索　Medical Matrix 的关键词检索区域位于其主页上方，分为简单检索和高级检索两种检索方式。系统默认为简单检索，检索词输入框中允许输入单词或短语，并提供 Exact phrase（精确短语）、All words（逻辑与）、Any words（逻辑或）三种逻辑匹配方式，及整个网站、新闻、病理/临床影像、X 线影像、患者教育、继续医学教育、药物分类等七类检索范围的限制。点击 Advanced Searching Options 可以切换到高级检索界面，除可以进行检索词的缩写检索外，还可以选择检索 19 种资源类型。另外，点击 Medical Spell Checker 可以打开该网站特有的单词拼写检查器，帮助用户检查输入的检索词是否准确。

2. 分类目录浏览　Medical Matrix 将网络生物医学资源分为 Specialties（专业）、Diseases（疾病）、Clinical Practice（临床实践）、Literature（文献）、Education（教育）、Healthcare and Professionals（卫生保健与职业）、Medical Computing，Internet and Technology（医学计算科学、因特网与技术）、Marketplace（市场）共八个大类。每个大类再分为若干个亚类，并标明各类资源的数量。

在主页上分类目录的左侧，还提供特色链接栏目，包括 Medline、Textbooks（教科书）、CME（继续医学教育）、Rx Assist（处方助手）、News（新闻）、Journals（期刊）、Patient Education（患者教育）、Classified（分类）、Correct an Item（项目纠错）、Submit an Item（项目提交）等。其中，用户可以通过项目纠错和项目提交链接给该网站搜索到某一个医学网站的链接挑错或提交一个网络资源，该网站鼓励用户向网站推荐新站点。

（二）Medical World Search（http：//www. mwsearch. com）

Medical World Search 是 1997 年建立的一个支持网页全文检索的医学专业搜索引擎，其目的是帮助临床医生、医学研究人员和任何具有医学基础知识的人们快速准确地在因特网上查找医学信息。该搜索引擎采用了美国国立医学图书馆建立的统一医学语言系统（Unified Medical Language System，UMLS）进行标引分类，其收录的每个网站是经过精挑细选的，以确保用户能找到有价值的、高质量的、准确的医学信息。该网站的历史记忆功能非常强大，用户可浏览或修改最近 10 个检索表达式。但该网站从 2000 年起需要交费注册后成为会员才可使用，年使用费用约为 30 美元。

（三）Healthlinks（http：//www. healthlinks. net）

Healthlinks 是 1996 年创建的由专家人工编辑的医学网络资源目录。目前该网站收录了 23 万多个网站链接，且以每个月 2%的速度递增，每一个网站链接都由工作人员人工筛选评价并进行质量控制。Healthlinks 主要提供分类目录浏览功能，也可以进行关键词检索，主要为健康消费者和卫生保健专业人员提供健康服务和产品的相关网络信息查询服务，内容涵盖医疗卫生相关的教育、科研、临床试验、视频、商业、服务等各类信息。

1. 分类目录浏览　Healthlinks 的分类目录体系目前共分为 45 个大类，数千个小类，内容主要涉及抗衰老、儿童发育、替代医学、学（协）会、口腔医学、残疾科学、图书馆、实验室、医院、各类疾病、护理、营养、精神健康、职业安全、药物、妇女健康、兽医等学科，以及与这些学科相关的教育、商业、机构团体、软件、出版物、招聘等各类信息资源。点击相关类目链接即可查询到相关网站和链接。

2. 关键词检索　在网站主页最上方的检索词输入框中输入检索词即可进行关键词检索。在上述检索输入框中可使用逻辑运算符 and、or，但 and 和 or 不能同时用于一个检索式中。多个检索词间默认的逻辑关系为 or。“+”表示必须检索，“-”表示排除检索，引号表示精确检索。截词符“*”可以用于单词的任意位置，最多可以替代 4 个字母或数字，但至少应输入单词包含的三个字母。“url：检索词”限定检索词出现在某一网址内；“mailto：检索词”表示搜索含有该邮件地址的网页。

（四）INTUTE（http：//www. intute. ac. uk）

INTUTE 包括科学技术、人文与艺术、社会科学、医学与生命科学四部分共 19 个学科的 3 万多个教育与研究资源站点。该网站重点推介英国与欧洲各国的网站资源，同时也不忽略北美的重要网站，因此在欧洲尤其是英国与大英联邦系统内影响很大，与其他大型生物医学搜索引擎互补性很强。该网站的医学部分原名 OMNI（Organising Medical Networked Information），是英国诺丁汉大学 Greenfield 医学图书馆为医学生、研究人员建立的一个经过质量评价的网络医学资源目录，提供英国和世界范围内的因特网生物医学信息资源链接，内容上偏重于临床医学、预防医学和与临床医学有交叉的基础医学类站点。

INTUTE 主要提供关键词检索和分类主题浏览两种查询模式。其关键词检索方式又分为简单检索和高级检索，简单检索直接在检索词输入框中输入单词或词组即可，系统默认各检索词之间进行逻辑与运算，并支持截词检索，截词符号为“*”。词组或短语检索需要用“”括起来，否则将自动拆分。逻辑运算符可以使用 AND、OR、NOT，分别代表逻辑“与”、逻辑“或”、逻辑“非”运算，系统默认在标题、描述、关键词三个字段检索。高级检索则提供了更多的检索限制选项，可以将检索词限定在标题、描述或关键词中检索，还可以限定要检索的学科领域、资源类型、网站来源国家，限定检索结果是按相关度排序还是按字母顺序排序，限定结果是只显示题目还是显示全部内容。

（五）Medscape（http：//www.medscape.com）

Medscape 是美国 Medscape 公司于 1994 年研制，1995 年 6 月投入使用的，涵盖了临床与预防医学的共 38 个学科与主题，内容定期更新。该网站设有最新医学新闻、今日新闻、学术会议、资源中心、期刊与参考工具、专家观点、继续教育、专业热点等八大栏目，八部分内容各有特色，又互有交叉。该网站提供分类目录浏览和关键词检索两种检索途径，可以通过点击网站左侧的 38 个学科专业站点浏览，也可以通过关键词对网站内容进行检索。

（六）Health on the Net Foundation，HON（http：//www.hon.ch）

HON 是瑞士日内瓦市政府资助的非盈利性组织“健康网络基金会”与日内瓦大学医院和瑞士生物信息学研究所于 1996 年创建的一个免费全文医学搜索引擎，现提供面向患者、医学工作者和网络出版者的三个不同界面，其推荐的网站兼顾欧美，网站设有英、法、德、西班牙、葡萄牙、俄、意大利、波兰、中文等语种的界面，受到世界各地生物医学机构的欢迎。该网站提供了丰富的资源和特色服务，包括两个医学专业搜索引擎（MedHunt 和 HONselect）、新闻（News）、多媒体资源（HONmedia）、医学会议（Conferences）。一般来说，如果要检索相关的医学站点、医院等信息可以选择 MedHunt；如果检索相关的医学主题、医学期刊等信息，可以选择 HONselect；检索多媒体资源，则可以选择 HONmedia。

第三节　开放获取资源

近年来，期刊的快速发展和价格上涨令图书馆不堪重负，也使许多科研人员感到无奈。美国国家科学院院刊的期刊研究表明，在平均通货膨胀率为 3.1%的情况下，过去 16 年里，期刊的订购价格平均增长了 9.5%，而图书馆每年的经费预算并没有同步增长，造成了所谓的“期刊危机”。为此，图书馆不得不削减期刊的订购品种与订购数量，而出版商则继续提高期刊定价以弥补订购量减少造成的损失。学术信息的出版量呈指数增长，但由于图书馆订购量有减无增，用户可以获取的学术信息资源在相对减少，信息的有效获取能力大大下降。因此，一些科学家试图从学术团体中寻找新的出路。自 20 世纪 90 年代末开放获取运动（Open Access Movements）在国际学术界、出版界和图书情报界大规模地兴起。

一、开放获取的发展历史

1993年，美国阿拉莫斯国家实验室的粒子物理学家金斯帕格创造了一种有效的学术信息交流方式，从一个中心存储和获取电子预印本。金斯帕格等人开发的软件使作者在一个中心服务器能够自动处理可能提交的电子预印本，这样在他们的学术团体内能够免费检索和获取这种电子全文。该实验室的电子预印本服务给学术团体内的交流带来了深刻的变革，这种服务成就了开放获取模式的雏形。2000年，诺贝尔奖获得者瓦穆斯博士联合其他两位生物学家创立了称为“学术公共图书馆”（PLoS）的非营利组织，其目标是让科研人员免费地获得学术和医学的研究成果。2002年2月14日，布达佩斯开放获取倡议（BOAI）正式发起。这是一个促进开放获取活动的公共声明和计划，该活动提倡在一切学术领域采用两个平行的“策略”：自建档（self-archiving）和开放出版（open publishing）。2003年6月，德国马普协会起草了《科学和人文知识开放获取的柏林宣言》。目前，开放获取模式已经成为现代学术信息交流的一种强有力的理论与实践运动。

二、开放获取的定义

开放获取（Open Access，OA），又称开放存取，人们普遍接受的是由BOAI给予的完整定义：“指用户通过Internet可以免费阅读、下载、复制、传播、打印和检索作品，以及实现对作品全文的链接，为作品建立索引和将作品作为数据传递给相应软件，或者进行任何其他出于合法目的的使用。上述的各种使用都不受经济、法律和技术的任何限制，除非是网络本身造成的物理障碍，唯一的限制就是要求保证作者拥有保护作品完整性的权利，同时在使用作者作品时注明相应的引用信息”。Thomson公司也对OAJ给了一个简单的定义：任何经由同行评论的电子期刊，以免费的方式提供给读者或机构使用、下载、复制、打印、发行或检索文章。

《百思达开放获取式出版宣言》提出，开放获取式出版必须满足两个条件：①文献作者或著作权人授权世界范围内的所有用户，为合理目的而在任何数字媒体上免费、无条件地获取他们的文献，允许用户公开复制、利用、扩散、传递和演示，并创作和传播基于这些文献的新作品，用户可为个人使用打印出少量复本。②作品的完整版本、所有附件和上述授权声明要以适当的标准电子格式，存储在至少一个网络数据库中。这些数据库由某些研究机构、学术团体、政府部门或其他知名组织采用适当的技术标准建立和维护，旨在将其建设成为开放获取的、传播不受限制的、可互操作的、长期保存的档案。

可见，开放存取期刊是互联网上可供任何人自由访问使用或下载全文的电子期刊。它的出现促进了学术信息的广泛交流。

三、开放获取的形式

学术信息的开放获取模式，指的是由学者将自己的研究成果提供给学术界，读者可以通过因特网免费无限制地获取。开放获取有两种具体形式，自建档和开放出版。

（一）自建档

开放获取的自建档形式就是作者将自己的研究成果以电子全文的形式存放在一个中心服务器或某一个网页上供同行免费使用的一种方式，允许用户阅读、下载、拷贝、传播、印刷及检索，或对这些文章的全文进行链接，即在尊重作者著作权基础上的任何法律许可的用途，唯一不允许的是禁止复制销售，版权页应由作者进行完整性控制和使用者对版权的承认和引用。

（二）开放出版

开放出版又称为“付费出版”或“新一代出版”，即学者付费出版向外界免费开放。开放出版明确提出了这样一种新的学术信息交流模式：出版物的费用由作者支付，而不是由图书馆订购后让读者获取，任何人都可以免费获取开放出版期刊上的论文全文。开放获取学术文献释放出了学术论文的最大可见性，增加了出版物的传播速度和影响，极大地降低了学术共同体的费用。例如：BMC 和 PLoS 的期刊出版及联机索取费用就主要由出版的作者方面补贴，且允许任何人对其文献进行免费获取。同时，根据协议，发展中国家的作者不必负担费用。

四、网络开放获取学术资源

目前，开放获取虽然仍处于发展阶段，但随着多国科研机构和各方人士的不断共同努力，越来越多的期刊开始以各种方式或多或少地提供免费全文信息。如世界卫生组织为促进第三世界国家的医学卫生事业发展，鼓励某些期刊出版商对这些国家提供免费全文；期刊出版商为了提高期刊的影响力和使用率，也会考虑将期刊中部分文献全文提供无偿服务等。因此，网上已有了一定数量的开放获取资源，且品种繁多，主要有开放获取期刊、开放获取图书、开放获取论文等。

（一）开放获取期刊

1. 开放获取期刊指南（http：//www. doaj. org/） 开放获取期刊指南（Directory of Open Access Journals，简称 DOAJ），是由瑞典的隆德大学图书馆（Lund University Libraries）于 2003 年推出的开放获取期刊检索系统，其目标是覆盖所有学科和语言的开放期刊。目前该系统共收录 4370 种开放获取期刊，其中的 1668 种期刊支持论文全文级检索，收录的论文达319 315篇，涉及各个学科领域。DOAJ 按期刊的学科主题共分为农业和食品科学、生物学与生命科学、化学、健康科学等在内的 17 个学科主题领域。

DOAJ 主要提供期刊分类目录浏览及关键词检索两种检索方法。

（1）期刊目录浏览：DOAJ 的期刊目录浏览又分为期刊字顺浏览、学科主题浏览以及新刊字顺浏览三种，可以分别按照期刊的字顺或学科分类找到某一种期刊，或者查看最近 30 天内新收录的期刊的详细信息，包括期刊名称、ISSN 号、学科主题、出版商、国家、语言、关键字、开始时间以及加入 DOAJ 的日期等。

（2）关键词检索：DOAJ 的关键词检索分为期刊检索和论文检索两种。期刊检索区位于主页中央，通过输入关键词即可实现期刊的查找。论文检索区位于主页左侧栏，可以选择将检索词限制在论文的标题、期刊名称、ISSN 号、作者姓名、关键词、摘要等字段进行检索，并可以选择布尔逻辑运算符 AND、OR、NOT 进行多个检索词的组配检索。系统规定，关键词可以是单词或词组，但输入的关键词如果不是一个单词，则自动进行短语检索。

DOAJ 的期刊论文的全文格式以 pdf 和 html 格式为主，大部分期刊直接链接到期刊的主页，还有一部分期刊后标有“DOAJ Content”图标，则表示在 DOAJ 站点上提供有该刊各期的目次信息和全文链接，点击该图标即可显示。DOAJ 允许读者推荐新期刊，点击左侧栏的“Suggest a journal”链接，填写好规定的推荐表格即可，具体需填写的内容包括期刊名称、链接地址、ISSN、EISSN、出版者、对期刊的有关描述、期刊联系人名字和电子邮箱、推荐人的名字和电子邮箱等。

2. 生物医学期刊出版中心（http：//www. biomedcentral. com/） 生物医学期刊出版中心（BioMed Central，BMC）是一家独立的学术出版机构，致力于提供生物医学研究成果的开放获取。目前共出版202种生物医学期刊，涵盖了生物医学和医学的各个主要领域。所有期刊都通过充分、严格的同行评议以保持高水平，同时坚持在BMC网站免费为读者提供检索、阅读和下载全文的服务。BMC采取作者付费的模式，即作者发表文章需支付一定费用，而机构也可以通过缴纳会费来免除本单位作者的出版费。

BMC提供期刊目录浏览和论文关键词检索两种检索途径。

（1）期刊目录浏览：BMC可以按照刊名字顺和期刊主题两种方式浏览期刊及全文。点击主页上的“Journals A-Z”链接，进入BMC的按照字母顺序排列的期刊列表。BMC期刊上的文章绝大多数可免费获取，有少数综述文献或其他类型文献需要订购。在期刊列表中，每个刊名后带有对文献免费形式的说明，如：“all content open access”表示该刊上所有文献均可免费阅读全文；“all research articles Open Access”表示所有研究性论文可免费阅读全文；“free trial available”表示可以通过注册获得一个免费试用期限（一般为1个月），在期限内可免费阅读全文；“Subscription required”表示需要订购才能阅读全文。另外少数刊名后注有“accepting submissions”图标，表示该刊为BMC新出版的OA刊，目前正在接受投稿，作者可以点击该图标链接，进入在线投稿系统向期刊投稿。也可以点击主页上的“Subject areas”链接，即可打开BMC按照主题排列的期刊列表。

（2）论文关键词检索：BMC的论文关键词检索分为快速检索和高级检索两种，注意在检索之前，需要用户进行注册，注册为免费。①快速检索：在BMC主页左侧的“Quick Search”区域输入检索关键词后，选择要检索的数据库范围，包括BMC、PMC、PubMed，默认为BMC，即可完成快速检索。②高级检索：点击BMC主页上的“advanced search”链接进入BMC的高级检索界面。可以选择将检索词限定在论文标题、作者、作者单位、摘要、刊名、出版年等字段中检索，还可以选择对由多个单词构成的检索词进行限定，包括“all words”、“any word”、“exact phrase”三种关系，分别表示包含检索词中的所有单词、包含检索词中的任一个单词以及将构成检索词的多个单词共同作为一个短语进行检索。或者使用“”可以实现BMC的短语检索。系统支持“＊”和“?”两种通配符，“＊”代表一个或多个字符，可以用在词的末尾、开头和中间。一个“?”代表一个字符，两个“?”代表两个字符，依次类推。此外，还可以对论文的发表日期、进入系统的日期、结果的显示等进行限定。BMC支持布尔逻辑运算，在高级检索界面点击“Boolean Search”，即可切换到布尔逻辑检索界面。系统还允许保存检索史，点击每个检索式右侧的“store”图标，即可将检索史保存。当需要重新检索时，在高级检索页面点击“Store Search”即可调出已存储的检索史，点击“run”进行检索。

3. PubMed Central（http：//www. pubmedcentral. nih. gov/） PubMed Central（简称PMC）是2000年2月由美国国立医学图书馆（NLM）与美国国立卫生研究院（NIH）联合建立的一个生物医学和生命科学期刊文献全文数据库，向全球免费开放使用。目前该系统共收录401种期刊，数量还在不断增加。其中，绝大多数期刊是出版后允许立即免费下载全文，少数期刊允许在出版一定时间（2～36个月）后下载全文。

PMC系统提供按期刊目次浏览和论文检索两种检索途径。在PMC主页点击“Journal List”进入期刊列表页面。点击列表左侧的“search”可以链接到论文检索页面；点击列表中的刊名链接可以进入该期刊的所有期；点击“Free Access”可以显示该刊出版多长时间后可以免费获取。在PMC主页检索词输入框中输入检索词，点击“Find Articles”可以执行论文检索。点击“Advanced Search”可以进行高级检索，高级检索的具体规则同PubMed。

4. 科学公共图书馆（http：//www.plos.org/） 科学公共图书馆（Public Library of Science，PLoS）成立于2000年，是一家致力于推动全球科技和医学领域文献的公开获取的非营利性组织。目前PLoS共出版了7种生命科学与医学领域的开放获取期刊，均采取严格的同行评议制度保证论文质量，所有论文保存在PMC中，向所有读者免费开放。点击网站的期刊列表即可查看每一种期刊的详细内容。

5. Highwire Press（http：//highwire.stanford.edu/） Highwire Press（Highwire出版社）是1995年由美国斯坦福大学创立的。目前其网站上可提供阅览的包括该出版社协助出版的期刊1277种，以及PubMed上的4500种期刊，主要覆盖学科领域有生命科学、医学、物理学以及社会科学。HighWire出版社网站自称拥有全球最大的免费全文学术文献库，目前HighWire出版社主页链接的免费电子期刊全文达193万多篇。

Highwire出版社电子期刊提供期刊目录浏览及论文检索两种检索途径。网站提供多种期刊浏览方式，可以按刊名字顺浏览，也可以按期刊主题浏览、按出版社浏览或按期刊获取途径浏览。查找到的期刊的刊名前后带有一些标注，其含义分别为：“new”表示新收录期刊；“info”提供该刊详细出版信息；“soon”表示该刊不久将收录；“free TRIAL”、“free ISSUES”、“free SITE”分别表示免费试用、过刊免费和完全免费的期刊。系统也允许使用论文检索的方式，允许输入单词或短语进行检索，可以采用逻辑组配、截词符等检索技术，可以对作者、文献、文献来源、日期进行限定。

6. FreeMedicalJournals（http：//www.freemedicaljournals.com/） FreeMedicalJournals是一个以推荐可免费获取全文的医学期刊为主旨的站点，由Bernd Sebastian Kamps公司创建。目前该网站收录的期刊数量已达1392种，这些期刊均可免费或部分免费获取期刊全文。该网站提供英语、西班牙语、葡萄牙语和法语等多种版本，网站提供期刊目录的多种浏览方式，包括按刊名字顺浏览、按期刊语种浏览、按期刊学科专业浏览、按免费的周期（完全免费、出版1～6个月后免费、出版7～12个月后免费、1年后免费）浏览、按期刊的影响因子浏览等，用户可以根据需要和浏览习惯自由选择。

此外，该网站还提供了该公司创建的另外两个重要网站的链接，一个是Freebooks4doctors（http：//www.freebooks4doctors.com/），是一个提供免费医学电子图书的网站，目前收录图书达365种，可以按照学科专业、影响因子、语种、出版年或评价的星级来浏览图书。链接的另一个网站是FreeMedicalPodcasts（http：//www.freemedicalpodcasts.com/），这是一个新建立的网站，提供免费的医学播客资源，目前收录播客25个，可以按学科专业分类浏览。

（二）开放获取图书

1. 美国国家科学数字图书馆（http：//nsdl.org/） 美国国家科学数字图书馆（The National Science Digital Library，NSDL）于2000年由美国国家自然科学基金会自主开发，是一个为科学、数学、工程和技术教育服务的综合学科开放图书馆项目，全美有上百个项目组共同参与。NSDL在经过一系列的版权操作后，大量的图书以电子方式呈现给公众。

2. 维基百科（http：//www.wikipedia.org/） 维基百科开始于2001年，是一个内容

开放的国际性百科全书，每天有来自世界各地的许多参与者进行数千次的编辑和创建新条目，其目标及宗旨是为全人类提供自由的百科全书，是一个动态的、可自由访问和编辑的全球知识体，也被称作“人民的百科全书”。

3. 读书公园（http：//www. bomoo. com/） 读书公园于2004年7月开放，致力于收集和整理互联网上的免费电子书信息，从而拥有一个开放式的电子书数据库，从此促进电子书资源的利用和开发。

（三）开放获取论文

开放获取论文资源主要包括学术研究机构提供的开放论文、预印本文献资源、学术团体提供的开放论文以及一些国家政府和科研资助机构倡导的开放论文项目等。

第四节　常用医学网站

因特网上的生物医学信息资源的数量相当庞大，如果能够充分利用好这些生物信息资源，对于从事生物医学工作的临床、教学、科研人员都有着非常重要的意义。本节主要介绍几个Internet上重要的生物医学网站。

一、国外生物医学网站

（一）美国国家医学图书馆（http：//www. nlm. nih. gov/）

美国国家医学图书馆（National Library of Medicine，NLM）隶属于美国国家卫生研究院（National Institutes of Health，NIH），是世界上最大最著名的医学图书馆，也是世界上资源最丰富的生物医学文献信息中心。NLM馆藏文献700多万册，资源丰富、涉及面广，网上生物医学信息资源丰富多样，提供包括PubMed在内的几十种数据库供用户免费使用。

NLM网站主要提供卫生信息、图书馆馆藏目录及服务、医学史、在线展览及数字化项目等几大部分的内容。

1. 卫生信息（Health Information） 该版块列出NLM提供的主要医药卫生信息数据库及其他信息资源，并附有简短介绍。

（1）MedlinePlus：MedlinePlus是一个向大众和医务人员提供医药卫生知识和信息的事实型数据库。该库提供700多个健康主题相关信息、9000多种处方药和非处方药的使用指南、最新的医学新闻，以及各种疾病及NIH保健信息、词典、医院及医生名录、西班牙语及其他语种的医学信息链接，带有影像的医学百科全书，可以通过英文字母的字顺查找某一个健康主题。该库主页设有健康专题（Health Topics）、药物与营养品（Drugs & Supplements）、医学百科全书（Medical Encyclopedia）、词典（Dictionary）、新闻（News）、寻医指南（Directories）及其他资源导航等栏目。

（2）ClinicalTrials. gov（临床试验数据库）：ClinicalTrials. gov于2002年由NIH各研究所与FDA（美国食品与药品监督管理局）合作研究，通过NLM开发建立，是专门提供检索与临床试验研究相关的公共信息、提供参加评估新疗法和新药机会的专业数据库，面向患者、患者家属、大众和医务人员，目前收录了由NIH、美国其他联邦机构和私营企业资助的1万多条临床试验信息，具体内容包括试验名称、试验主持单位、试验目的、试验内容、参加试验患者的条件、试验地点、试验是否继续招收患者、参加试验的联系信息等。

（3）NIHSeniorHealth（NIH老年人健康网站）：NIHSeniorHealth是由美国国立衰老

研究所（National Institute of Aging，NIA）和NLM合作开发的网站，专门为满足老年人的健康需要。该网站为方便老年人使用，具有字体放大功能，并可以进行文本朗读播音。网站页面格式简单，可以通过疾病主题或英文字母字顺两种方式查找信息，方便老年阅读者的需要。

（4）Tox Town：Tox Town是一个介绍环境、化学品和毒物如何影响人类健康相关知识的网站，用图像、文字、声音、动画等形式进行通俗的介绍，适合于大众阅读，是一个科普类网站。

（5）Household Products Database（居家用品数据库）：该库提供普通居家用品如洗涤用品、护肤品、汽车用品等对健康的影响信息及其安全性和处理措施等方面的信息。可以查询的家用产品有5000多种，该网站的目的是指导大众安全地使用这些产品，避免对健康造成伤害。

（6）Genetics Home Reference（遗传学家用参考书，简称GHR）：GHR是向大众提供遗传学知识的网站，主要内容包括各种遗传疾病、基因、染色体的介绍以及遗传学手册、词汇等，并提供遗传学信息与机构的导航，可以从遗传病、基因、染色体三个途径进行遗传学知识的浏览和检索。

（7）MEDLINE/PubMed-Biomedical Journal Literature：PubMed收录了4600多种生物医学期刊上的1200多万条记录，大部分有摘要，还有一些有全文链接。该库的具体介绍详见第四章第二节。

（8）AIDSinfo（艾滋病信息）：该库是美国卫生与人类服务部（Department of Health and Human Services，DHHS）组织开发的提供艾滋病研究、临床试验、预防和治疗的信息库，主要面向临床医师和艾滋病感染者，提供艾滋病治疗指南、药物、临床试验、疫苗、艾滋病相关健康知识等分类目录浏览和检索服务。

2. 图书馆馆藏目录及服务（Library Catalog & Services）　该服务提供NLM馆藏图书、期刊、视听资料等馆藏目录查询系统，以及图书馆借阅复印等传统服务项目以及开馆时间、医学主题词表、NLM出版物及其他服务的说明。

3. 医学史（History of Medicine）　该网站供检索NLM馆藏的医学史与相关学科的有关信息，资源类型包括图书、期刊、档案、手稿、照片、胶卷、电影与食品、数字化资源等。

4. 在线展览及数字化项目（Online Exhibitions & Digital Projects）　该库提供NLM在线展览资源，可以按主题和日期两种方式浏览。

（二）美国国家卫生研究院（http：//www.nih.gov/）

美国国家卫生研究院（National Institutes of Health，NIH）隶属于美国卫生与人类服务部（DHHS），初创于1887年，目前下属27个生物医学研究所，是美国最主要的医学与行为科学研究和资助机构，是世界最大的医学研究机构，也是世界上最有影响力的医学研究中心之一。

NIH的网上医学信息资源极为丰富，网站主要栏目包括健康信息、资助、新闻、科研、研究所等，可以按照英文字母顺序查找健康信息、查看NIH出版物列表、申请基金资助、查看资助条件及政策、浏览新闻、查看培训机会等。

（三）世界卫生组织（http：//www.who.int）

世界卫生组织（World Health Organization，WHO）隶属于联合国，简称世卫组织，是指导和协调全球卫生工作的权威机构。WHO成立于1948年，现有193个成员国，其总部设在瑞士的日内瓦，另设非洲、美洲、东地中海、欧洲、东南亚和西太平洋6个地区办公室。WHO负责对全球卫生事务提供指导、拟定卫生研究议程、制定规范和标准、阐明以证据为基础的政策方案，并向各国提供技术支持、监测和评估卫生趋势。

WHO网站主要分为成员国列表、健康主题链接、WHO出版物、数据和统计数字、规划和项目等栏目。通过该网站，用户可以及时获取WHO发布的最新消息，可以通过字顺浏览世卫组织的项目、行动、活动、信息产品以及联系人的链接页面，可以查看WHO发行的出版物信息、WHO发布的关于疾病等的统计数字和数据、WHO未来的规划和项目的站点等。

（四）美国疾病控制与预防中心（http：//www. cdc. gov/）

美国疾病控制与预防中心（Centers for Disease Control and Prevention，CDC）隶属于美国卫生与人类服务部（DHHS），是保障美国公民健康的国家权威机构，其使命是通过对疾病、预防、残疾的预防和控制来促进健康和生命质量。其网站主要栏目包括健康与安全专题、数据与统计、新闻、出版物等。网站集中了CDC收集的美国国内大量卫生统计数据，可以按字顺查找健康专题，并可以免费阅读到CDC出版的3种电子期刊的全文。

（五）MerckMedicus（http：//www. merckmedicus. com）

MerckMedicus由著名的Merck制药公司（Merck & Co.，Inc.）创建，其中一部分资源向所有因特网用户开放，而另一部分则只能在注册登记后才能使用，注册时需要输入美国医师或药师的执照号码。该网站的所有资源都是免费的。其主要栏目包括临床资源、新闻、专业人员发展、患者教育、专业页面等。注册后，可以使用该网站的所有资源，包括临床参考书、决策支持工具、临床影像及病理切片图像、150多种免费期刊全文、86种教科书、25个学科主题页面以及Merck手册在内的30种移动工具等。

二、国内生物医学网站

（一）中国医学生物信息网（http：//cmbi. bjmu. edu. cn/）

中国医学生物信息网，简称CMBI，是由北京大学心血管研究所、北京大学医学信息学系、北京大学人类疾病基因研究中心共同开发的综合性医学生物信息网站。CMBI的栏目包括医学新闻、最新文献、特别报道、专题网页、今日临床、数据库、相关信息、导航系统、网络资源等栏目。其中最新文献以医学综述为主，特别报道则选择一些当今的研究热点课题进行报道，并给出这些课题的简单介绍及一些相关文献的链接。该网站信息丰富，质量较高，所收录的文献以综述为主，从1998年至今收录了全世界3000多种医学生物学刊物上发表的综述论文，包括图表信息，可以全文查询和检索，目前论文数量已达15万余篇，大部分文献有全文。

（二）中华人民共和国卫生部（http：//www. moh. gov. cn/）

该网站侧重于卫生事业管理的相关信息，是获取我国卫生事业方面的法律法规、政策、统计信息的主要信息源，主要栏目包括新闻中心、专题区、政策法规、工作动态、规划计划、行政许可、卫生标准、卫生统计等，可以用于查找政府的相关政策、法规、统计数据、标准等信息。

（三）中国疾病预防控制中心（http：//www. chinacdc. net. cn/）

中国疾病预防控制中心是由中国政府举办的实施国家级疾病预防控制与公共卫生技术管理和服务的公益事业单位。其使命是通过对疾病、残疾和伤害的预防控制，创造健康环境、维护社会稳定、保障国家安全、促进人民健康。该中心网站主要有国际合作、科技项目、招生招聘、培训会议、技术服务、法律法规、卫生标准、健康主题、旅行健康、公共卫生监测、学术期刊等栏目。

（四）中华医学会（http：//www.cma.org.cn/）

中华医学会成立于1915年，现有82个专科分会，43万余名会员，是中国医学科技工作者自愿组成并依法登记成立的学术性、公益性、非营利性法人社团。该学会网站主要设有会员社区、继续教育、学术活动、科技评审、系列杂志、科普信息、医学视听、学会动态、培训快车、会议通知等栏目内容。

（五）丁香园生物医药科技网（http：//www.dxy.cn/）

丁香园生物医药科技网成立于2000年7月，其创办目标是为医药生命科学专业人士提供专业交流平台。目前，该网站注册的生物医学专业工作者达140万，每月新增会员3万名，在医学专业工作者中有着较大的影响力。该网站主要包括论坛、最新资讯、热门话题、人才招聘等主要栏目。

测试题

一、名词解释

1. 网络信息资源
2. 搜索引擎
3. 开放获取

二、问答题

1. 简述网络生物医学信息资源的特点。
2. 简述搜索引擎的原理。
3. 简述搜索引擎的分类。
4. 简述Google的检索技术与检索规则。
5. 常用的医学专业搜索引擎有哪些？
6. 简述开放获取的形式。
7. 列举常见的网络开放获取期刊网站。
8. 主要的国外生物医学网站有哪些？

三、案例题

1. 在Google搜索引擎中查找有关肿瘤护理的幻灯片文件。
2. 利用Google搜索引擎查找有关基因的图片。
3. 在Baidu搜索引擎中查找关于禽流感的网页，但是要排除掉研究对象是动物的。
4. 用Medical Matrix搜索引擎查找关于心血管疾病的五星级生物医学网站。
5. 用DOAJ检索BMC Nursing期刊。
6. 利用NLM网站检索关于艾滋病的临床试验有哪些？

参考答案

一、名词解释 （答案略）

二、问答题

1.（1）量大分布广，离散程度高；
（2）内容丰富，组织形式多样化；
（3）更新速度快，传播迅速；
（4）检索方式灵活，使用方便；
（5）动态变化，管理困难；
（6）质量参差不齐，规范化程度不高。

2.（1）数据的采集和存储；
（2）数据分析与标引；
（3）数据组织；
（4）数据检索；
（5）检索结果的相关性处理。

3.（1）根据搜索引擎所索引的页面的内容范围的不同，搜索引擎可以划分为综合性搜索引擎、专题搜索引擎和特殊搜索引擎。
（2）根据包含检索工具的数量的不同，搜索引擎可以划分为独立搜索引擎和元搜索引擎。

4.（1）布尔逻辑运算：在输入的多个关键词之间以空格或“＋”分隔，表示逻辑“与”（AND）运算；用大写的“OR”连接多个检索词表示逻辑“或”运算；“－”表示逻辑“非”。
（2）短语检索：如果检索一个短语，必须加“”。
（3）限定检索：用某些词加：的方式可以实现Google中的限定检索。
1）“site:”表示要在某个特定的域或站点中进行搜索。
2）“filetype:”可以检索出各种需要的文件。
（4）通配符：通配符“*”可以代替单个字符，而且必须用“”引起来。
（5）其他：对英文字母的大小写不敏感，大小写的搜索结果是一样的。Google还会对输入的关键字自动进行拼写检查。如果想对忽略掉的关键字进行强制检索，则需要在该关键字前加上“＋”。

5. Medical Matrix、Medical World Search、Healthlinks、INTUTE、Medscape、HON。

6. 开放获取有两种具体形式：自建档和开放出版。

7. 开放获取期刊指南（DOAJ）、生物医学期刊出版中心（BMC）、PubMed Central（PMC）、科学公共图书馆（PLoS）、Highwire Press（Highwire 出版社）、FreeMedicalJournals。

8. 美国国家医学图书馆（National Library of Medcine，NLM）、美国国家卫生研究院（National Institutes of Health，NIH）、世界卫生组织（World Health Organization，WHO）、美国疾病控制与预防中心（Centers for Disease Control and Prevention，CDC）、MerckMedicus。

三、案例题

1. 在 Google 中输入：肿瘤护理 filetype：ppt。

2. 打开 Google，点击左上角的“图片”链接，打开 Google 图片搜索，在检索词输入框中输入“基因”，则可以找到有关基因的图片。

3. 打开 Baidu，在检索词输入框中输入：禽流感-动物。

4. 打开 Medical Matrix 主页，在 Disease 分类目录下找到 Cardiovascular 类目，查找标有五星的网站。

5. 有三种方法：打开 DOAJ 主页，①将 BMC Nursing 输入到期刊检索框中，点击 Find Journals；②按期刊名的字顺查找；③利用期刊主题查找，点击“Health Sciences”打开健康科学类目的网页后，再点击“Nursing”打开护理学期刊主页，找到该期刊。

6. 打开 NLM 主页，点击左侧栏的第一个“Health Information”链接，在打开的页面中点击 ClinicalTrials. gov，打开临床试验数据库的主页。点击 Search for Clinical Trials 链接，输入 aids，点击 search，则找到所有关于艾滋病的临床试验。

（张燕蕾）

第九章　医学文献的综合利用

学习目标

1. 掌握课题资料的收集整理与分析方法及医学论文写作技巧。
2. 熟悉参考文献管理软件的使用方法。
3. 了解课题资料收集整理的原则、步骤。

本教材的前八章详细介绍了各类生物医学信息检索工具及其检索方法。利用各类检索工具检获课题相关的文献资料只是信息查询的第一步，如何对获取的文献信息进行整理、甄别、再搜集和分析，并进行充分有效地利用，使其服务于科学研究和临床实践才是信息查询的根本和最终目的。

第一节　课题资料的搜集、整理与分析

掌握一套搜集和积累资料的方法，方便快捷地获得自己所需要的事实、数据和文献，是科研工作者必备的一种信息素质。下面就探讨如何在实践中锻炼和培养这种素质能力。

一、课题资料的搜集

课题资料的搜集过程，包括医学实践获得直接资料和文献信息的选择获得间接资料两个过程。获取间接资料的过程是重要的过程，进行医学实践之前往往要通过间接资料（前人经验）来制定医学实践的方针路线，因此间接资料对医学实践起指导作用。

文献信息资料的搜集过程就是对文献信息的选择过程，根据课题的要求从各种各样的文献信息源中搜集、选择和提取文献信息的过程。文献信息的搜集包括两种途径：正规途径和非正规途径。正规途径包括期刊、图书、专利文献、标准文献、科技报告、学位论文以及一些检索工具或数据库等；非正规途径包括学术会议、个人交流、E-mail、Usenet、BBS、博客和网络信息等。全世界每年发表的生物医学论文约300余万篇，要准确全面地搜集某个课题相关的文献信息，必须掌握正确的方法、原则和策略。

（一）课题资料搜集原则

信息搜集的原则应依据研究课题的学科专业性质和其他相邻学科的关系、信息需求的目的来确定收集的广度与深度。收集信息类型主要依据研究课题的特征来确定。一般而言，搜集课题资料应遵循以下几项原则：

1. 针对性原则　搜集资料是为了解决特定问题、特定需要而开展的，具有很强的针对性。如果没有针对性会对将来分析整理资料带来非常大的工作量和干扰性。

2. 系统性原则　系统地掌握所要研究课题的内容。包括研究课题的过去和现在的发展

状况以及今后的发展趋势，从而保证收集文献信息的连续性、完整性。

3. 科学性原则　是指方法科学、材料准确、论点客观。对收集到的文献信息通过科学方法进行判断，采用准确的材料进行验证，对实验结果进行客观、合理分析，最终揭示事物的本质规律。

4. 预见性原则　当代科学技术的发展日新月异，知识更新的周期越来越短，新理论、新技术从发现、发明到付诸实现的时间间隔不断缩短。这就要求我们在收集文献信息时，密切关注本学科和相关学科的研究水平、研究动向和发展趋势，要善于捕捉研究的新线索、新动向，留心新兴学科、边缘学科的产生和发展，立足当前预测未来。既要针对当前科研和日常工作的需要，又要考虑未来发展的需要，才能使自己在收集文献信息时做到有预见性。

5. 时效性原则　知识经济时代，科学研究只有迅速、及时、有效地占有信息，才能加快研究过程，取得成果。

（二）课题资料搜集方法与步骤

1. 课题资料搜集方法　包括直接资料和间接资料的搜集方法。

（1）直接资料的搜集方法：包括三种方法：①调查法：对研究对象不加任何干预措施的条件下进行的研究。按照调查时间的不同，该方法又可分为现况调查、回顾性调查、前瞻性调查、追踪调查；②观察法：是医学科研中应用最广泛的一种方法，与调查法相比又深入一步。著名科学家贝弗奇说，“在科学工作中养成良好的观察习惯比拥有大量的学术知识更重要”。观察形式有直接（肉眼）观察、间接（仪器）观察、定期观察、定量观察。观察时要做到多次重复、尊重事实、辩证客观；③实验法：比观察法更主动，效率更高，所得的资料更准确。医学实验方法有多种，依据实验对象不同，可分为临床实验和动物实验。实验按照研究水平的不同，可分为整体水平、器官水平、细胞水平和分子水平。

（2）间接资料的搜集方法

平时应该注意积累所研究课题的文献信息，阅读本专业相关的核心期刊或同行评议期刊。由于生物医学期刊种类繁多，在阅读期刊时，要掌握一定的技巧与方法，才能提高效率。阅读文献时，可以将泛读和精读结合起来。如果看到摘要部分的研究内容与所要研究课题的内容很相关，则详细阅读文章的材料与方法、结果、讨论部分，并做好详细的记录，以便日后对资料的整理。另外，要阅读专业领域中一些权威的综述、述评或科技报告等文献，能了解本专业领域的最新动态和研究发展趋势，而且这类文献附有大量的参考文献，可以为进一步筛选、阅读文献提供重要线索。另外，还应注意专业领域中学会或协会出版或举办的期刊、学术会议信息，这类信息往往专业性较强，内容新颖，可以及时了解本专业的新动态、新进展。

除利用期刊外，还要充分利用网络数据库资源。在使用数据库时，首先选择专题数据库，如查找卫生事业管理方面的课题，首选 HealthSTAR 数据库，查找肿瘤方面的文献首选 Cancer 或 CancerLIT 数据库；再次选择综合数据库，目的就是把与课题相关的信息查全。一项研究课题往往要综合利用多个数据库，在综合利用多个数据库时，应当注意以下几个方面：①先中文，后外文；②先专业，后综合；③先文摘，后全文。同时要充分利用各种数据库的定题服务功能或个性化服务功能，把所研究课题的检索策略保存下来，定期跟踪最新的文献信息。再次，要加强对特种文献数据库的利用。目前，众多研究人员逐渐意识到特种文献（专利文献、会议文献、学位论文、科技报告、标准文献等）科技含量高，对这方面的文献信息获取也与日俱增。随着电子出版物的增加，对这方面的文献信息的获取越来越便利。

这方面的信息可以直接使用专门的数据库就可以查到相应的信息，而且部分文献还可以看到全文信息。再次，要经常浏览专业学会或协会的网站，这些网站不仅提供专业的新闻、会议信息、学会出版物、还提供专业论坛、讨论以及一些专业辅助工具等，对于及时获取新的文献信息、把握学科前沿、新的专业知识的积累都会起到非常大的帮助作用。最后，要充分利用学科导航掌握本专业的文献信息，学科导航系统通过对网络资源的搜集、分类、组织和有序化整理，使读者能快速准确地了解学科专业领域内，有哪些重要的网络学术信息资源。

2. 间接资料的搜集步骤　对于生物医学信息查询的方法与步骤如下。

第一步，分析信息内容，提炼主题概念。明确检索目的；分析查询内容的研究主题或主要概念，涉及多个概念时，也要分析每个概念之间的逻辑关系；信息内容涉及的学科；检索要求，所需信息的年代范围、文献信息类型、语种等。

第二步，根据信息涉及的学科范围，选择相应的检索工具。如果有专题数据库，则首选专题数据库，再选综合数据库。所以，在信息源选择时，可能要选择多个数据库或多个信息源，主要以数据库的学科收录范围来加以选择。

第三步，根据不同的数据库或信息源，确定相应的检索途径与方法。不同的数据库，检索途径各不相同，首先选择最佳的检索途径；拟订检索词时，有主题词的首选主题词，其次要选择更专业、更专指、更适度的检索词，选择意义明确的检索词。

第四步，制定检索策略。明确检索词之间的逻辑关系，进行逻辑组配检索。制定检索策略时，可以使用逻辑运算符，截词符，通配符等，使检索结果更加全面准确。

第五步，评估检索结果，优化检索策略。对每次运行的检索结果进行浏览，比较与自己的信息需求的差距，如果差距很大，修改部分检索词或再选用一些相关的检索词，进一步优化检索策略，重新进行检索。

第六步，检索结果保存、利用与分析。对于较理想的检索结果和检索策略保存下来，以便定期跟踪检索浏览。

二、文献信息的甄别、评价与整理

对于搜集到的文献信息要进行整理、甄别、评价与分析。一般是边整理边甄别、评价和分析，其中甄别、评价分析是重要的环节，决定了整理出的文献信息质量的好坏、证据的充足与匮缺、信息的全面与片面和可靠与不可靠等。

（一）文献信息的甄别与评价

1. 文献信息的甄别　对所获得的文献信息进行甄别的方法就是“去粗取精、去伪存真、由此及彼、由表及里”的过程。“去粗取精、去伪存真”是从信息的外部联系进行分析，对获得的信息去掉粗材，保留精材，去掉虚伪，保留真实，才能为进一步揭示事物本质，得出正确结论打下基础。“由此及彼、由表及里”是从信息的内部联系入手进行分析，通过综合分析抓住事物之间的因果联系，通过周密的逻辑思维和严谨的推理抓住事物的本质。总之，通过上述甄别过程，才能获得为课题所用的有价值的信息。

2. 从文献的外部特征入手鉴别文献信息的质量

（1）期刊的级别和类型：核心期刊或经同行评议过的期刊的内容比较真实可靠，科学性强，有较好的新颖性和先进性，而且格式规范严谨。

（2）作者及其单位：高校及各级科研机构的学者发表的论文质量较好，他们往往有较好的工作基础、研究条件及人员队伍，积极主动开展高质量的科学研究。

（3）课题来源：国家级的课题一般有充足的经费支持，课题设计合理，研究方法、技术路线清晰，结论可靠；省市级的课题次之。

（4）文献被引用及被收录情况：一篇论文是否被世界上著名的生物医学数据库所收录也可以反映该文的质量。另外，论文的被引用次数是反映论文的价值和影响力的客观指标。

3. 从文献的内部特征来判断文献信息质量

（1）研究方法的评估：判断一篇论文是否有参考价值，首先应着眼于其方法学部分，而不是该研究的目的、研究结果、讨论部分的推理。一般应从以下几方面进行评估：①研究是否具有新颖性；②研究对象描述的是否清晰，研究设计是否合理，是否明确了干预措施或暴露因素等；③是否避免或减少了系统误差；④研究是否符合基本的统计学要求，或者数据分析时，采用的统计学方法是否有误等。

（2）采用循证医学的原则和方法评估：一般从以下三个方面进行考虑：①研究的内在真实性，即上述有关研究方法评估所涉及的问题，这是评价论文质量的核心；②研究的临床重要性，即研究本身是否具有临床价值，一般采用客观指标，如诊断试验采用敏感度、特异度、阳性和阴性预测值、似然比及 ROC 曲线等指标判断其临床价值，干预研究采用相对危险度降低率等干预措施的效应及临床价值；③研究的外在真实性，也称研究的适用性，是指研究结果的推广应用价值，即针对不同地点的不同人群及具体的研究病例，研究结果或结论是否同样适用。事实上，在实践循证医学的过程中，要将证据用于指导临床决策，严格评估其外在真实性是十分重要的，也是临床医生十分关心的问题。

4. 从文献信息的整体来评估质量　一般评估内容包括研究内容是否紧扣题目，通篇构思是否完整，布局是否合理，论点是否鲜明、论据是否充足完备、论证是否合理严谨等几方面。

（二）课题资料的整理

1. 课题资料的整理方式　主要包括手工整理和计算机辅助整理。

（1）手工整理：包括制作卡片、全文复制和抄录。卡片形式一般包括题录式、文摘式和剪贴式。题录式只简要记下文献的篇名、著者及文献的出处，便于以后需要时查找。文摘式是在题录式的基础上再记录下文摘信息。剪贴式是对那些不便于整体保存的报纸、广告和杂志上的文献信息，剪下来按类贴在剪辑本上。对于那些与自己研究课题密切相关的文献信息需要全文保存，期刊、书籍等可通过复印或抄录的方法来完成。电子期刊或网上信息可通过下载、打印的方法获得。

（2）计算机辅助整理：用计算机文献管理工具整理文献信息。随着计算机和网络技术的发展，也给文献信息管理带来了便利。计算机辅助管理经历了非专业化管理和专业化管理两个阶段的发展。非专业化管理是指对印刷文献和电子文献采用 Excel、Microsoft office 等非专业管理软件进行存储文献信息的方式。20 世纪 80 年代后期以来，陆续出现了 Reference Manager、RefWorks、EndNote、NoteExpress 等专业的文献信息管理软件来存储和检索个性化的文献信息，并同时应用于科技论文写作中。这些参考文献管理软件具有以下一些功能：各种文献信息题录的采集与批量导入，建立数据库管理功能；文献分析、知识管理、资源整合的功能；论文写作中格式输出的功能；网络共享、写作模板，多对象管理、多语言平台，多系统兼容、用户定制的功能。

2. 课题资料的整理方法　主要包括：①分类：搜集的各类文献信息可按《中国图书馆分类法》分类、按课题研究方向进行归类、按作者进行归类等，可以根据自己的习惯来制定出一种分类方法，使得获取的资料充分有效便捷利用；②组织专题：文献资料的整理也可按专题或主题分别集中排列，在一个专题或主题下集中文献。为了便于查阅、比较、分析和利用，还可将其分为若干个二级或三级主题，在相应的次级主题下，集中有关文献。

三、课题资料的分析

课题资料的分析方法主要有以下几种。

1. 因果分析法　因果关系是指具有相互依赖，相互联系的关系中最严格的一种关系。因果关系可以表现为简单的一因一果关系；也可以表现为一因多果或多因一果的复杂关系。利用因果分析可以根据已知之因推测未知之果，也可以根据已知之果反推未知之因。

2. 类比分析法　根据两类事物之间在部分属性上的类似或相似的关系，从已知这一对象有某种性质来推测另一对象有相应的性质的一种思维方法和推理形式，借以获得对新事物的理解和认识。该法是基于事物、过程和系统之间各要素的普遍联系，以及这种联系之间所存在着的可比性的客观基础。因此，这种方法具有触类旁通的优点和富有创造性。如叩诊法的发明。奥地利医生奥恩布鲁格的父亲是个商人，幼年时他常常见到其父亲用手指敲击酒桶的木盖，凭借木桶发出的声音来确定酒桶内有没有酒？有多少酒？一次，他给一个患者看病，直至患者死亡也没有诊断出他患的是什么病。后经尸解才发现，该患者胸腔内积满了脓汁，于是他把胸腔与酒桶联想到一起，胸腔不就像是一个酒桶吗？能否就像用手指敲击酒桶那样来叩击胸壁，用来判断胸腔是否积脓？经过反复的观察和试验，终于发明了叩诊法。

3. Meta 分析法　也叫荟萃分析法、分析的分析、后分析、衍生分析、汇后分析、集成分析、二次分析等，是现代科学研究中一种新的手段和方法。是一种结合文献计量学方法综合分析已有的研究成果（如有关某一药物的疗效、某种病因的研究等），或设计新的研究课题方案的一种文献分析方法。主要采用统计合并的方法对先前研究结果进行综合评价，以先前研究结果作为观察单位，对文献资料进行再评价。

4. 特尔斐法　特尔斐（Delphi）为希腊城市名，是传说中的神谕之地，据说城中的阿波罗神殿，可以预测未来。1964 年，美国兰德公司借用此名，创建了一种科学预测专家调查法。该方法是在确定调查题目后，选定被调查的专家名单，然后将要预测的问题和背景材料寄给专家，由专家来回答，然后将答卷收回，收回的答卷经整理后再寄给专家，经几次反复，最后得出预测结果。

5. 文献计量学方法　文献计量学（Bibliometrics）是以文献为主要研究对象，采用数学、统计学方法，对文献进行定量分析的一门交叉学科。它是集数学、统计学、文献学为一体，注重文献定量研究的综合性知识体系。文献计量学的工具主要有：SAS、MATLAB、EXCEL、SPSS 等。现在又出现了基于文献数据挖掘的可视化研究工具 TDA、AUREKA、CITESPACE 等。通过文献计量的研究，人们可以预测科学研究热点、前沿学科、学科的构造、专家群、论文产出量、论文的影响力等问题。

6. 引文分析法　是根据文献间存在的相互引证关系和特点，运用统计学及数学、逻辑思维方法等，对文献的引用和被引用现象进行分析，用来评价期刊和论文的质量、科研机构或著者的学术水平及预测某学科的发展趋势的一种定量学的方法。美国出版的《科学引文索引》（Science Citation Index）是引文分析常用的权威和惟一的工具。

第二节 参考文献管理软件

从文献信息的查找、保存到文献信息的整理分析、引用和撰写，以及学术论文的发表，参考文献管理一直是贯穿学术研究的重要环节。随着计算机的普及和网络技术的飞速发展，使得学术研究从研究设计、研究论证、论文撰写、出版发行等一系列阶段都实现了计算机化管理。文献信息管理也从最初的手工管理阶段、到建立小型数据库、再到专业参考文献管理软件，呈现出自动化的发展趋势。参考文献管理软件不仅为研究者管理个人文献信息提供了极大的方便，而且也是建立个人图书馆、实现个性化的知识管理的一条有效途径。随着Web2.0技术的深入开展，参考资源的日益丰富和用户需求的不断提升，各种基于网络的参考文献管理软件日益涌现，同时管理功能也越来越强大。国内外参考文献管理软件有多种，国外的如EndNote、Reference Manager、Procite、Biblioscape、Zotero等；国内的如医学文献王、NoteExpress等。这些软件各有自己的特点，但每个软件也有不足之处。当前对于这些软件的评价众说纷纭，观点不一。我们建议用户根据自己的喜好和获取文献的需求来选择可行、易获取、易操作的文献管理软件。

考虑到对中文文献的需求量比较大，因此本节主要介绍NoteExpress软件。

一、NoteExpress概述

NoteExpress（简称NE）是由北京爱琴海软件公司开发的文献检索与管理系统，是完全支持中文的专业文献管理软件。该软件具备参考文献题录管理功能，通过文摘数据库检索结果保存后导入或文献数据库在线检索结果直接导入，或者手工输入等方法，建立本地专题文献数据库；以附件方式管理参考文献全文或者任何格式的文件、文档；笔记功能记录科研人员阅读文献心得，或者论文草稿等产生的隐形知识也可以通过NE的笔记功能记录，同时可以与参考文献的题录关联起来；统计分析功能除了管理以上显性知识外，可以帮助用户统计分析某研究方向的最新进展等隐性知识；辅助论文写作功能方便快捷生成参考文献，标准的格式，准确的引用将大大提高论文写作效率。该软件使用方式与绝大多数文献管理软件相似，容易学习。此外该软件还具有一些特有功能：查重去重功能，避免重复下载和重复阅读；可以批量对文献添加附件，可以添加PDF、CAJView、超星、doc、html等任何格式的附件；建立文件夹对文献进行归类，也可以使用软件中的标识功能对文献进行进一步的整理；支持绝大多数流行的参考文献的导入格式，并支持自己编辑的文献格式；同时支持多语言格式化输出。

二、NoteExpress的安装与使用

（一）NE的安装

NE的安装与一般软件的安装过程类似。NE2.3最新版支持Windows 2000，XP，2003以及VISTA操作系统。正常安装完成后，在桌面会显示NoteExpress快捷方式图标，双击快捷图标按钮即可启动NE软件。NE除了独立运行之外，还作为Word的一个插件，与Word协同工作。NE2.3的论文写作插件支持MS Word 2000及以上版本。支持Open Office、WPS Word等其他文本编辑软件。NE对TeX/LaTeX也有良好支持。安装成功以后，系统自动在Word中建立一个NE快捷工具栏。通过点击工具栏上的按钮，可以实现两者的

协同工作和互相切换。

NE 每个月更新一次，使用时经常会接到软件已过期的通知。更新的方法是直接安装新版的程序文件，覆盖旧版本，原来建立的数据库文献不会丢失，直接使用即可。

（二）NE 的界面

NE 的主界面如图 9－1 所示。

1. 数据库及其结构目录栏　该栏显示打开的数据库目录以及各个数据库结构目录，以树形结构显示，点击加号或减号可展开或收起子目录。

2. 题录列表栏　点击左边的所需查看的文件夹，在右边的题录列表栏中显示当前文件夹内的所有题录条目。

3. 表头列表　在题录列表栏中的表头列表，可以选择显示符合个人需求的题录字段，让自己想要看的信息一目了然。点击表头字段题录可根据该字段自动排序。

4. 题录详细信息列表　可以查看每一条题录的相关信息，比如细节、预览、附件、笔记、位置等信息。

5. 题录相关信息命令　包括细节、预览、附件、笔记和位置。

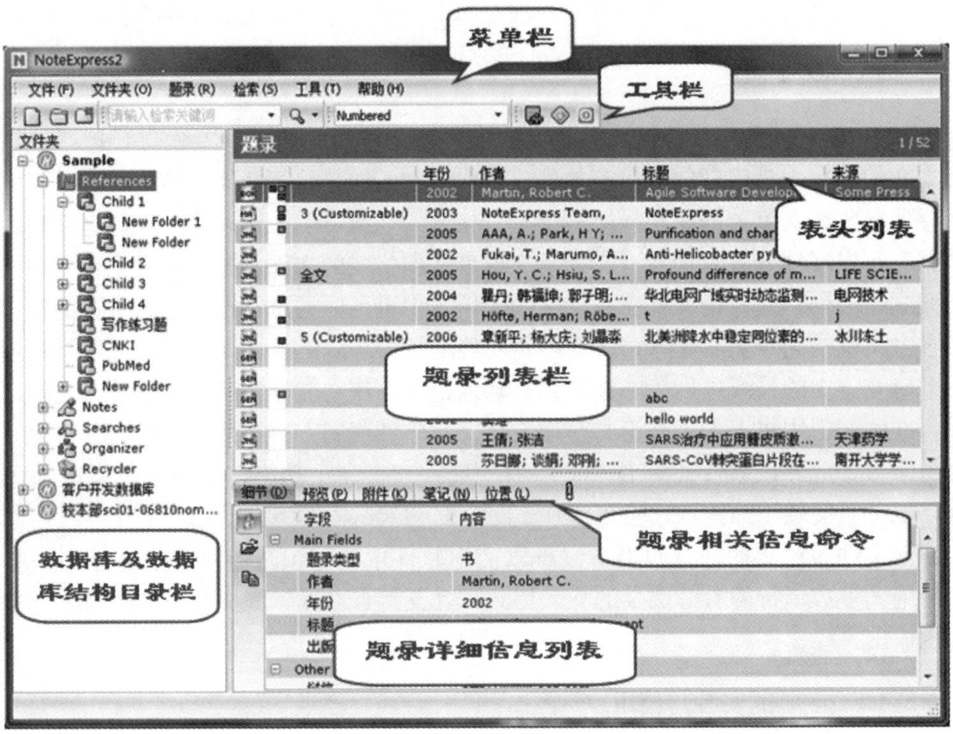

图 9－1　NE 的主界面

（三）NE 的使用方法

NE 的使用共包括 4 个步骤。

1. 创建数据库　在第一次运行 NE 时，系统会自动加载“sample 示例库”，如果不需要，可以将这个示例库删除，或者通过文件菜单新建一个数据库。在数据库一个目录树下包括五个文件夹：题录、笔记、检索、组织和回收站。这五个文件夹为一个固定单元，不能更改名字及不能删除。但在题录以及检索的子目录保存检索下可以随意增加或删除子目录。

2. 题录导入数据库 文献题录导入数据库有4种方法。

(1) 过滤器导入：对某个数据库或信息源检出的大量文献可进行一次性导入，要求每个文献字段基本相同，并具有规范的格式。具体导入步骤：打开NE界面，点击“文件”菜单，选择“导入题录”选项，在导入窗口中点击“浏览”，选择保存好的题录文献，同时要选择相应的过滤器进行导入。所要导入文献来自剪贴板，则选择“来自剪贴板”。

过滤器是指用来“过滤”数据的程序。不同数据库检索结果有不同的格式，导入NE后需要以相同的格式显示出来。因此，需要选择与其相应的过滤器。目前，NE集成了几乎所有常用数据库的过滤器。过滤器的选择是导入文献时的关键环节，如果选择不好，就会影响文献能否成功导入。

(2) 在线数据库检索导入：直接通过NE平台，模拟在相应数据库中的检索功能，但实际上达不到真正在数据库中的检索效果，文献查全率和查准率不能保证。以在PubMed中的检索为例，具体操作如下：①点击主菜单“检索”，选择“PubMed”数据库，弹出“PubMed”检索窗；②在检索框中输入检索词，如果有多个检索词再选择逻辑运算符。由于国内访问PubMed时需要使用代理服务器，所以在代理服务器图标的下拉菜单中，配上代理服务器的地址和端口，这样就可以在PubMed数据库中进行检索了；③对于得到的文献，先批量取回后，再导入到相应的数据库中。

这种导入方式无需登陆数据库网站，直接以NE作为网关进行检索；无需选择过滤器，减少了导入的影响因素。不足之处就是检出的文献效果不如直接在原数据库或信息源中的检索结果。在导入题录时，根据实际情况慎重选择。

(3) 网页的文献数据导入：对于网页格式的文献使用鼠标右键菜单中的“添加为NE题录”功能可直接将页面的文献导入库中，而无需保存到计算机中。

(4) 手工录入：对于没有相匹配过滤器的题录，也没有在线检索功能时，只能选择手工录入。在编辑题录时，对于作者、关键词等字段，软件会在您录入时自动查找数据库中相应字段的内容，并根据您的录入进行提示（即自动完成），保证了录入相同内容的准确性，也提高了录入速度。手工录入费时费力，差错率高，尽可能使用网上检索，减少手工录入的劳动。需要手工录入时，也可以先复制一个与录入题录内容较为接近的题录，然后通过修改这条新题录来减少手工录入的劳动强度。

3. 数据库管理 NE提供各种管理模块，能够充分高效地掌握获得的信息。数据库管理与使用windows的资源管理器操作方式相似，且管理功能更强大。可以对数据库中的文献进行查重、标识、添加附件、库内检索以及按不同字段进行统计等。

(1) 查重：分为两个步骤，首先是找到重复题录，之后再删除掉重复题录。第一步，在“工具”菜单中，选择“查找重复题录”，选择“待查重文件夹”，在该页面选择待查重字段；软件中默认的字段有题录类型、作者、年份和标题，一般默认选择就可以，也可以再多选其他字段。第二步，对于重复题录，点击鼠标右键，选择“从所有文件夹中删除”。

(2) 标识：NE支持标识功能，标识就是标签。在文献整理分析过程中，对其内容的分类或归类等进行不同标记，方便日后利用。NE中的标识是可以自定义的，突显该软件的个性化。对文献进行标识，需要标记、修改、添加、删除、清除、恢复等几种选择。都是通过鼠标右键，选择相应的功能完成。

(3) 添加附件：文献全文以及参考文献原文、笔记、网址甚至影像资料等，都可以通过添加附件的方式来组织和管理。NE2.3 能一次批量添加多个附件，而且可以导入整个目录及其子目录下的所有文件。具体操作步骤：第一步，点击“工具”菜单中“批量链接附件”；第二步，选择需要添加附件的题录文件夹；第三步，选择附件所在路径及各种条件选项；第四步，导入你需要编制的文件夹（目录）或单个全文文件；第五步，检查所导入题录与附件全文是否匹配，不匹配就要修改。

（4）保存检索、定期推送：在 NE2.0 以上版本主页面中可以对当前文件夹进行关键词和标题简单检索。若要求精确、定位的检索，可以使用高级检索。检索之后，就会在检索目录的最近检索文件夹中保存下来。在最近检索式中选择一个需要保存的文件夹，鼠标右键选择保存检索，该检索式就会保存。只要符合这个检索条件的题录都会自动推送出来，对于跟踪某一课题的研究动态提供了方便。

（5）数据库备份和转移：新建数据库一般默认的路径为 C 盘（系统盘）目录下的文件。但是这种建库方式有一定危险，一旦 NE 软件更新打不开，或计算机重新安装等事故发生，所保存的文献就会丢失。为了避免此类问题的发生，建库时就应该选择其他硬盘目录下，或者定期对数据库进行备份。而且如果数据库存储在其他硬盘目录下时，可以随时拷贝、复制，文件的扩展名为 .nel。只要装有 NE 软件的机器，都可以打开该移动文件。

4. 分析　NE 可以对整个数据库以及每个文件夹的文献信息进行统计分析，通过该功能可以快速了解某一领域的重要专家，研究机构，研究热点等。分析结果能导出为 .txt 和 .csv 等多种格式。操作步骤：第一步，选中需要进行统计的文件夹；第二步，点击鼠标右键，选择“文件夹信息统计”菜单，或点击“文件”菜单下的“文件夹信息统计”选项。

三、数据库文献的导入

可以通过多种方式和途径，往 NE 数据库内添加参考文献数据。由于篇幅的限制，仅对生物医学常用的数据库导入文献的方法进行介绍。

（一）从 PubMed 检索和导入

1. 检索　①在 PubMed 网站（http：//pubmed. gov）上进行检索；检索结果显示（Display）为“medline”格式；②在“Send to”下拉菜单内选择“File”，保存下来。

2. 导入　①点击 NE 一个数据库中“题录”目录“导入题录”；②在弹出的导入题录进行题录选择，一种为题录来自文件，另一种为题录来自剪贴板；③在弹出的导入题录进行过滤器的选择，当前过滤器选择 PubMed。其余选择默认，开始导入。导入成功后，即可显示所导入题录内容。

（二）从 EMBASE. com 检索和导入

1. 检索　①在 EMBASE 网站（http：//www. embase. com/）进行检索；②在检索结果页面，选中所要保存的文献；③点击“Export”链接，在弹出窗口的下拉菜单中选择“RIS format（Reference Manager、Procite、Endnote）”，然后点击“Export”按钮；④弹出保存窗口内选择“Download”之后选择一个保存路径和文件名进行保存。

2. 导入　在 NE 建好的数据库中，点击文件菜单中“导入题录”，选择好保存的文件，过滤器选择“RefMan -（RIS）”。

（三）从中国生物医学文献数据库（CBM）检索和导入

1. 检索　①通过各种检索方法得到结果；②在“显示”下拉菜单内选择“详细格式”，在输出按钮下拉菜单选择“文件保存”，保存好文件名和路径。

2. 导入 ①点选“文件”菜单中“导入题录”；②在弹出的对话框中，找到保存好的文件；③当前过滤器选择“更多过滤器”中选择“CBM”；点击“开始导入”按钮。成功导入后，在数据库中即可显示记录。

（四）从中国期刊全文数据库（CNKI）检索和导入

1. 检索 ①登录到 CNKI 期刊全文数据库主页进行检索，得到检索结果；②对所需结果进行选择；点击“存盘”按钮；③在弹出窗口内的“输出格式”项，选择“自定义”，并选择“自定义”的字段（如题名、作者、中文摘要、刊名、年、期等），然后点击“预览”按钮；④全选当前网页（Ctrl＋A），并复制到剪贴板或保存到文件中。

2. 导入 点选“文件”菜单中“导入题录”；在弹出的对话框中，找到剪贴板文件或保存文件，当前过滤器选择“CHKD 期刊全文库”或“CNKI 期刊全文（网络版）”。

四、辅助论文写作

使用 NE 管理文献的主要目的是撰写论文及文中的参考文献。NE 内置了多种国内外学术期刊、学位论文的规范格式，通过 NE 插入文献，按规范格式进行格式化，快速自动地生成参考文献。可以根据修改、投稿的要求，随时调整参考文献的格式。如果 NE 没有所需的文献格式，可以按照所要求格式进行编辑。

利用 NE 进行论文写作的过程包括：插入引文、编辑引文、格式化参考文献、定位引文、查找引文、插入笔记、清除域代码、导出到数据库、更新题录信息等功能。安装好 NE 软件后，会在 WORD 中嵌入快捷按钮，利用这些快捷方式可以提高效率。

1. 插入引文 将在 NE 中选择的题录插入到 word 中光标停留处，生成当前输出样式的文中引文格式。

2. 编辑引文 编辑插入的引文，可以修改、删除、更新题录以及调整题录顺序，编辑完毕之后需要重新格式化参考文献。若删除引文，光标停留在需要编辑的引文处，点击编辑引文按钮，出现编辑引文页面，可以对相关内容进行修改。

3. 格式化参考文献 点击该按钮，出现格式化参考文献以及布局按钮，选择所需要的输出样式以及布局。

4. 定位引文 这是 NE2.3 版本新增的引文定位和跳转功能，可以在一篇题录的引文和尾注/脚注之间进行直接跳转。当光标位于引文处时，点击“定位引文”图标，会自动跳转到该引文对应的参考文献。

5. 查找引文 查找论文中多次引用同一篇引文的引文位置，配合【上一条】以及【下一条】按钮进行查找。

6. 插入笔记 将 NE 主程序中选择的笔记插入到 word 光标停留处，该功能将平时阅读文献时记录的思想火花直接插入 word，形成论文成果。

7. 清除域代码 注意清除域代码以后，将不能对该篇文章进行格式化，文中引文和文后参考文献索引或脚注均固定。

8. 导出到数据库 可以将目前插入到论文中的引文信息导入到数据库中形成题录，生成的题录包括参考文献索引的内容。

9. 更新题录信息 对于已经插入到 word 中的引文题录，如果在主程序中进行过修改，只要点击该按钮，文中引文及参考文献索引将同步更新。

第三节 医学论文写作

医学科学研究的最终目的就是与他人探讨交流自己的研究成果，这样医学才能不断地进步。表达科研成果的重要形式就是撰写学术论文，也是文献信息综合利用的最终目的。

一、概述

医学论文写作本身是一种创造性工作。阐明作者的主要观点，文字简练，短小精悍的论文才称得上是好文章。那么到底什么是学术论文？它的写作要求有哪些？这就是本节需要讨论的内容。

（一）学术论文的概念

国家标准（GB 7713－87）对学术论文所作的定义是：学术论文是某一学术课题在实验性、理论性或观测性上具有新的科学研究成果或创新见解和知识的科学记录；或是某种已知原理应用于实际中取得新进展的科学总结，用以提供学术会议上宣读、交流或讨论；或在学术刊物上发表；或作为其他用途的书面文件。

（二）医学论文撰写的基本要求

1. 创新性　创新是医学论文的灵魂，是衡量论文质量的主要标准。所谓“创”是指论文报道的主要内容是前人未发表过的，其研究成果是他人没有做过的新发现、新理论、新方法、新工艺等。所谓“新”是指论文提供的信息是鲜为人知的、新颖的，即使是在他人研究的基础上，也可有所改进，推陈出新，有自己的独到之处。在国际交流越来越重要的今天，将自己的研究成果推向国际舞台，确立自己在国际上的学术地位，是新时代科研工作者面临的挑战。

2. 科学性　是医学论文的核心，是衡量医学论文水平的重要条件，要求论文设计要合理，论据要真实，方法要科学，观点要明确。主要体现在真实性、准确性、逻辑性三个方面。

（1）真实性：对科学研究要有实事求是的态度，尊重客观事实。研究论文要求取材确凿可靠，实验设计合理，方法先进正确，研究结果忠于事实和原始资料，说明辨析以理服人，论点论据正确有力。

（2）准确性：研究论文要客观准确地反映研究结果。主要体现在报道的数据准确，引文准确，用词准确，结论准确。

（3）逻辑性：研究论文的撰写要采用科学的逻辑思维方式。将由实验观察到的感性材料经过分析、综合、概括和推论，来论证和阐明现象的本质，要做到论文的结构严谨，层次清楚，概念明确，判断合理，合乎逻辑，论点鲜明，论据充分，结论正确。

3. 实用性　发表论文是为了让别人去验证、考核、推广和应用，帮助他人解决医疗实践中的实际问题，促进医学的发展。所以要求医学论文应做到：内容、材料和方法必须完整、准确，以便他人能重现结果；能指导和帮助他人解决理论研究和实际工作中的问题，切忌内容空洞、枯燥乏味，失去实际价值和发表意义。

4. 规范性　医学论文撰写和表达方式有极为严格的要求。统一格式便于国际交流。

5. 可读性　是指作者应具有的写作技巧。科学论文用词要准确、简明，阐述问题要具有逻辑性、层次分明、文体流畅、便于读者理解。

二、医学论文的类型

医学论文按照不同的划分标准，类型也不尽相同。

（一）按论文的功用划分

1. 学术论文　是对生物医学领域中的问题进行总结、研究、探讨，表述生物医学研究的成果，理论性的突破，生物医学实验或技术开发中取得新成就的文字总结。

学术论文又可分为多种类型，按表达方式分为专题式、综合式、提出假说式、商讨式、比较式等，按内容分为理论型和实验型。学术论文是学术会议交流的主要内容，也是生物医学期刊的主要内容。

2. 学位论文　是学生在教师指导下，根据所学专业的要求为申请学位而撰写和提交的论文，目的在于总结学生在校期间的学习成果，培养他们综合运用所学知识解决实际问题的能力，并使他们接受科学研究的基本训练。学位论文是考核申请者能否被授予学位的重要依据和必备条件。

（二）按生物医学学科范围划分

1. 基础医学论文　主要有研究报告性质的论文和技术交流方面的论文两种类型。研究报告包括实验室资料汇总及现场调查资料汇总；技术交流主要是介绍实验技术，有关仪器的设计、制造和使用方法。

2. 临床医学论文　可细分为以下七种类型。

（1）临床经验体会：是对临床工作的某一方面或某种疾病的诊疗方案及治疗措施所作的回顾性总结。通过总结，对临床工作进行分析、评价、鉴定，找出其中规律性的东西，使实践经验上升到理论，从而进一步指导临床实践。

（2）临床总结报告：也称疗效观察。它是通过临床医务工作者在一定阶段内，以其所积累的相当数量的一组相同病例，用某一特定治疗方案的疗效观察总结为主要依据撰写而成的医学论文。

（3）专题研究总结：是针对临床选题、科研成果或某一阶段结果的总结性的科研论文。此类论文首先要有课题研究计划和预期目的，在研究中按照预先设计的项目，严格记录，而后对研究观察所得的结果进行整理、归纳、总结。

（4）新技术、新方法报道：是介绍新技术的应用方法，并对基本原理及有关知识进行阐述的文章。这类论文撰写范围广，既可写新诊疗方法、新化验技术及其他辅助检查技术，新发展的手术方法，新型医疗器材和新的电子、激光医疗仪器的临床应用等，又可写在原有技术的基础上进行革新或改进的经验。内容重点在使用方法或操作步骤、技术原理、临床应用及效果。

（5）病例分析：是对一组相同疾病的有关资料进行分析、讨论的文章。作者根据自己的临床积累与写作目的，将某一时间内相同疾病的病例资料汇集在一起，取其全部病例或选择一定数量的病例，按照设计要求，分几个具体项目进行统计和整理，将所得数据进行统计学处理，经过分析后撰写而成。

（6）病例报告：又称个案报道，是指对个别少见或特殊病例的病情及诊治方法所做的书面报告形式的文章。论文重点在病情介绍和讨论体会两个部分。

（7）病案讨论：也称病理讨论，是对疑难病例或病情复杂病例的诊断、治疗、发病机制进行讨论，并将讨论记录整理成文的一种医学论文。

3. 预防医学论文　研究人群中疾病的发生、发展和流行规律及其预防措施，防止发生健康向疾病的转化。该论文多为应用研究范畴，可分为卫生保健、卫生防疫、流行病学调查报告等。

4. 康复医学论文　恢复健康所应有的功能称为康复医学。它包括了基础医学、临床医学的内容，还有各种恢复功能的疗法，如体育疗法等，康复医学论文包括了应用研究和实验研究及各种医疗康复器械的研制及其调查报告等。

5. 综合性医学论文　随着医学科学技术的不断发展，社会的进步，以上四种医学分类中，往往有交叉学科性质的论文，临床医学论文中带有基础性的研究，临床治疗的研究中带有流行病学调查研究等。

（三）按论文资料来源划分

1. 实验研究论文　以实验手段取得科学资料，加以分析评价，提出对某个问题的新认识、新观点而撰写的论文。

2. 调查研究论文　以调查方法取得科学资料，经过分析整理、统计学处理后而撰写的论文，如疾病的流行病学调查研究报告等。

3. 观察研究论文　以观察方法取得的资料，通过总结分析、探索出规律性的理论而撰写的论文，如疗效观察、病例分析。

4. 资料分析性论文　对某个课题收集积累一定时限范围的资料，进行整理、综合分析而撰写的论文，如综述、述评等。

5. 经验体会性论文　通过对既往资料和自己部分实验观察与调查研究的资料相结合，自己总结出对该方面的经验和体会，如治疗经验体会，某疾病的鉴别诊断经验等。

（四）按论文出版类型划分

1. 原始论文　是根据具体选题所进行的调查研究、实验研究、临床研究及临床工作经验的总结。这类总结是作者的第一手资料，反映具体单位和个人的科研水平，而且也是提出某些假说或观点的主要资料。原始论文应有作者自己的见解和新的观点、新的理论、新的方法，以推动医学科学向前发展。原始论文是医学期刊文章的主要组成部分。

2. 综述与述评　内容主要来自已经发表的资料，即以间接资料为主，属于三次文献。结合作者的部分研究资料和经验，把来自多渠道、分散的、无系统的，甚至有矛盾的资料，按照个人的观点和体系编排，使读者能了解某学科领域或某专题的进展情况。综述与述评虽不完全是作者亲手所做的研究，但它有新观点、新见解、新设想、新资料，使医学某领域或某专题更加系统化、条理化、完整化和理论化，是医学论文的重要组成部分之一。

三、医学论文写作步骤与方法

（一）科研选题

根据本学科的发展趋势，结合本单位和自己的实际能力、研究环境和实验条件，选择研究课题。选题应当遵循创新性、可行性、实用性、专一性、科学性的原则。研究课题的内容新颖，题目具体，不可过大或过小。医学科研课题多来源于以下几个途径。

1. 国家课题　由国家科技部或卫生部下达。科技部每年都制定“985”或“973”计划的重点支持方向，例如2009年“973”计划中，人口与健康的重点支持方向为：系统生物医学为基础的复杂性状疾病的转化研究；恶性肿瘤发生及其早期防治的基础研究；先天性心脏病发生、发展和干预的基础研究；重要精神或神经系统疾病发生和防治的基础研究；物理和化学有害环境因素的危害机制及防护；炎症及其相关重大疾病过程中细胞间相互作用的信号转导机制及其应用研究；动物肽类毒素基础与应用基础研究；基因靶向治疗的应用基础研究。

2. 委托课题　来自于国家、地方政府、制药业或学校委托的课题。

3. 自选课题　根据自己的专业特长和科研能力，结合本单位及国家医药卫生事业发展的需要自行选定的课题。

（二）文献信息调研

根据选定的课题，确定文献信息检索范围，在深入进行文献信息检索和分析的基础之上，了解所要研究课题的背景、意义、目前需要解决的问题及难点，以及研究所需的设备和实验条件；了解有关国内外该课题的研究历史、进展动态和趋势，不同学者的思路特点和研究倾向，掌握前人的研究程度及达到的水平。在此基础上，经过综合分析判断和整理，写出有针对性和有参考价值的文献综述，以及个人萌发的新见解，作为选题的重要依据。

（三）立意构思、拟定写作提纲

首先确定课题的研究目标。确定目标是指确定研究工作想要达到的标准或程度。科研工作者一定要明确题目的界限范围，要慎重地确定自己的研究目标。其次拟定方案。目标确定之后就要通过创造性劳动拟出学术论文的撰写方案。

（四）撰写初稿

实际上就是对科研课题分析论证的过程。论文初稿的写作一般有两种方法：一种是按照论文的内容顺序来写，即由题目、引言、摘要、关键词等逐项书写。另一种是先写论文的正文部分（材料与方法、结果、结论）；再写论文的题目、引言、摘要、致谢、参考文献等。撰写初稿时，把自己的写作意图和将要论证的内容材料尽量写出来，先不必考虑文字篇幅、文体表达等，遵循信息最大化的原则。

（五）修改定稿

初稿完成后，一般都要经过几番修改。修改时，注意统揽全篇，从论文的整体出发，保持统一的写作风格；同时也兼顾各部分结构合理，局部的反复推敲、润色。修改主要从内容、结构、文字、篇幅等几方面进行。

几经修改后，直到满意为止即可定稿；或者交给同行专家提出指正意见，再做修改，作为最终的稿件投稿或进行学术交流。

四、医学论文撰写格式和要求

早期的医学论文的书写格式各不相同。到了 1978 年，欧美 19 家生物医学英文期刊的编辑在加拿大温哥华规定了向他们期刊投稿的统一要求，这就是后来的国际期刊编辑委员会公布的国际标准《生物医学期刊对原稿的统一要求》（又称温哥华格式）。这个技术性的文件，在当今世界范围内已成为一个统一论文撰写格式的标准文件，它不仅用于指导撰写原稿，也成了期刊的编辑出版格式。我国于 1987 年正式颁布了国家标准《科学技术报告、学位论文和学术论文的编写格式》（GB7713－87），其目的也是为了统一论文的撰写和编辑格式，便利信息传递。温哥华格式对我国文献工作标准化、规范化及我国科技期刊与国际接轨，起到了推动作用。

医学论文的书写格式分三个主要部分，即前置部分、主体部分、附录部分。前置部分包括标题、著者及著者单位、摘要、关键词；主体部分包括前言、材料与方法、结果、讨论、结论、参考文献、致谢和外文摘要；附录部分包括图表、照片和作者附言等。

1. 标题　是文章主题内容的高度概括，主题决定标题。标题一般包含研究对象、论文所解决的问题及意义所在。

要求：言简意赅、新颖醒目、具体贴切、准确得体。

注意事项：①不用非公知公用的缩略词、首字母缩写、符号、代号、公式等；②避免用疑问句、主谓宾结构的完全句；③忌讳冗长、繁杂、笼统、夸张、不切题或含义不清的词语；④外文题名一般为6～14个词，名词、形容词大写，介词、冠词、连词小写；⑤标题中不含标点符号。

2. 著者及著者单位　论文的著者是论文课题的创意者、设计者和实施者，是论文的执笔者，并能对关键性学术问题作解释和答辩。

要求：①学术论文的署名要写真实姓名，并要注明工作单位及其地址，邮政编码；②国外期刊还要求写明作者的最高学位。个人成果应由个人署名，集体成果则按承担研究工作中贡献的大小依次署名；③外文署名按1978年国务院的规定，一律采用汉语拼音，姓前名后，姓名的首字母大写，其间留空格，双名或双姓的拼音字符连写，不加连字符。如欧阳文珊书写为 Ouyang Wenshan。

注意事项：署名不宜过多，一般不超过6人，除非是国家级或国际团体合作项目。

3. 摘要　是论文的一个组成部分，是对论文内容的高度浓缩和概括，概述了论文中的主要内容和最重要的结果，同时又与正文有相应的独立性。其目的是为了便于读者概括了解全文的内容。一般包括课题的研究目的、方法、结果和结论。

要求：①精炼概括地反映原文，不得添加原文所没有的内容；②必须包括与原文等量的主要信息；③内容包括目的、方法、结果和结论；④不应含有注释和说明，不用图表，不举例，不写结构式，不用引文；⑤尽量不用缩写词、代号，非用不可时，必须在第一次出现时注明全称；⑥中英文摘要不超过250字，内容应保持一致。

注意事项：病例报告和短篇报道不写摘要。

4. 关键词　用以表示全文主体内容或主题的规范化名词或词组，是论文标题的浓缩，一般为3～8个词。

要求：①从文稿内容中提炼出最能反映论文主要内容的名词、词组或短语；②借助于《医学主题词表》拟定关键词；③自由词也可以作为关键词。

注意事项：①关键词要用全称，不能用缩写或缩略词；②有英文摘要的论文，还应写出英文关键词，而且中英文关键词数量一致。

5. 前言　也称序言，是论文的引子，每篇论文均有，内容可长可短。前言通常是对正文主要内容的简要说明，对正文内容起到提纲挈领和引导阅读兴趣的作用。

要求：①简明扼要地介绍研究工作的来龙去脉及课题的概况、价值和意义；②开门见山向读者交代本文的研究目的、范围和主要收获；课题的历史背景及国内外现状；本研究的设想、方法、理论根据、预期结果及意义；③言简意赅，生动有趣，200字左右。

注意事项：①前言只起引导作用，不涉及研究中的数据或结论；②回顾历史时，文字要精炼，切忌冗长繁琐；③评价课题意义，要恰如其分，实事求是，慎用“首创”、“首次发现”、“达到国际领先水平”等提法；④书写时，一般不书写“前言”、“引言”字样的标题。

6. 材料与方法　是科学研究的手段，是科技论文的基础，是判断论文科学性、先进性、可靠性、新颖性的主要依据。这部分内容应写得非常详细具体。按照研究设计的先后顺序，依次包括研究对象、研究方法、技术路线、指标的选择、结果的评定及标准、资料的收集方法和统计方法。

要求：①化学品及药品，如药物、培养基、缓冲液和气体等，应注明化学名和商品名、批号、规格、剂量、给药途径等；②实验对象，如实验动物、人，或器官组织、细胞等，人应说明病例来源及选择标准、诊断标准、病理和对照的一般资料包括数量、性别、年龄、职业、病程、病因等；动物应说明名称、种类、系、性别、体重、健康状况、分级及分组方法；其他如研究的是细胞株、分子、组织等，应详细说明；③实验仪器及设备等应说明型号、生产厂家、产地及参数指标等；④方法的表述要精确，包括观察指标和记录方法、试验（实验）操作程序、结果的获得等；⑤应介绍具体采用的统计方法，包括统计学评价强度。

注意事项：材料与方法交代不清，他人难以验证，使论文可信性差；陈旧过时的方法或罗列无关的材料，降低论文质量。

7. 结果　是作者调查、观察或实验研究成果的结晶，是论文的核心部分，全文的结论由此得出，讨论由此引发，判断推理由此导出。这部分写作技巧在于统计分析，对得到的原始数据作统计处理，用数字和文字简单加以描述。

要求：①将研究得到的原始资料或数据，进行筛查核对，不可随意剔除不理想的数据或干扰数据，然后采用特定的统计方法加以处理，进行统计分析，从而判断实验组与对照组之间是否有统计学意义，进而判断处理因素的作用；②结果的表述可以采用图、表、文字相结合的方式。图表与文字不相重复，能用文字说明的，不列图表说明；难以用文字说明的，采用图表说明；③有的论文可将实验方法和结果连在一起撰写。

注意事项：①不可随意删减研究数据；②统计方法要合适；③图表的书写要统一规范。

8. 讨论　是论文的精华，是对研究结果的科学解释与评价。是作者对研究观察结果的思考、理论分析和科学推论，揭示事物间的内部联系与发展规律的理论升华。通常反映一篇论文质量的高低，作者科研水平的高低。这部分的写作技巧在于作者的观察能力、理论思维能力、学术知识水平的高低。

要求：①对本研究所用方法的先进性及优缺点的评述；②对本研究结果的内在联系规律的揭示，对其科学性、创新性通过引用文献进行分析、比较和评价；③从结果推论和导出结论，思路清晰，层次分明地推理推论；④对尚待探讨和解决的问题的展望；⑤与国内外同类研究进行比较，突出本研究的创新与先进之处，提出作者的观点和见解。

注意事项：①围绕结果阐明学术观点，着重新发现或阳性结果，切忌冗长、面面俱到；②引证文献时，将关键性的结论加以引证，切忌无重点；③推理推论时，实事求是，恰如其分，不要乱下结论；④有的论文中，讨论部分与结果放在一起，如结果与分析等。

9. 结论　是全篇的结尾，是对结果与讨论分析后的再认识，以简明形式表达出来，起着总结和概括作用。结论有小结和总结之分，小结是对本文的研究主题、方法、重要结果及研究结论加以简单总结。通常归纳为几条，并指明理论和实际意义，多用于篇幅短、内容少、简单的文稿；总结是全文主要内容的高度概括，也是将正文已论述的问题再扼要概括一遍，还可发表作者的见解和观点，多用于论著、讨论类文稿及综述等。

结论的内容包括：①进一步概括提炼主题；②在充分论述的基础上，提出最后结论；③提出问题，发人深思；④展望未来。

要求：结论应写得简明扼要、精炼、完整，表达准确，有条理性。

10. 致谢　科学研究工作往往需要多个人或团体的协助才能完成的，需要各有关方面和个人的帮助和支持。一般在正文后，参考文献前，对在整个研究过程中曾给予帮助和支持的个人或单位表示谢意。

致谢的对象一般包括：①协助本研究工作的实验人员及辅助人员；②直接参与临床观察的研究人员；③提供实验材料、仪器设备、功能检查以及对其他研究工作给予支持和帮助的个人和单位；④参加论文讨论并提出过指导性和建设性意见的个人。

11. 参考文献　是科研论文的重要组成部分，给读者指明了引用文献的出处。从引用文献的新旧及先进水平可以评判论文的水平。同时也是对前人工作的尊敬，明确了责任与版权，便于文献检索。引用的参考文献必须是作者亲自阅读的并与论文密切相关的原始文献。参考文献的著录格式应按照国家标准 GB7714-87《文后参考文献著录规则》中的规定格式著录。通常遵循准确、清晰、完备、规范、便于检索的原则。

要求：①是作者亲自阅读过的文献；②著录最新、最主要的与论文中的方法、结果和讨论关系密切的、公开发表的文献；③著录格式应采用标准化、规范化的格式，有利于文献的理解、阅读和检索，便于国际交流。

各种文献类型的著录格式如下：

1. 图书　主要责任者（作者）. 书名. 版次. 出版地：出版社. 出版年：页码

如：武士华编. 医学生物技术发展现状与展望［M］. 第1版. 北京：人民军医出版社. 1993：89

2. 期刊　著者. 文题. 刊名. 出版年；卷（期）：起-止页码

如：张超，杨俊明，桑显富等. 综合医院急诊病人满意度量表研制初探. 中华医院管理杂志. 2005；21（6）：403-405

3. 学位论文　作者. 论文标题［D］. 学校名称，年份. 页码.

如：钟小清. 五指毛桃药材质量的研究［D］. 广州中医药大学学位论文，2001. 45.

4. 会议文献　主要责任者. 文献题名［C］//会议论文集题名. 出版地：出版者，出版年：文献页码.

如：庄鹏，江元森，谢俊强，等. 新型膜血浆分离器对重型肝炎肝衰竭的治疗观察［C］//第1次全国人工肝学术会议论文汇编. 北京，2002：205-208

5. 专利文献　专利申请者或专利权人. 专利题名：专利国别，专利号［文献类型标志］. 公告日期或公开日期［引用日期］. 获取和访问路径.

如：刘加林. 多功能一次性压舌板：中国，9221498512［P］. 1993-04-14.
http：//211.152.9.47/sipoasp/zljs/hyjs

6. 网上信息　著者. 文题. 统一资源标识（URL）. 更新日期（日/月/年）

如：张建松. 裴钢小组揭示多发性硬化症发生过程新机制.
（http：//www.sciencetimes.com.cn/htmlnews/2009/10/224255.shtm）.（20/10/2009）

我国国家标准与温哥华格式的不同之处在于：

1. 作者人数　国际标准规定6人以内全部著录，6人以上加“等”字；我国标准限于3人，超过3人加“等”字。

2. 题目　国际标准举例中全部列出；我国标准认为著录文献的题名很有必要。但是如果仅仅为了核对也可以不必要在参考文献中著录题名。因此，目前我国正式公开刊物有两种不同的著录格式，有的期刊中题名全部著录于参考文献，有的则不著录题名。

3. 出版事项　国际标准在每条参考文献末均加句号，而我国标准中也加句号；在期刊名之后，国际标准不加标点，而我国标准加逗号；在书籍、专著、会议论文集和长篇文章的年份之后，国际标准不写页码，而我国标准必须写；每卷连续编页码的期刊，国际标准可将期刊号省略，我国标准在著录项中列出卷号或期号。

测试题

一、名词解释

1. 文献计量学
2. 过滤器
3. 引文分析法

二、单选题

1. 以下能实现可视化文献计量工具的是
   A. EXCEL
   B. AUREKA
   C. SAS
   D. MATLAB
2. 关于特尔斐法说法正确的是
   A. 该方法由特尔斐创建的
   B. 特尔斐是英国学者
   C. 该方法也称专家法
   D. 特尔斐是一位情报学家
3. 目前常用的国内参考文献管理软件有
   A. EndNote
   B. Reference Manager
   C. Biblioscape
   D. NE
4. 在对 PubMed 数据库的检索结果批量导入 NE 时，保存题录的格式为
   A. summary
   B. abstract
   C. medline
   D. XML
5. 一项研究课题往往要综合利用多个数据库，使用的一般原则**不包括**
   A. 先中文，后外文
   B. 先综合，后专业
   C. 先文摘，后全文
   D. 先专业，后综合
6. 下列参考文献著录格式正确的是
   A. 应若素，范学工，朱才，等. RNA 干扰在动物体内抗乙型肝炎病毒的效果［J］. 中华肝病杂志，2006，14 (l)：15-18.
   B. 肖珑主编. 数字信息资源的检索与利用. 北京：北京大学出版社. 第1版. 2003：404
   C. 作者：张建松　来源：新华网　发布时间：2009-10-20 10：08：12 裴钢小组揭示多发性硬化症发生过程新机制.（http：//www. sciencetimes. com. cn/htmlnews/2009/10/224255. shtm)
   D. 高洁. 以 ABCA1 为靶点的新型抗动脉粥样硬化药物筛选模型的构建与应用研究［D］. 中国协和医科大学，2008.

三、问答题

请简要回答对“大黄类药物对高脂血症疗效的研究”的信息查询的步骤和方法。

参考答案

一、名词解释　（答案略）

二、单选题

1. B　2. C　3. D　4. C　5. B　6. D

三、问答题

（1）分析题目概念之间的关系：提炼的主题概念有大黄和高脂血症，大黄是一种中药，用于治疗高脂血症这种疾病。所以它们之间的关系是药物和疾病的关系。因为涉及的药物为中草药，所以查询文献时还是以中文文献为主。

（2）确定选择数据库：CBM、CNKI、CPA、PubMed、EMBASE. com、BIOSIS Previews 等。

（3）选择检索途径：根据不同数据库可选择主题检索或自由词检索。例如在 CBM 中检索，选择主题检索，检索式为大黄/治疗应用 AND 高脂血症/中药疗法。

（4）检索结果浏览，检查得到的结果是否合适。

（5）修改检索结果，直到满意为止，保存结果。

（6）查找全文或导入到参考文献管理软件中。

（李春英）

参考文献

1. 董建成主编．医学信息检索教程．第 2 版．南京：东南大学出版社，2009

2. 余敏，朱江，丁照蕾．参考文献管理工具研究［J］．现代情报，2009，29（2）：94-98

3. 刘传和，杜永莉主编．医学信息检索与利用．北京：军事医学科学出版社，2008

4. 张其濛．美国电子书销售收入增长强劲［J］．业内资讯版，2008，（3）：34

5. 湛佑祥主编．医学图书馆理论与实践．北京：人民军医出版社，2007

6. 袁立芬，王苏海主编．实用科技信息资源检索与利用．南京：南京大学出版社，2007

7. 谢志耘主编．实用生物医学信息检索．北京：北京大学医学出版社，2006

8. 章云兰等编著．数字资源检索教程．北京：科学出版社，2006

9. 高岚主编．网络医学信息资源检索．北京：化学工业出版社，2005

10. 方平主编．医学文献信息检索．北京：人民卫生出版社，2005

11. 沈熙．参考文献管理工具发展趋向略论［J］．图书情报工作，2005，49（7）：88-90

12. 林穗芳．电子编辑和电子出版物：概念、起源和早期发展（中）［J］．出版科学，2005，（4）：9-24

13. 赵志坚主编．网络信息资源组织和检索．北京：人民邮电出版社，2004

14.（美）尤金·加菲尔德著；侯汉清等译．引文索引法的理论及应用．北京：北京图书馆出版社，2004

15. 赵萍等．美国电子书籍的现状及有待解决的问题［J］．农业图书情报学刊，2004，15（6）：封 2-3

16. 肖珑主编．数字信息资源的检索与利用．北京：北京大学出版社，2003

17. 蔡莉静等主编．现代图书馆入馆指南．北京：海洋出版社，2003

18. 谢志耘主编．医学文献检索．北京：北京大学医学出版社，2002

19. 李健康等主编．网络医学信息检索．长沙：湖南科学技术出版社，2002

20. 吴慰慈等编著．图书馆学概论（修订本）．北京：北京图书馆出版社，2002

21. 陈界，李健康，赵琼瑶主编．医学信息检索与利用．第 2 版．北京：中国科学技术出版社，2001

22. 李晓玲主编．医学信息检索与利用．第 2 版．上海：复旦大学出版社，2001

23. http：//www. sipo. gov. cn/sipo2008/zljs

24. http：//www. isiknowledge. com/

25. http：//etd. calis. edu. cn/ipvalidator. do；jsessionid=3C19CEDBAC271CA5366613233637F44E

26. http：//acad. cnki. net/Kns55/brief/result. aspx？ dbPrefix=CDFD

27. http：//acad. cnki. net/Kns55/brief/result. aspx？ dbPrefix=CMFD

28. http：//www. nstl. gov. cn/index. html

29. http：//wanfang. calis. edu. cn/

30. http：//www. sciencedirect. com

31. http：//www. sciencetimes. com. cn/elsevier/

32. http：//162. 105. 138. 192/index. asp

33. http：//gateway. ovid. com

34. http：//proquest. umi. com/login

35. http：//www3. interscience. wiley. com/journalfinder. html

36. http：//www. sciencechina. cn

37. http：//www. isiknowledge. com/

38. http：//edu. duxiu. com/

39. http：//apabi. lib. pku. edu. cn

40. http：//www. netlibrary. com/

41. http：//www. ncbi. nlm. nih. gov/bookshelf/br. fcgi? book=helppubmed&part=pubmed-help

42. http：//dlib2. edu. cnki. net/kns50/help/help. aspx

43. http：//info. embase. com/helpfiles/

44. http：//wanfang. calis. edu. cn：8100/Help/index. html

45. http：//sinomed. imicams. ac. cn/help/index. html

46. http：//www. reflib. org/wiki/index. php